住房城乡建设部土建类学科专业"十三五"规划教材

教育部高等学校建筑类专业教学指导委员会建筑学专业教学指导分委员会规划推荐教材

高等学校建筑类专业城市设计系列教材

丛书主编　王建国

Dynamic Urban Design

动态城市设计

张伶伶　袁敬诚　赵曼彤　著

中国建筑工业出版社

审图号：GS（2021）8086号

图书在版编目（CIP）数据

动态城市设计 = Dynamic Urban Design / 张伶伶，袁敬诚，赵曼彤著 . — 北京：中国建筑工业出版社，2021.12

住房城乡建设部土建类学科专业"十三五"规划教材 教育部高等学校建筑类专业教学指导委员会建筑学专业教学指导分委员会规划推荐教材 高等学校建筑类专业城市设计系列教材 / 王建国主编

ISBN 978-7-112-26496-4

Ⅰ . ①动… Ⅱ . ①张… ②袁… ③赵… Ⅲ . ①城市规划—建筑设计—高等学校—教材 Ⅳ . ① TU984

中国版本图书馆 CIP 数据核字（2021）第 169988 号

为了更好地支持相应课程的教学，我们向采用本书作为教材的教师提供课件，有需要者可与出版社联系。

建工书院：http://edu.cabplink.com

邮箱：jckj@cabp.com.cn　　电话：（010）58337285

责任编辑：高延伟　陈　桦　王　惠
文字编辑：柏铭泽
责任校对：芦欣甜

住房城乡建设部土建类学科专业"十三五"规划教材
教育部高等学校建筑类专业教学指导委员会建筑学专业教学指导分委员会规划推荐教材
高等学校建筑类专业城市设计系列教材
丛书主编　王建国

动态城市设计
Dynamic Urban Design

张伶伶　袁敬诚　赵曼彤　著

*

中国建筑工业出版社出版、发行（北京海淀三里河路9号）
各地新华书店、建筑书店经销
北京锋尚制版有限公司制版
北京市密东印刷有限公司印刷

*

开本：880毫米×1230毫米　1/16　印张：15¼　字数：287千字
2022年1月第一版　2022年1月第一次印刷
定价：**79.00**元（赠教师课件）
ISBN 978-7-112-26496-4
（38034）

版权所有　翻印必究
如有印装质量问题，可寄本社图书出版中心退换
（邮政编码100037）

《高等学校建筑类专业城市设计系列教材》
编审委员会

主　任： 王建国

副主任： 高延伟　韩冬青

委　员（根据教育部发布的全国普通高等学校名单排序）：

清华大学	王　辉
天津大学	陈　天　夏　青　许熙巍
沈阳建筑大学	张伶伶　袁敬诚　赵曼彤
同济大学	庄　宇　戚广平
南京大学	丁沃沃　胡友培　唐　莲
东南大学	冷嘉伟　鲍　莉
华中科技大学	贾艳飞　林　颖
重庆大学	褚冬竹
西安建筑科技大学	李　昊
中国建筑工业出版社	陈　桦　王　惠

总序

在 2015 年 12 月 20 日至 21 日的中央城市工作会议上，习近平总书记发表重要讲话，多次强调城市设计工作的意义和重要性。会议分析了城市发展面临的形势，明确了城市工作的指导思想、总体思路、重点任务。会议指出，要加强城市设计，提倡城市修补，加强控制性详细规划的公开性和强制性。要加强对城市的空间立体性、平面协调性、风貌整体性、文脉延续性等方面的规划和管控，留住城市特有的地域环境、文化特色、建筑风格等"基因"。2016 年 2 月 6 日，中共中央、国务院印发了《关于进一步加强城市规划建设管理工作的若干意见》，提出要"提高城市设计水平。城市设计是落实城市规划、指导建筑设计、塑造城市特色风貌的有效手段。鼓励开展城市设计工作，通过城市设计，从整体平面和立体空间上统筹城市建筑布局，协调城市景观风貌，体现城市地域特征、民族特色和时代风貌。单体建筑设计方案必须在形体、色彩、体量、高度等方面符合城市设计要求。抓紧制定城市设计管理法规，完善相关技术导则。支持高等学校开设城市设计相关专业，建立和培育城市设计队伍"。

为落实中央城市工作会议精神，提高城市设计水平和队伍建设，2015 年 7 月，由全国高等学校建筑学、城乡规划学、风景园林学三个学科专业指导委员会在天津共同组织召开了"高等学校城市设计教学研讨会"，并决定在建筑类专业硕士研究生培养中增加"城市设计专业方向教学要求"，12 月制定了《高等学校建筑类硕士研究生（城市设计方向）教学要求》以及《关于加强建筑学（本科）专业城市设计教学的意见》《关于加强城乡规划（本科）专业城市设计教学的意见》《关于加强风景园林（本科）专业城市设计教学的意见》等指导文件。

本套《高等学校建筑类专业城市设计系列教材》是为落实城市设计的教学要求，专门为"城市设计专业方向"而编写，分为 12 个分册，分别是《城市设计基础》《城市设计理论与方法》《城市设计实践教程》《城市美学》《城市设计技术方法》《城市设计语汇解析》《动态城市设计》《生态城市设计》《精细化城市设计》《交通枢纽地区城市设计》《历史地区城市设计》《中外城市设计史纲》等。在 2016 年 12 月、2018 年 9 月和 2019 年 6 月，教材编委会召开了三次编写工作会议，对本套教材的定位、对象、内容架构和编写进度进行了讨论、完善和确定。

本套教材得到教育部高等学校建筑类专业教学指导委员会及其下设的建筑学专业教学指导分委员会以及多位委员的指导和大力支持，并已列入教育部高等学校建筑类专业教学指导委员会建筑学专业教学指导分委员会的规划推荐教材。

　　城市设计是一门正在不断完善和发展中的学科。基于可持续发展人类共识所提倡的精明增长、城市更新、生态城市、社区营造和历史遗产保护等学术思想和理念，以及大数据、虚拟现实、人工智能、机器学习、云计算、社交网络平台和可视化分析等数字技术的应用，显著拓展了城市设计的学科视野和专业范围，并对城市设计专业教育和工程实践产生了重要影响。希望《高等学校建筑类专业城市设计系列教材》的出版，能够培养学生具有扎实的城市设计专业知识和素养、具备城市设计实践能力、创造性思维和开放视野，使他们将来能够从事与城市设计相关的研究、设计、教学和管理等工作，为我国城市设计学科专业的发展贡献力量。城市设计教育任重而道远，本套教材的编写老师虽都工作在城市设计教学和实践的第一线，但教材也难免有不当之处，欢迎读者在阅读和使用中及时指出，以便日后有机会再版时修改完善。

主任：王建国

教育部高等学校建筑类专业教学指导委员会

建筑学专业教学指导分委员会

2020 年 9 月

前言

动态的城市生长，需要动态的城市设计。

城市是一个复杂的有机体，城市空间的增殖是一个动态生长的过程。作为城市空间形态生长规律的研究方法，城市设计应该反映出城市空间的生长特征；城市空间的动态生长过程包括物质性过程和社会性过程，是复杂的巨系统。城市设计的任务是对城市空间复杂巨系统的调控，包括对自然环境的适应和对人工环境的调节，城市设计的过程需要体现动态的、非终极蓝图式的特征。一座城市的特色风貌，综合了山水景观、空间格局、形态面貌、风格气质和精气神韵，共同体现了形神兼备的文化底蕴和艺术魅力。塑造城市特色风貌，需要积极的设计引领，最终通过城市开发的动态过程予以实现，外部环境的条件变化、服务对象的价值演进、社会技术的更新应用等无疑增加了这一动态过程的复杂程度。特别是在信息化和数字化的背景下，城市设计的工作模式和技术手段发生了革新式的变化，单纯的空间形态处理和静态的终极蓝图模式难以匹配城市发展的动态语境和开放共享的时代需求。因此，面对万物互联的信息世界和瞬息万变的城市生活，我们需要一个更加动态的城市设计框架，结合互相包容、彼此响应、可行可控的永续发展模式。

动态城市设计是一个不断完善的概念，富有鲜明的时代内涵和先进的技术外延，承袭传统城市设计的公共价值取向，依托于数字化时代的发展成果，遵循自然进化法则和社会发展规律，以实现环境生态、空间高效、社会公平、文化永续的可持续发展目标，以流定形、环境共生、数据增强等技术和方法构成了动态城市设计的方法论体系。

动态城市设计研究对象的核心依然是公共空间及其延伸涵盖的更广泛的公共领域和公众服务，设计要素由物质形态的专业塑造和城市开发的动态过程得以实现，这一过程取决于城市空间内在的生长作用和外部的社会需求、经济发展和政策导向等人为因素的复合驱动，是多元价值和审美判断的综合结果。动态城市设计不盲目追求某种预定的理想模式和终极蓝图的目标设定，而是以动态的思维方式去看待世界和所要实践的城市设计活动，旨在努力建立一个具有内部完整、外部适应、整体优先、广泛关联的动态城市设计框架，形成一套自上而下整体统筹和自下而上协调反馈有机结合的动态运行机制，以便根据客观条件、服务对象以及文化认同的变化制定出科学合理的城市设计方案及其行动计划，实现由终极蓝图向动态调控过程的转变，注重决策的连续过程和对成果的动态控制。同时，在数字技术的支持下，通过大容量、高效率、可视化的智能化手段，动态城市设计将应对变化的管理机制，以便能够更好地处理复杂多变的城市问题，积极响应城市空间的发展需求，提高城市设计的综合效能和服务水平。

　　综上所述，我们应该全面认识城市的价值和城市设计的意义所在，正确解读城市空间风貌和综合实力的内涵，选择新型的可持续发展道路。因此，我们提出的动态城市设计的理论框架，以动态、可持续为价值取向，以系统规划、动态规划、有机生长为理论基础，以精细化的时空融合为拓展思路，坚持整体优先、广泛关联、循环反馈和弹性应变的方法论原则，将社会、经济、生态等与可持续发展密切相关的研究内容相整合，形成分析——设计——实施——评估的一体化动态流程，系统地建立对城镇空间形态和地域场所营造等方面的空间构思和行动安排。动态城市设计是在传统城市设计的基础上，在定性和定量研究之间、在设计创作与技术探寻之间、在自然科学与社会科学之间架构互融的价值衡量标准，在广泛关联的设计方法与跨专业的技术操作之间寻求适配性原则，实现目标与动态过程兼顾，设计与管控联合，空间形态、社会经济与生态环境共赢的联动发展。顺应当今技术的发展阶段，数字技术及其衍生的技术谱系的广泛应用，为动态城市设计带来了多维互联的全新体验和灵活智能的响应模式，动态模拟与增强现实等数字技术都能够帮助我们探索和理解城市空间形态背后的内征性结构和动态演进规律，有利于形成一个科学完整，现实可行的城市设计动态工作平台，为动态城市设计提供技术保障。

　　我们有理由相信，未来的城市设计一定是更加动态的，无论其形式还是内涵。动态的思维方式、动态的设计方法、动态的技术路径、动态的成果表达以及动态的管控手段，铸就整体联动的全链条集群式工作平台，更好地服务于城乡建设，实现人类对美好栖居环境的向往和追求。

目录

第1章
城市设计的动态思想和发展历程

城市设计的本质是动态的。城市设计诞生至今，动态思想一直蕴含在其概念内涵和实践活动的发展历程之中，伴随着城市设计的范型迭代，逐渐形成了动态城市设计的基本内涵和工作思路。

1.1　城市设计概念与内涵

作为一门独立的学科，现代城市设计是以 20 世纪 50 年代后期美国设立城市设计专业为标志的。1956 年，第一届城市设计会议对当时城市规划建设领域出现的一系列问题作出了回应，具有新内涵的城市设计概念被提出。20 世纪 70—90 年代，城市设计在西方社会上被广泛地关注。可以说，在 20 世纪的世界城市建设发展历程中，城市设计在城市环境提升和场所塑造方面起到了关键的作用。经过半个多世纪的发展，城市设计的理论、实践和教育已经在世界范围内普及。但是，在近一百年的发展历程中，城市设计一直没有明确的角色、领域和范畴。

城市设计，顾名思义就是设计城市，为达到某种特定的目标所进行的对城市外部空间和形体环境的设计组织，使城市空间整体发展有序、风貌特色鲜明、环境品质提升，以更好地满足城市社会美好生活的需求。随着人类文明和城市的发展进化，城市设计在不同的历史时期、文化背景和时空条件下形成了不同的理念和价值内涵。由此，相关学科的学者从不同角度对城市设计的概念和工作内容提出过不同见解，概括起来大致上有三种主要的理论倾向。

1.1.1　空间组织论

把城市三维形体环境作为设计对象，来认识、理解和建造城市，将城市设计看作扩大规模的建筑设计，这是国内外建筑学背景的专业人员所普遍认同的。

依勒德丰索·塞尔达（Ildefonso Cerdà，1867）认为，城市设计是"建筑物的布局及其相互之间的关系与连接"；1943 年，著名建筑师和城市规划师伊利尔·沙里宁（Eliel Saarinen）在《城市——它的产生、成长与衰败》一书中对城市设计含义归纳为："城市设计在三维空间基本上是一个建筑问题，主要考虑建筑周围或建筑之间，包括相应要素，如风景或地形所形成的三维空间的规划布局和设计。"丹下健三（Kenzo Tange）在《都市问题事典》谈道："城市设计是当建筑进一步城市化，城市空间更加丰富多样化时，对人类新的空间秩序的一种创造。"

弗雷德里克·吉伯德（Frederick Gibberd）在 1953 年出版的《市镇设计》中指出"城市设计是包括城市中单个物体设计的……然而，我们必须强调，城市设计最基本特征是将不同的物体联合，使之成为一个新的设计；设计者不仅要考虑物体本身的设计，而且要考虑一个物体与其他物体的关系。"[1]城市设计最重要的特征是对于关系的设计。吉伯德认为，城市是由街道、交通和公共工程等设施，以及劳动、居民、游憩和集会等活动系统所组成，把这些内容按功能和美学原则组织在一起就是城市设计的本质。

日本的《城市规划教科书》（第三版）指出城市设计的目的是："将建筑物、建筑与街道、街道与公园等城市构成要素作为相互关联的整体来看待、处理，以创造美观、舒适的城市空间。"[2]《大不列颠百科全书》中城市设计的涵义是："城市设计是对城市环境形态所做的各种合理处理和艺术安排。"

英国考文垂大学菲尔·哈伯德（Phil Hubbard）认为，城市设计涉及城市的规划和设计，其范围是巨大的，或是整个城市的尺度，不仅包括建筑物本身的设计，还包括建筑物间的空间处理及其相互联系。[3]

德国学者迪特·福里克（Dieter Frick）认为，城市设计涉及建成环境及其空间组织的维度，作为城市规划的组成部分，其主要任务是构想建筑空间布局，并确定其目标，同时对建设行为进行协调和调控。

以三维空间组织为内涵的城市设计，其设计对象的尺度维度不断扩大，设计任务由空间要素的组织变成了空间要素的相互关系组织，要素是不断变化的，要素间的关联秩序也在不断变化，城市设计需要积极处理这些关系及其变化。

1.1.2 过程论

美国纽约总城市设计师、宾夕法尼亚大学教授乔纳森·巴奈特（Jonathan Barnett，1974）第一个提出城市设计的过程内涵，在《作为公共政策的城市设计》中指出，一个良好的城市设计绝非设计者笔下浪漫花哨的图表与模型，而是一连串的城市行政过程。城市设计不只是对于形体空间设计，而是一个城市塑造的过程，是连续决策制定过程的产物。巴奈特强调，一个好的城市设计不仅应提出建设的蓝图构想，更关键的是如何通过公共政策来实现对蓝图的控制与实施。

1976年美国规划学会城市设计部出版的《城市设计评论》（*Urban Design Review*）杂志创刊号提出的城市设计定义是："城市设计活动的目的在于发展一种指导空间形态的政策框架，它是在城市肌理的层面上处理其主要元素之间关系的设计。"城市设计既与空间有关，又与时间有关，从这个意义上讲，城市设计是对城市在时间和空间上发展过程的管理。城市设计的对象既包括人工环境，又包括自然环境，城市设计具有同时

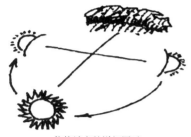

信仰城市的详细图示

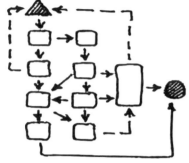

机械城市的详细图示

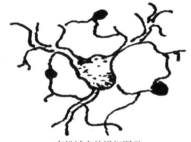

有机城市的详细图示

图1-1　凯文·林奇的三个城市模型

关注到时空发展过程的控制政策属性。

美国著名学者凯文·林奇（Kevin Lynch，1981）在《城市形态》（A Theory of Good City Form）中写道，"城市设计的关键在于如何从空间安排上保证城市各种活动的交织……从城市空间结构上实现人类形形色色的价值观之共存"，城市设计看作是一个过程、原型、准则、动机控制的综合，试图用广泛的、可改变的步骤达到具体的、详细的目标。[4]凯文·林奇还提出了三个城市模型：信仰之城、机器之城、有机城市（图1-1），不仅考虑了城市静态的结构，还考虑了包含城市动态的瞬间状态和理想愿景，指出了城市空间作为社会活动产物的本质，从更为内在的历史文化、社会动机、人的意图等综合角度解析了城市设计运作规律与作用机制。

1.1.3　综合论

有学者从综合的角度来看待城市设计，认为城市设计是一项独特的综合性学科活动，城市设计不仅仅是作为一种审美观点的阐释，更多的是有效地解决城市发展中的实际问题，以及对发展进程的预测和控制。城市设计关注物质形态与其背后的社会、经济、政治、文化等因素的互动关系，并且通过建立公共政策来实现对于形态特色的管理和引导。

1946年，简·雅各布斯（Jacobs Jane）出版的《美国大城市的死与生》（The Death and Life of Great American Cities）在美国社会引起轰动，严厉抨击了现代主义者的城市设计基本观念，开启了从社会学角度研究城市设计的先河，注重对城市活力与生活氛围的研究。

英国皇家城市规划学会（RTPI）的一个研究小组根据十年的实践经验提出了对于城市设计的综合认识：第一，城市设计是人们生产、生活、工作和游憩等活动所涉及的场所的三维空间设计；第二，城市设计是当详细的建筑和工程设计进行之前，实现二维的总体规划和规划大纲的有利桥梁；第三，城市设计是在城市建成区内的设计，其内容包括不同用途的建筑群，与之相适应的活动系统和服务设施，处理它们之间的空间和城市景观，并与城市社会、政治、行政、经济和物质结构不断的变化相联系；第四，城市设计是一种创造性的活动，它可以在社会、经济、技术或者政治条件变化时，策划、改变和控制城市环境的形式和特征。[5]

美国学者阿莫斯·拉波波特（Amos Rapoport）则从文化人类学和信息论的视角认为，城市设计应作为空间、时间、含义和交往的组织者，城市形式的塑造应该依据心理的、行为的、社会文化的及其他类似的准则，应强调有形的、有经验的城市设计，而不是单纯二维的理论性规划。

埃里希·屈恩（Erich·Kuhn）认为，城市设计在需要讨论时间和未来的问题时，是世界观的表达，是艺术，是政治，又是科学。

自 20 世纪 80 年代城市设计概念传入中国，逐渐成为社会关注的热点，直到 20 世纪 90 年代以后得到快速发展，我国学者对城市设计概念的认识是随着社会实践而不断丰富的，强调过程的城市设计思想认识逐步凸显和强化。《中国大百科全书（城市规划、建筑、园林卷）》的城市设计条目称："城市设计是对城市体形环境所进行的设计。"邹德慈在 2003 年出版的《城市设计概念》一书中提出："城市设计，顾名思义就是设计城市，具体说，就是设计城市的空间。"在中华人民共和国国家标准《城市规划基本术语标准》GB/T 50280—98 中对于城市设计的定义是："对城市形体和空间环境所做出的整体构思和安排，贯穿于城市规划的全过程。"

段进院士于 1998 年提出了空间发展全过程的城市设计思想，认为现代城市设计是一个优化空间环境、提高空间整体效率的过程……现代城市设计的对象是与社会、经济、审美或者技术等目标关联的城市空间形体与环境。在城市发展与规划的不同阶段，都应有城市设计内容。

金广君（2001）认为，城市设计是设计一个过程而非只是设计出具体产品，并且强调了"二次订单"的设计理念。城市设计是为设计师设计出塑造城市形态的基本框架，或者说是为建设管理者设计出城市建设的决策环境。这个基本框架或决策环境表现的是既有创意又有发展弹性的对建设元素和建设过程的控制，而不是终端性的设计成果。

王富臣（2005）和刘宛（2006）把城市设计看作是一种通过过程控制协调各种关系，有计划地干预城市物质空间和社会空间演进和发展的实践活动，包括行政体制、程序机制、管理政策等，而惯常的设计手法和设计方案仅仅是其中一个组成部分。城市设计作为一种组织化的空间发展的控制行为，其主要作用是为城市空间系统的自组织运行提供技术支撑。通过使用物质空间规划和设计策略，结合对社会、经济、文化、政治等因素进行物化整合，以一种进化的方式策动并影响空间系统的持续演化。

2011 年，吴志强院士在《城市规划原理》（第四版）综合分析各家之言的基础上将城市设计的概念作出概括：根据城市发展的总体目标，融合社会、经济、文化、心理等主要元素，对空间要素作出形态的安排，制定出指导空间形态设计的政策性安排，并且从空间、时间和管理三个层面对城市设计的时空特质以及政策引导做出了阐释。第一，在空间层面上，城市设计关注城市空间形态的美学与艺术特质，以营造适合人居住的良好空间环境为目标；第二，在时间层面上，城市设计是超越三维空间的四维概念，以应对复杂变化和动态过程为目标，重视时间性的影响因素，一方面，其实施环境在不断变化，另一方面，其需要理解空间中人类不同活动的时间组织；第三，在管理层面上，当代城市设计关注对其目标实现过程的多维控制和引导，具有极强的公共政策属性。可以说，现代城市设计弥补了城市规划与建筑学之间的空隙，是城市规划的延伸和具体化，已成为我国城镇化建设中不可缺少的先导性工作。

2017年王建国院士在《中国大百科全书》（第三版）所撰写的城市设计词条中进一步丰富了城市设计的综合性内涵："现代城市设计，作为城市规划工作业务的延伸和具体化，目的在于通过创造性的空间组织和设计，为公众营造一个舒适宜人、方便高效、健康卫生、优美且富有文化内涵和艺术特色的城市空间，提高人们生活环境的品质。城市设计主要研究城市空间形态的建构机理和场所营造，是对包括人、自然、社会、文化、空间形态等因素在内的城市人居环境所进行的设计研究、工程实践和实施管理活动。"

现代城市设计概念外延呈现出广义化发展趋势，既涵盖以空间价值为逻辑基础的专业技术操作解决城市面临的空间环境问题，又包含这一专业操作背后的社会文化价值和公共服务内涵，并且强调两者综合关联的管理与控制过程。王世福总结城市设计的专业内涵有三点：一是强调三维城市空间形态及环境的设计；二是从整体出发对建筑实施控制性的引导；三是实施公共政策与服务的策略和手段。

城市设计的领域界定一直是个复杂的问题，这也反映出这门学科在现代城市社会的发展中具有巨大的潜力。城市设计是空间意愿通过图形和政策付诸实践的手段，关注对象从物质空间拓展到人与空间环境互动的社会功能关系，设计内容从空间主体设计进化至主体内部要素关联组织，价值取向从单一形态的数理化审美扩充至多维考量的多元价值融合，设计手段联合空间规划和行动计划从方案蓝图设计走向公共管理过程。同时，对于时间要素关注的不断提升，强化了城市设计的动态属性。近年来，城市设计被称为城市特色风貌的管理工具。城市特色风貌是城市物质形态特征、社会文化内涵和经济发展规律的综合体现，是可被理解、可被感知的公共价值和特征反映，是伴随城市演进长期积淀而成，是动态发展的。城市空间风貌和环境的塑造最终是要通过城市设计、实施、开发的全过程予以实现。城市设计不仅要塑造良好的城市环境品质，还需要结合城市开发和公共管理的实践特征以及两者之间的联系，灵活的制度设计、高效的程序设计，以及理性的导控手段，同时充分融合不断革新的技术手段来促进和优化空间环境塑造以至最终实现城市设计目标。

从理论层面，学术界对于城市设计的认知逐渐从单一化走向多元综合，城市设计的解决方案也从物质空间的单一维度逐渐扩展到关联经济、社会、生态和技术的多重交叉领域，并且从静态粗放的终极理想模式走向多元开放、循环往复的动态过程，这既是一种包含专业操作的技术过程，又是一种提供公共政策和决策的运营过程。从应用层面，城市设计是通过跨专业的整合实践，对城市不同层次物质形体环境的整体组织与设计控制，以便提高城市公共价值领域的环境质量与生活质量。城市设计内涵的多元价值、多维操作以及对动态过程的管控思想是现代城市设计概念发展的趋势。

1.2　城市设计理论与发展

城市设计理论是历史语境的产物。在古代，主要是宗教、政治、军事与审美因素，以城市机能与形态美学作为规则与信条；在近代，受技术与人文因素的影响，将社会、经济、技术和人文等要素纳入城市设计内涵之中；到了当代，生态语境和数字化遍布在物质空间，并与社会、经济、文化和环境等各个领域的可持续发展成为主题，城市设计也被赋予了更多期望和意义。

城市设计是一个古老而弥新的课题，带有鲜明的时代与地域烙印，在东西方的城镇建设史上涌现了大批城市设计杰作，成为城市建设的典范。城市设计相关领域学者的研究成果充分回应了人们对于城市发展理想的认识与追求，从古代的"占卜"、"宇宙模式"到文艺复兴时期莱昂·巴蒂斯塔·阿尔伯蒂（Leon Battista Alberti）的"理想城市"、20 世纪初期索里亚·玛塔（Soria Mata）的"带形城市"、勒·柯布西耶（Le Corbusier）的"光辉城市"、弗兰克·劳埃德·赖特（Frank Lloyd Wright）的"广亩城市"、矶崎新（Arata Isozaki）的"空中城市"、阿基格拉姆（Archigram）的"行走的城市"和"镶嵌式城市"到现代低碳城市的 TOD 模式、邻里社区的 TND、海绵城市的 LID 模式以及有机城市、健康城市、智慧城市等美好城市的理想模式，城市规划理论家和建筑实践者从没有放弃对美好愿景的追求与向往。当然这些都是建立在一定现实科技基础上，为城市设计实践活动的开展提供了丰富的理论支持。其中不乏城市设计理论家的代表性研究成果，主要包括：C. A. 道萨迪亚斯（Constantinos Apostolos Doxiadis）提出的人类聚居学、刘易斯·芒福德（Lewis Mumford）对于城市文化演进的研究、克里斯托弗·亚历山大（Christopher Alexander）提出城市整体性生长的研究、埃罗·沙里宁关于有机疏散的主张、凯文·林奇的城市形态和意象、埃蒙德·N. 培根发展并实践的具有运动系统的设计结构、伊恩·伦诺克斯·麦克哈格（Ian Lennox McHarg）的设计结合自然思想以及我国正在发展完善中的人居环境科学、健康城市和可持续发展等理论探索。未来城市设计理论发展也离不开相关学科的发展与科技进步所带来的人类思维的开拓和理论工具的革新（图 1-2）。

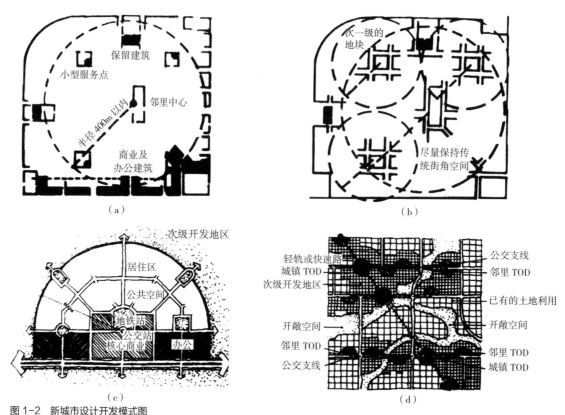

图 1-2 新城市设计开发模式图
（a）、（b）：TND 开发模式示意图；（c）、（d）：TOD 社区开发模式图和区域发展模式图

1.2.1 城市设计的缘起

　　城市设计几乎和城市文明的历史同样悠久。在古代，建造人类聚居点的第一要务就是为聚落划分不同的功能和土地，然后就是建立不同用地彼此的联系。因此，聚落的形成即是后来城市规划和城市设计的原型，它是随着人类最早的聚居点的建设而产生的。城市是"城"与"市"的结合，伴随人类第二、第三次社会大分工中商品的生产和货币的流通应运而生，从而也产生了与聚落生活不同的居住模式和生活模式。人类最早聚居地形成和营造的最初过程，大多依从自然环境条件顺势而筑，城镇的形制大多已具备基本布局形态，如古埃及的卡洪城采用矩形平面（图 1-3），美索不达米亚的乌尔城采用椭圆形（图 1-4）等。这一时期，由于科学知识相对匮乏，人们的筑城思想多依赖于对宇宙的理解和对原始宗教的崇拜，建城多采用如占卜和作邑的做法，缺乏理性的科学判断。

　　在一个建成环境已经占据绝对主导的城市世界中，单纯以空间美学

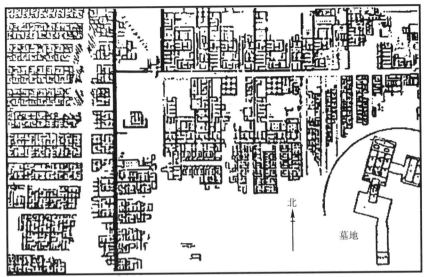

图 1-3　古埃及的卡洪城

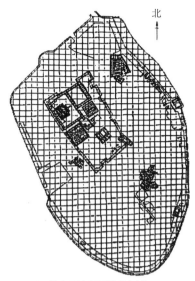

图 1-4　美索不达米亚的乌尔城

为原则的设计方式正在失去原有的光环，静态而粗放的理想模式、传统而低技的设计方法已无法适应城镇社会的发展。现代城市设计作为一种对城市形态演进人为的专业干预和实践活动，以解决城市环境矛盾为主要任务，在不同的社会发展阶段和专业实操背景中存在不同的指导思想和价值取向。王建国教授从理性规划的角度总结了城市设计理论与实践发展的四代范型：传统城市设计、现代主义城市设计、绿色城市设计和数字化城市设计，从机械的物质决定论逐渐发展到融合社会经济、生态环境、科学技术的综合考量，可以说城市设计的范型发展是在默认的价值文化系统下的动态演进过程。

1.2.2　理论范型的发展

　　纵观国内外城市设计理论与实践的理性发展脉络，已经存在的城市设计范型包括审美理性的传统城市设计、功能理性的现代城市设计、生态理性的绿色城市设计和数据理性的数字城市设计。

　　1. 传统城市设计

　　第一代传统城市设计是迄今为止被公众最广为接受且有效的城市设计范型。从时间维度看，1920 年之前的城市设计基本上都可以纳入第一代范型。这一时期的城市设计大多以单一的城市环境作为研究对象，以物质形态决定论为主导思想，通过物质空间和建筑安排设计及其与人的关系来影响城市空间形态演进，通过传统的视觉审美来表达人们对于理想城市的向往与追求。

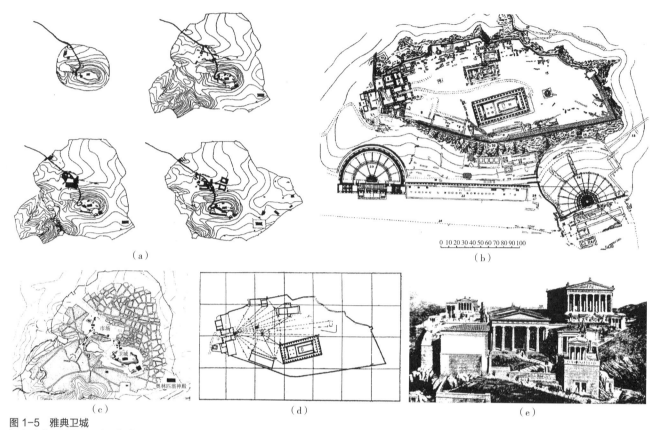

图 1-5　雅典卫城
（a）雅典卫城发展历史；（b）雅典卫城平面；（c）公元前 5 世纪下半叶的雅典平面；（d）雅典卫城平面；（e）雅典卫城西侧面

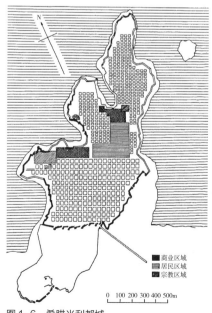

图 1-6　希腊米利都城

1）古希腊时期的城市设计

古希腊是西方古典文化的先驱、欧洲文明的摇篮，雅典卫城成为古希腊时期城市设计的传世经典（图 1-5）。希波丹姆的米利都城（图 1-6）是西方历史上第一次在理论实践中采用正交道路网络系统，以取得几何秩序与美的和谐。这一时期也不乏理论家带来思想启迪，柏拉图在《理想国》中提出了理性与秩序式的城市建设构想，亚里士多德整理并发展了社会秩序的构想，甚至影响了 2000 多年后霍华德的田园城市理论的形成。

2）古罗马时期的城市设计

古罗马时期已经有正式的城市规划思想，包括选址、地块划分、平面布局、街道走向以及宗教思想等，城市建设的成就集中在城市广场群、军事营寨和城市基本土建工程方面，比较著名的有罗马共和广场（图 1-7）等。建筑师维特鲁威（Vitruvius）在《建筑十书》中对城市选址、布局形态等城市建设和建筑设计的规范性和科学性作出了较为系统地论述，并继承了古希腊柏拉图（Plato）、亚里士多德（Aristotle）的哲学思想与城市建设理论，提出了理想城市的模型（图 1-8），对后来文艺复兴时期的城市设计产生极其重要的影响。

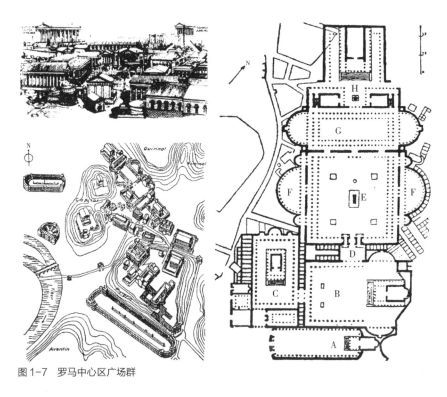

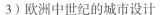

图 1-7　罗马中心区广场群

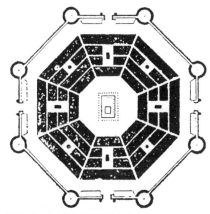

图 1-8　维特鲁威理想城市方案

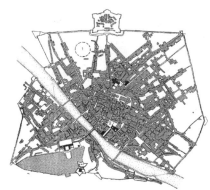

图 1-9　佛罗伦萨平面

3）欧洲中世纪的城市设计

欧洲中世纪一些城市中，基督教的社区生活开始占据主导地位，教会的理想深入人们的信仰与精神生活中，建立严密的理性规范和富有人情的社会秩序，宗教生活与城市生活在城市空间融合，缔造了新的城市文化，也形成了相对公允的价值观，意大利的佛罗伦萨（图 1-9）、威尼斯（图 1-10）、锡耶纳（图 1-11）等城市都是当时欧洲最先进的城市；

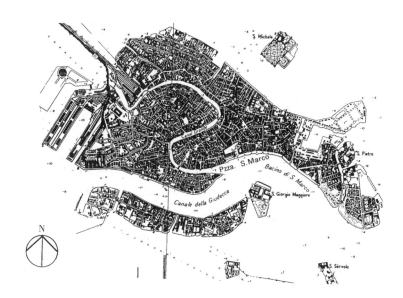

图 1-10　威尼斯平面

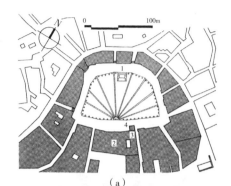

图1-11　锡耶纳广场
（a）锡耶纳广场平面；（b）锡耶纳鸟瞰图

还有相当一部分城市是以渐进主义的方式自发成长起来的，这种有机规划思想是自下而上的，没有预定的发展目标，城市布局模式多为环状和放射状，随着城市发展的需要进行建设和不断地修正加以适应。欧洲中世纪城市设计强调与自然地形有机结合，使人工环境与自然要素相互依存共生。然而，由于经济实力的制约和军事形势的影响，单纯自下而上的生长方式缺乏统一的理性引导，不适应城市快速发展的建设需要，但是这种有机生长的适应性过程和动态修正的做法还是为后世所借鉴。

4）文艺复兴和巴洛克时期的城市设计

以人文主义为核心的文艺复兴时期，城市设计对艺术法则与美的追求达到了顶峰。借助地理学、数学等专业知识，提升城市设计科学性和规范性，对这一时期的城市发展布局产生了重要影响，城市形态出现了正方形、八角形、多边形和同心圆式的布局方案。文艺复兴推动了城市设计思想的发展，人们的主观能动性也得到了进一步发挥，认为城市的发展和布局形态是可以用人的思想意图加以控制和引导的。阿尔伯蒂继承了古罗马建筑师维特鲁威的设计思想，主张理性的城市布局原则，结合自然环境特征和实际发展需要合理布局城市，历经几个世纪的建造最终建成的圣马可广场（图1-12），新旧和谐统一历史风貌得到了很好的展现。

巴洛克风格强调城市空间的运动感和序列景观，设计实践中通常采取环形加放射的道路布局模式，把城市道路与重要的节点相连，如罗马城改建、罗马市政广场等都是著名的案例。到17世纪后半叶的绝对君权时期，古典主义在文学艺术方面占有绝对统治地位，在艺术创作中追求抽象的对称与协调，寻求纯粹几何结构和数学法则。18世纪的巴黎改建设计（图1-13）、美国首都华盛顿（图1-14）和澳大利亚首都堪培拉的规划设计（图1-15）都与这种规划思想密切相关。

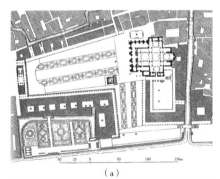

图1-12　圣马可广场
（a）圣马可广场平面；（b）圣马可广场鸟瞰图

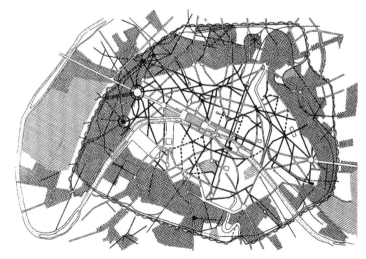

图1-13　奥斯曼的巴黎改造计划

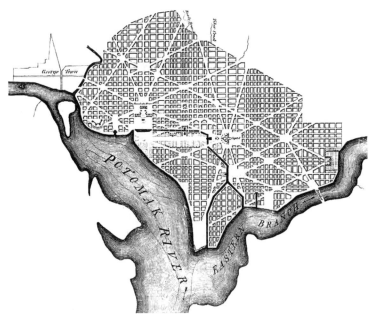

图1-14 华盛顿城市规划

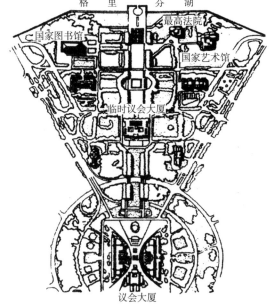

图 1-15 堪培拉 1913 年规划基本思想、空间轴线关系和中心区路网

5）中国古代城市设计

中国是东方文化的代表，在城市建设和发展的历史上曾经留下了独具特色而珍贵的遗产。相比西方而言，中国古代传统城市设计思想是相对恒定且逐步完善的，主要有三条线索值得关注。

第一，以《周礼·考工记》为代表的礼制思想，结合《周易》等中国古代朴素的哲学思想，形成我国早期相对完整的、有关城市建设形制、规模和道路等内容的营国制度，这一制度对后来的都城建设影响深刻。《周礼·考工记》的营国制度是以模数尺度为依据的设计原理，清晰规整的道路规划集中体现了尊卑有序、上下统一、均衡稳定的理想城市模式，并深远影响着之后历代的城市设计实践，特别是中国古代都城城市规划乃至州府县城规划。北京城市中轴线空间序列、紫禁城建筑群设计（图1-16）以及各类别的建筑等都不同程度上受到中国古代城市设计传统和形态尺度规制的影响。

第二，以《管子·乘马篇》为代表的"自由城"城市设计思想，从整体上打破"营国制度"的规范化礼制思想桎梏，讲究因地制宜确定城市形制，注重城市本身的选址与职住分工的功能布局，重视城市民生及工商经济发展，体现出城市建设与社会文化、政治体制发展的密切关联性。

第三，"堪舆说"为山水城市的创造打下思想基础，对于地方城镇建设具有重要影响。我国古代很多城市的规划设计都结合了自然地理和气候条件。如明代南京城建设的显著特点就是城与水紧密结合，自然景观

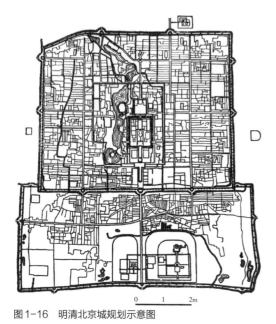

图1-16 明清北京城规划示意图

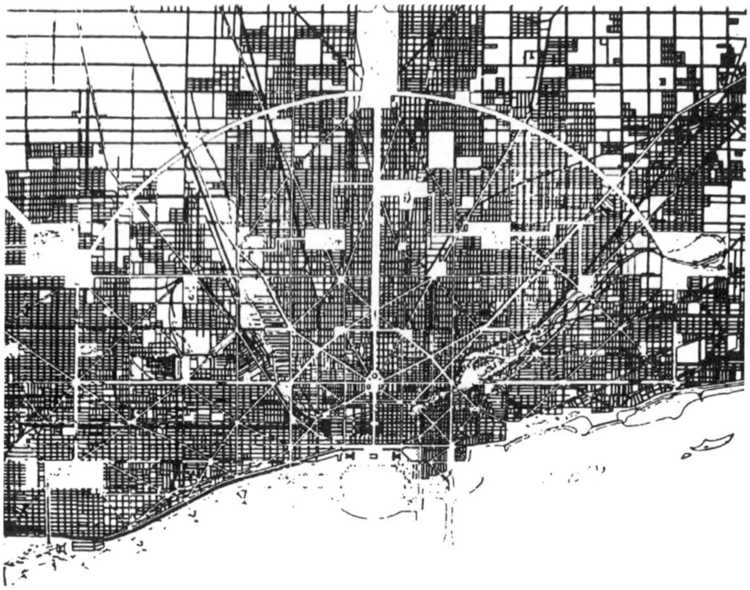

图1-17 伯恩海姆的芝加哥规划

图1-18 《美国的维特鲁威——建筑师的城市设计艺术手册》封面

与悠久历史的相得益彰。

到19世纪末，城市设计工作则更多由建筑师负责，在城市设计与建筑设计的方法上存在诸多交集，也涌现出很多经典著作和思想。19世纪末20世纪初，始于奥斯曼的巴黎改建并因1909年丹尼尔·伯恩海姆（Daniel Burnham）的芝加哥规划（图1-17）而形成的"城市美化运动"的工程案例。直到1910年，欧洲城市设计学科逐渐建立起来。

总体来说，第一代城市设计范型在设计思想上倚重于物质空间的经典美学和数学法则的联合运用，卡米罗·西特（Camillo Sitte）提出了遵循艺术的设计原则和视觉有序设计思想；1922年，德国规划师维尔纳·黑格曼（Werner Hegemann）和美国建筑师阿尔伯特·皮茨（Elbert Peets）合作出版了《美国的维特鲁威——建筑师的城市设计艺术手册》，将城市和建筑各种要素及其组织空间的方法技术用"视觉词典"的方式归纳描述出来，对后来城市设计的实践产生了重要的指导作用（图1-18）。也正因如此，第一代城市设计范型实践中常常忽视了内在的自然法则与社会规律，在城市三维形体几何法则的控制上追求感性直觉多于科学理性，但是数千年以来累积的城市建设经验、禁忌和城镇形态建设的形制与设计范式，还是对现代城市设计起到了非常重要的启迪和借鉴，尤其是在空间形态建构上的量化控制思想仍具有普世价值。[6]

2. 现代主义城市设计

传统城市在工业文明的撞击下无奈蔓延显现出种种弊端，连同城市空间环境和物质形态发生了深刻变化，城市功能的革命性发展以及新型交通和通信工具的发明运用，使得城市形体环境的时空尺度发生了巨大变化，人们逐渐意识到只有通过整体的形态规划设计才能摆脱城镇发展的困境。因此，以总体的物质空间环境来影响社会、经济和文化活动，构成了这一时期城市设计的主导价值取向。在特定的社会需求背景下，经过科学技术发展和现代艺术发展的双重催化，基于功能、效率和技术美学的现代主义城市设计范型应运而生，以综合性主导的城市规划与以形态主导的城市设计也发生了学科分野。

1943 年，作为综合规划派代表的帕特里克·阿伯克龙比（Patrick Abercrombie）和约翰·亨利·福尚（John Henry Forshaw）在他们合著的《伦敦郡规划》（Country of London Plan）一书中描述伦敦重建首次使用了"城市设计"这个词组，正视了城市设计跨越城市规划和建筑学两个学科领域的需求。其后，综合规划论的研究领域又进一步扩大，在社会学、生态学、地理学、交通工程等方面均逐渐形成自身独立的城市规划课题，内容也更为具体化、系统化、社会化，规划的重点从物质环境建设转向了公共政策和社会经济等根本性问题。规划过程和程序受到控制论（Cybernetics）的影响而日益趋向系统规划（Systematic Planning），最终导致了现代城市规划学科的创立。1956 年在哈佛大学设计研究生院召开了首届城市设计会议，"Urban Design"最初是作为一个特殊的术语使用，并取得比较一致的认识：城市设计是城市规划和建筑学之间的"桥梁"。1965 年，美国建筑师协会正式使用"Urban Design"这个语汇，相对独立地从城市规划与建筑学中分离出来。

现代主义的城市设计不再局限于传统的空间美学和视觉艺术，而是以"人—社会—环境"为核心的复合评价标准，综合考虑各种自然和社会要素的影响和制约，强调包括生态、历史和文化在内的多维复合空间环境的塑造，最终促进城市空间环境的可持续发展。现代主义城市设计范型在发展演进的过程中表现出不同的倾向，分别是人本主义、功能主义、人文主义、系统主义和形态主义，每种倾向都呈现出不同程度的局限性。

1）人本主义倾向

人本主义倾向的城市设计反对现代大城市和大规模开发建设，主张用分散的思维和手段把大城市分解成小城镇，并且坚持各个城镇协调、均衡发展。人本主义思想的代表性人物和理论有英国埃比尼泽·霍华德（Ebenezer Howard）的"田园城市"（图 1-19）和美国赖特的"广亩城市"（图 1-20）等。

1896 年埃比尼泽·霍华德在著作《明日：走向真正改革的和平之路》中认为，应该建设一种兼有城市和乡村优点的理想城市，在 1919 年明确提出田园城市是为健康、生活以及产业而设计的城市。以田园城市思想为先驱，直接影响了后来出现的有机疏散理论和卫星城镇理论等，对现

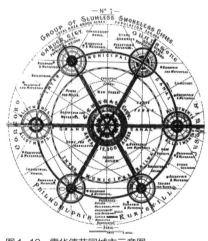

图1-19 霍华德花园城市示意图

图1-20 赖特的"广亩城"鸟瞰图

代城市规划思想也有重要的启示。

第一，从动态视角理解城市，以城市发展规律作为城市设计的依据，物质环境的建设才能实现可持续；

第二，坚持城市联系乡村；

第三，城市设计成果的内容既注重理论的构想，更要注重联系实际的操作。

1932年美国建筑师赖特在其著作《正在消灭的城市》（*The Disappearing City*）以及随后发表的《宽阔的田地》（*Broadacres*）中提出了"广亩城市"的概念，他主张取消城市，建立一种新的、半农田式社团的广亩城，每家每户都有一亩土地，居住区之间以高速公路相连，并且公共服务设施沿着公路布置，在整个区域服务的商业中心内部引入自然要素。

2）功能主义倾向

主张功能主义的城市设计者不再仅仅关注于城市空间的艺术处理和美学效果，而是遵循经济和技术的理性准则，建构城市物质环境的总体理论与方案，以寻求一系列城市问题的解决方案。

1917年，托尼·嘎涅（Tony Garnier）发表《工业城》提出了工业城市的模式方案。方案中，对工业城市的各个功能要素作出了明确的功能分区，并设置绿化隔离，给各个功能分区留有发展余地，强调功能理性和灵活规划的思想。

柯布西耶的城市设计思想主要体现在1922年的《明日的城市》和1933年的《光明城市》，以柯布西耶为代表的国际现代建筑协会（CIAM）主张遵循经济和技术的理性准则，注重居住、工作、游憩和交通四大功能分区和运转效率，阳光、空气、绿化成为现代城市生活最基本的环境要求（图1-21）。无论是柯布西耶直接参与设计的印度城市昌迪加尔（图1-22），还是深受现代城市思想影响而建成的巴西新都巴西利亚（图1-23），都是第二代范型最后的实践作品。这种机械的功能主义在追求简单性和秩序性的同时，也牺牲了城市复杂性和多样性的魅力，使城市空间呈现机械的有序性和均质性。同时也说明，静态的设计模式本身不能满足现实动态演进的城市发展需要。

3）人文主义倾向

人文主义的设计思想注重城市功能的多样性和混合性，提出"以小为美"的设计原则。美国学者雅各布斯在其著作《美国大城市的死与生》中从社会学、心理学和行为学方面着手，强调多样性是城市的天性，在城市规划中考虑人的需求和活动，倡导适宜步行的居住环境，紧凑而多样的建筑设计以及功能混合的社区和街道。同时，考虑城市文脉和场所类型，重视场所感和归属感的塑造（图1-24）。

人文主义还重视心理学、社会学等人文学科的应用和拓展，如林奇

图1-21   勒·柯布西耶设想的"光明城市"

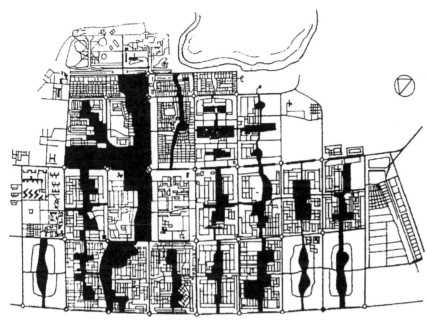

图 1-22　昌迪加尔规划示意图

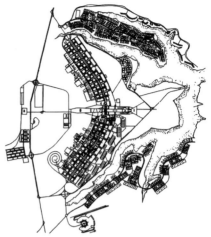

图 1-23　巴西利亚总体城市设计图

图 1-24　肯尼士·布朗的人文主义设计草图

的《城市意象》(图 1-25)、奥斯卡·纽曼(Oscar Newman)的《可防卫空间》都是借助心理学应用于空间环境与形态的分析;亚历山大将行为学与人类学的理论用于城市结构及场所的分析,写出著作《模式语言》和《城市并非树形》,用半网络型的复杂模式来取代树形结构的理论模式。总之,人文主义的城市设计者和理论家倾向从小尺度、自下而上关联的渐进主义设计思想,从一种多元的城市设计视角对人的意识觉醒给予高度重视。

　　4)系统主义倾向

　　系统主义是 Team10 在解决大城市发展问题方面抛弃功能主义信条的另一个倾向。系统主义城市设计理论与实践的代表有 Team10 的丛簇

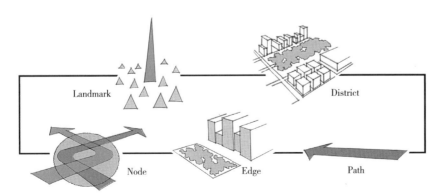

图 1-25　凯文·林奇的城市意象五要素

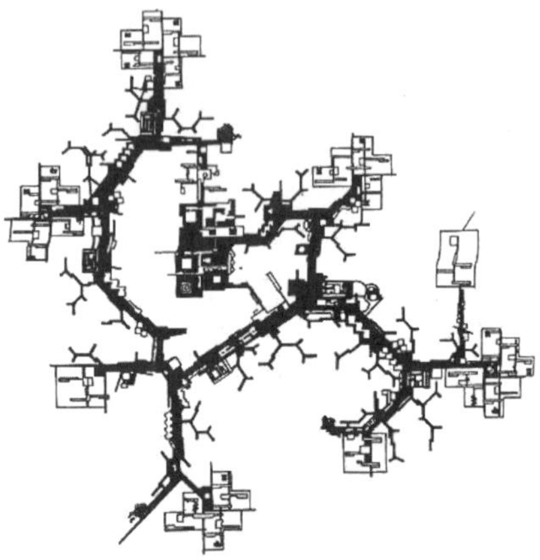

图 1-26　簇集城市的发展与蔓延

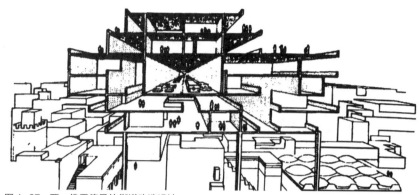

图 1-27　罗·佛雷德曼的街道改造设计

图 1-28　丹下健三的东京湾规划方案

模式，亚历山大的城市半网络结构等。簇集（Cluster）模式是 Team10 有关城市系统构成的重要概念。簇集体现的是一种要素聚集的形态特征（图 1-26）。如果用生物体的相关概念来比拟，簇集的组织结构区别于单核细胞，是由多个结点呈网状连接。艾莉森·史密森和彼得·史密森（Alison Smithson & Peter Smithson）所作的"金巷"住区规划方案体现了系统性城市设计特征。总结系统主义城市设计思想特征，城市构成是一种连接各要素的动态线网，而非建筑实体，城市内外联系的动线——交通系统成为最主要的课题，完善流畅的交通系统是它的基本骨架和特征。强调城市设计中大规模的结构系统以及城市空间整体秩序的建构，主要特征是包含性，常采用基本结构衍生、连接系统为秩序单位来进行设计，注重捕捉城市设计的流动性、生长变化和簇群现象。

系统主义与功能主义的根本区别在于，系统主义认为城市的发展不需要清除旧有的部分，而是将新的城市系统交织于现存的城市结构和秩序之中，形成新的城市特色风貌，正如罗·佛雷德曼（Roan Frriedman）的街道改造设计（图 1-27）和丹下健三的东京湾城市设计（图 1-28），前者强加于传统的城市结构之上，而后者毗连着城市原有结构，从东京伸入东京湾的衍生结构系统。

系统主义的先进性表现在，面对城市功能日益增多、联系日趋复杂的普遍现象，城市设计的关键应在于如何组织完善清晰的基本城市系统。局限性表现在：一方面，趋向抽象的组织流程，忽略细节设计上的功能混合，导致无法回归人本尺度上的评价；另一方面，通过改进原有的城市结构来适应新的结构形态，忽略现存结构的可操作性和新建行为的可行性，导致城市结构系统彻底异化和失衡。

5）形式主义倾向

形式主义是指那些重视城市空间和形式的特定原型或整体轮廓的

方法。对于以矶崎新、查尔斯·穆尔（ChrisMoore）为代表的唯美主义设计师而言，这些轮廓主要由几个几何概念中的轴状空间的组织和静态空间的构成，反映了一种整体的秩序与和谐美感，在形式上倾向大规模的轴状秩序和系统结构，城市由许多外形独特形式感很强的建筑物组成（图 1-29）。以克瑞尔兄弟（Leon Krier，Rob Krier）、阿尔多·罗西（Aldo Rossi）为代表的新理性主义设计师从城市形态学和建筑类型学角度对历史城市的形态构成要素和空间设计进行研究，主张在历史记忆基础上进行小规模和步骤性城市设计建构（图 1-30），特别是公共空间的重构，形式上倾向异质的拼贴。形态主义的局限性在于过于注重空间形式和风貌的历时性研究，结果往往只流于形式的拼贴，常常忽略经济和技术因素，难于应对巨型结构、功能复杂和快速发展的城市问题。

　　总体来看，现代主义城市设计在主导思想上强调全面地关注城市空间整体及其背后的多维度意义，认清城市设计是一个多因子参与互动的复杂过程，在设计方法上倾向通过学科交叉为设计过程和控制提供多维的系统决策和弹性的控制手段，城市设计政策和城市设计导则逐渐在成果中占有重要地位，纽约原高架货运铁路线华丽变身为当今的高线公园（图 1-31）就是这一时期的典型案例。

　　3. 绿色城市设计

　　绿色城市设计把城市看作是一个与自然共生的有机生命体，关注城市的有机性和可持续性。凯文·林奇曾经将有机城市、宇宙城市和机器城市并列为三大城市原型，关注社区，把连续性、健康、安全、平衡、互动作为城市设计的基本原则和正面性评价。霍华德、马什、弗雷德里克·劳·奥姆斯特德（Frederick Law Olmsted）、帕特里克·盖迪斯（Patrick Geddes）、道萨迪亚斯以及后来的麦克哈格、迈克尔·霍夫（Michael

图 1-29　美术派的城市景观美化拼贴，15 世纪由沙巴提安诺·梭利欧在舞台中设计的巴洛克街道

图 1-30　新理性主义多元历史片段的重构表现（Atlanttis.L. 克瑞尔）

图1-31　纽约高线公园改造项目

Hough）、卡尔·斯坦尼茨（Carl Steinitz）、查尔斯·瓦尔德海姆（Charles Waldheim）对城乡关系发展、城市生态过程及其重要性和可持续性做出经典阐述。在这样的基础上，现代城市设计的科学基础和价值思想有了进一步发展，意识到遵循自然生态法则和社会发展规律两者缺一不可。

学术界对绿色城市设计工程性的广泛关注开始于20世纪70年代。王建国发表在《建筑学报》的论文"生态原则和绿色城市设计"，提出整体优先和生态优先的准则，主张人工系统建设必须基于自然系统来建构组织。唐纳德·沃森（Donald Watson，2003）认为，城市设计师所面临的挑战，不仅要为市民的健康而设计，也要为全球环境的健康而设计。近年来，天作建筑一直致力于绿色城市设计的实践探索，倡导注重自然生态的格局和实际应用技术的绿色设计理念，提出"循流生长、循序演进、循境提升"的整体设计思路，并且已经在辽东湾新区的城市设计实践中做出了尝试。这一阶段城市设计通过把握和运用以往城市建设所忽视的自然生态的特点和规律，力图创造一个人工环境与自然环境和谐共存、面向可持续发展的理想城乡环境。

我们认为，第三代城市设计范型应该从设计师的视角出发，在更广义的绿色范畴中审视宏观、中观、微观各层级的设计；自然、气候和地景等区域性限制因素作为绿色设计的前置条件，而不是泛用性绿色技术；强调针对特定区域的适应性设计，使绿色设计贯穿于从概念到施工等动态实施的全过程。为此，设计师充分运用各种可能的科学技术，特别是城市生态学和景观建筑学的一些方法来实现这一目标。近年来，适用于微气候分析及热岛效应评估的 FLUENT、CFD、Envi-met 等模型模拟软件广泛应用于城市设计创作、方案比对以及影响评价等诸多环节的动态优化工作中，提升城市设计在生态和环境可持续性方面的合理性，从而提高城市空间环境的舒适性和宜居性，促进城市环境建设的可持续发展。

4. 数字化城市设计

在最近的 20 年里，以计算机应用为基础的数字化科学逐渐渗透进入世界范围内的建筑设计领域，并成为诸多设计师推崇和热议的重要课题，在"数字地球"、"智慧城市"、移动互联网乃至人工智能等技术推动下，城市设计的理念、方法和技术获得了变革性的发展。

数字技术深刻改变了我们看待世界物质形态和社会构架的认知方式，通过大数据思维方法，把过去通过人脑逻辑性思维问题转变为基于大数据的概率计算问题，在客观理性基础上，再作出基于社会价值、设计创意和主观感性的城市设计综合技术操作和成果集成。某种意义上，人机交互的数字化城市设计提供了一种全新的世界观和方法论，引领我们重新理解更具整体性意义的公平与效率准则。在这种大背景下，我们对如何使用数字化工具推动空间设计进行了探索，目前初步形成了一套基于数据支撑与算法驱动的数字化城市设计方法论和工作流程。

数字化技术和数据化语言正在深刻影响着我们对于城市设计的专业认知和实操路径，加速了数字化与城市设计深度融合、积极应用的进程，甚至使城市设计的专业效能产生革命性的跃升。数字化城市设计以数字化工程为基础，包含数据获取、数据分析和数据可视化等技术手段，从传统数据过渡到新数据，采样数据发展到全体数据，宏观外部观察与统计数据发展到微观个体感知和体验数据（图 1-32、图 1-33），涉及编制设计、成果审查、实施评估和公众参与的城市设计全生命周期过程。数

图1-32 辽东湾新区城市设计

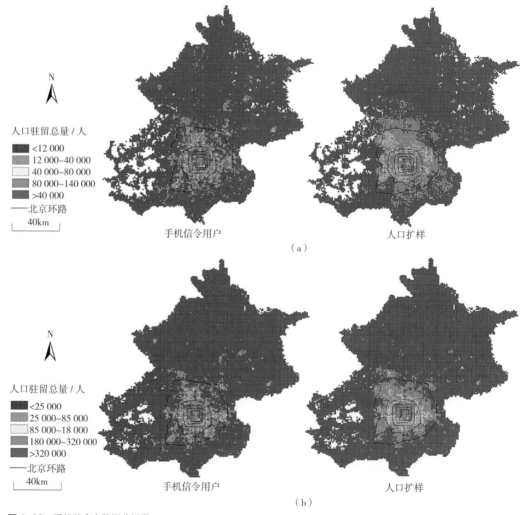

图1-33 手机信令大数据分析图
（a）2点；（b）16点

字化城市设计核心思路是在大数据环境下结合机器学习和数理统计方法，构建城市动态模型，理性描述城市空间特性，仿真模拟"人—地—交通"的动态关系，探知城市中的隐性维度和秩序规律，最终依托于数据支撑和算法驱动对城市设计业务进行辅助和增强。数字化城市设计的主要优势表现为具有多重尺度的设计对象、数字量化的设计方法和伴有人机互动的设计过程。

基于人机互动的数字化城市设计范型及所包含的技术方法不完全是既有城市设计技术方法的渐进和完善，在数字化技术支撑下，注重与传统理论研究相结合的技术路径来指导城市设计的实践，以形态整体性理论重构为目标，从单一空间层面向复杂多元层面扩展，从静态城市空间扩展至动态城市全空间，更多的是强调价值观和设计创意与多源大数据有机集成量化、包容发展变化和可持续优化的技术创新路径，是多重反复校核的互动决策过程，是更加全面的社会认知基础上的综合判定，是趋向相对理性和复杂的整体最优解，数据库成为数字化城市设计全新的成果形式（图 1-34、图 1-35）。

综合来看，城市设计技术的进化蕴含着四代城市设计范型的孕育、成长和发展脉络，不同城市设计范型的叠合、迭代以及综合运用很可能是未来城市设计研究领域的常态，最终形成当代城市设计理念的范型合体和整合演进（表 1-1）。这一代际发展历程，体现了城市设计的学理性发展经历了审美理性、功能理性、生态理性到数据理性的动态演进脉络。

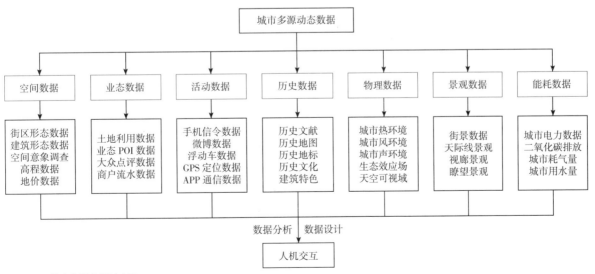

图 1-34　数字化城市设计方法

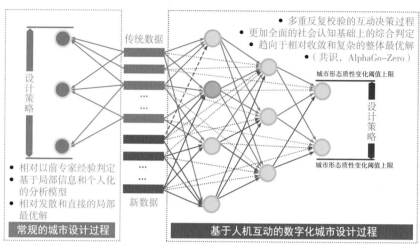

图1-35 数字化城市设计决策过程模型建构

表1-1 城市设计的四代范型

范型	历史时期	主要思想	主要价值
传统城市设计	1920年以前	固有理性基础上的静态思维；以"物质形态决定论"为主要思想，以建筑学和古典美学为主要价值准则	关注场所形态赋形与精神回归，解决城市空间组织中的动线、尺度及视觉美学问题，重视城市空间物质结构、广场街道和重要建筑物安排的设计
现代主义城市设计	1920—1970年	逐渐转变"终极蓝图"的理想思维，尝试以动态的视角来从社会、经济等多方面多理解城市和城市设计过程，注重城市发展的现实需求	关注城市功能、土地合理分配及场所意义的空间形态，提出城市空间的品质应该以功能合理、满足城市集聚效能为前提，并延伸至对人和社会的关注
绿色城市设计	1970—2010年	坚持生态承载的底线思维，强调设计结合自然过程，注重城市环境整体协调；广泛运用新技术，特别是生态技术，使城市设计走向可持续化	坚持"整体优先""生态优先"为原则，揭示了城市空间形态塑造需要遵循的自然之理，重建人、社会和自然关系和谐伦理关系
数字化城市设计	2010年至今	探索数据支持的理性思维，动态监测多源动态数据和数据动态，获取空间形态质性变化的临界阈值，提高城市设计的精度和量化水平，强化人机交互的设计过程	以工具革命为动力，晋升城市设计能效，通过多源数据集取分析、模型建构和综合运用，较为科学地建构计划和市场作用相结合的城市空间和用地的属性，揭示更深层次的城市形态作用机制，数据库第一次成为城市设计的基本成果形式

1.3 动态城市设计的提出

1.3.1 城市设计的动态本质

在当下技术发展背景下，城镇空间与城市设计方法的持续演进，形成了具有实用性和规则性的可行对策，是动态城市设计产生的契机。用动态的发展观审视城市以及城市设计的本质，可以得到如下认知。

1. 城市是一个有机生命体

学术界对于城市是一个有机生命体的认识由来已久，这是一种兼具本体论和认识论的论断。纵观城市发展和演变的历史，人们逐渐认识到城市和生命体在很多方面都具有相似性，城市的繁荣与衰退、膨胀与收缩在城市建设发展的历史长河中周而复始地出现，城市像自然界中的生命体一样生长与进化。借鉴生命体的认知帮助我们理解城市，为城市设计、城市诊断、城市治理和实现城市可持续发展提供了新的视角。

2. 城市设计是对物质空间系统秩序的调理 [7]

城市空间是城市有机生命体的物质存在，对于城市生命的生长、延续、健康和进化至关重要，它具有与生物有机体相似的生命特征和属性。同时，城市物质空间是一个各要素综合，功能性复杂的巨系统，通过对空间系统关联秩序的调整和协调，有针对性地对城市物质空间提出发展设想，最终实现建造可持续的宜居城市的美好理想。这也是城市设计的终极目标。

3. 城市设计是一个动态变化的过程

城市发展是一个长期性、持续性的演进过程，受到来自自然法则、社会经济规律及政策等多种因素的影响，具有不确定性和不可预见性，很难用理性方法来预测甚至准确地框定它的发展轨迹。城市设计也是一个漫长而持续的作用过程，城市经济及文化发展等外部环境的渐进性变化，科技进步和城市生活方式的日新月异，也使得城市设计对项目本身的运作也存在诸多不可预知的变化。

4. 城市设计具有非终极目标模式

城市规划的目标体系是对城市发展的一种主观预测，通过规划作用所能达到的未来状态。存量规划背景下，建成环境仍然是城市设计的落足点，城市设计的目标最终仍然要借由物质形态的操作来得以实现，而物质形态的塑造要依靠城市开发的动态过程来实现，注重决策的连续过程和成果的动态弹性，不盲目追求一种预定的理想模式和终极蓝图。一个城市设计项目的实施，在遵循城市自身的发展特征和变化着的现状条件的同时，还要依据当时当地的价值观念、评判标准以及外部环境的变化来决定。人类对于美好生活的追求总是无止境的，随着规划与实施的不断深入，城市设计应该强调非静态和二次订单（图 1-36）的设计方法。

5. 城市设计结果的动态不确定性

对于城市设计这样一项在广泛的社会、经济、政治、文化、技术背景下开展的设计活动，一定要形成一个一劳永逸的终极方案无疑是武断和徒劳的。在城市设计的过程中，面对复杂多变的城市形态和空间环境，任何设计方案似乎总是跟不上现实的发展。当代中国城市高速度、大规模的发展，也使得理想与现实之间的矛盾更加凸显，充满着不确定性和不可预知性。

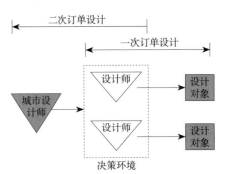

图 1-36　"二次订单"的城市设计概念

1.3.2　应对城市设计动态性的基本思路

在四代城市设计范型迭代发展的演进脉络中，城市设计的概念内涵和价值取向逐渐清晰，从传统城市设计、现代主义城市设计到绿色城市设计和数字化城市设计，作为城市风貌管理工具的独特价值愈加显现，城市设计的动态思想也蕴含其中。

对城市规划动态性的认识，可以追溯到第二次世界大战后西方早期城市规划理论中关于"蓝图式规划"的批判，反映在土地利用区划的确定性与城市发展进程变化的可能性之间存在的现实矛盾，规划的不确定性从根本上否定了其静态属性。终极蓝图的城市设计模式是人们企图按照科学理性的规划秩序，通过对城市形体环境的整体设计来解决城市的社会生活问题，如美国的方格网城市、霍华德的"花园城市"、柯布西耶的现代城市设想、赖特的"广亩城市"、索里亚·玛塔的"带形城市"和富勒的"海上城市"等，都反映了这一理想模式的出发点，试图通过对城市各组成部分的有序安排来建立理想的城市模式和良好的城市生活环境。然而，城市发展的历史证明，这种目标导向的城市设计只不过是一种良好的愿望而已。城市设计不能停留在目标设计阶段，刚性管控和终极蓝图式设计难以适应市场经济的瞬息万变，[8] 粗放扩张式向内涵提质式的转型发展，亟需理念、机制和方法的全面更新。显然，传统的城市设计产品是静态或固化的，难以适应场景多变的城镇化需求，空间产品和城市发展需求的关系和调适度对于城市设计的发展尤为重要。

在新型城镇化和可持续发展背景下，为解决众多矛盾，适应新形势要求，现代城市设计实践作为城市规划与建设的重要内容也得到创新发展，新的城市设计理论和方法应运而生。建筑学科与各个相关学科分别从各自的专业角度对城市设计进行了跨尺度、扩维度、高精度的探索，城市设计的理论具有了创新性的专业建构和综合性的实践领域，致使当代城市设计的理念、内容和策略呈现出开放包容且多元并置的繁荣局面，脱离了单纯的空间形态处理，实现终极蓝图向动态过程的转变，成为更广泛地融合社会、经济、生态等多维度实践。城市设计把宜居健康、美好生活、整体有序、富有特色和文化内涵作为永恒主题和价值取向，即使是在当下经济和信息全球化的时代亦是如此。

第一，城市形态是多元价值审美判断的综合结果。城市的风格特征、建筑形体、街道比例、空间尺度等方面的审美判断都是在一定的目标与价值标准下形成的，城市设计不仅是对群体建筑进行视觉美学追求和形体塑造的手段，而且要研究根植于外部形态之中的城市内涵与精神。公共空间是城市设计研究的核心对象，是重要的物质交流载体，包括街道、人行道、自行车道、广场、滨水区和公园等；公共空间可以提供安全，包容，便利，绿色和优质的多功能使用；公共空间建设的最终目标是确保人类发展，建设和平、包容和参与型的社会，促进共处、相互联系和社会包容，这也是当代城市设计的最终目标。城市设计通常把公共空间塑造作为建筑形态和功能组织的立足点，让建筑成为场所营造（Place Making）的规定性要素和实体性关联，空间形态组织的审美过程需要综合社会、经济、生态上的动态过程，突出在时间维度上创建连续的动态体验，并且对建筑空间组织的变化加以调控。

　　第二，城市设计是以建筑学与城乡规划学科为核心的跨学科知识和多专业协同的综合实践活动。城市设计的专业实践需要建立在跨专业的知识框架中（图 1-37），从建筑学、城乡规划学、风景园林学三大基础不断拓展专业视野到工程学、环境学、地理学、社会学、政治学、人类学、经济学乃至新兴科技领域。这要求城市设计者必须掌握多学科知识结构、具备整合复杂城市要素和统筹多学科专业知识的工作能力。

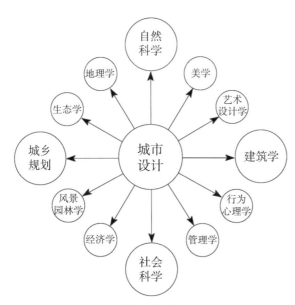

图 1-37　多学科融贯的城市设计学科

　　第三，打破预制的理想模式，把"静态文本"转换成"动态蓝图"，把连续的决策过程转变为多阶段的动态规划，并且建立一个具有外部适应性和内部聚合力的行动框架，遵循自然生态过程和社会发展规律，形成特定的价值取向和行为准则，面对客观条件的变化而作出主观的价值衡量，并且对整个动态过程实行动态管控和调适，使城市设计成果在可持续的城镇化发展中表现出应有的弹性和适应性。

　　第四，坚持自上而下与自下而上相结合的互馈运行机制。城市空间发展的动态过程取决于内在作用力和外部的社会需求、经济发展和政策导向等人为因素的复合驱动。当代城市设计作为城市形态和空间环境发展的决策机制，自上而下的整体调控和制约机制是城市形态和空间环境有序发展的保证，自下而上的公众参与和价值协调是一种以人为本、多元融合的价值理念。当城市设计作为一种塑造城市形态和空间环境的策略和工具，应当建立自上而下整体统筹与自下而上协调反馈有机结合的协同机制，让城市设计做到灵活响应，动态运营，可持续地作用于城市空间开发的整个周期。

经历了四代城市设计范型的发展演变，城市设计的工作重点依然是对城镇空间形态和地域场所营造等方面的构思和组织安排，不论是前期对于城市空间方案的构思，还是后期对于建设活动进行协调与调控，都是一项综合性的理论与实践的探索，在理想与现实之间，在美学与技术之间，在科学与设计之间，在自然科学与社会科学之间，在建筑设计、空间规划与景观规划之间，在目标与结果之间形成互融的理论基调和可持续的整体价值取向，广泛的关联思考、互适的技术原则、跨专业的联合操作，数据互联使我们有更多机会通过结合物理空间和数字空间来深入认识城市，解决城市问题，让城市设计做到灵活响应，动态运营，可持续地为人们创造美好的城市环境和城市生活。

1.3.3　动态城市设计的概念内涵

动态城市设计是在当代生态主义通用语境中，以可持续城镇化理念为基础，通过城市形态学的探索，借鉴新的科技和经济方法，形成一种应和时空、多元包容的设计模式，以便我们更好地理解城市和城市变化，统筹社会、经济、文化与自然环境之间的关系，契合城市可持续发展的构想。

第一，在对象层面，动态城市设计把城市有机生命体及其生长过程作为研究目标。要遵循城市环境的自然过程、城市空间的发展规律以及人与空间环境整体的和谐共生关系，以此来完成对城市三维物质空间风貌与场所精神的塑造；将城市设计看作是对城市物质空间系统的调理，以系统思想为基础厘清城市空间系统的内在组织秩序和外部风貌秩序以及二者的关联机制。同时，现代城市的增长速度加快，使我们无法漠视时间因素的作用，无形的时间已成为比实质的三维尺度更重要的第四维度，动态的城市空间需要动态的城市设计。

第二，在操作层面，动态城市设计是一种循序渐进的动态过程。要提高城市设计的准确性、可行性和操作性，必然要将动态和弹性纳入城市的发展机制和城市设计的操作过程，采取动态变化的设计模式和决策过程。把城市设计的操作流程看作一个连续的、不断变化的程序系统，通过整合社会、经济和生态等方面的内容建立目标价值体系，把多样的单个行动有秩序地联结起来。预先建立度量标准和互馈机制来加强城市设计的自我修正以达到组织的最佳平衡状态，即整体有序又富有弹性的城市建设体系，形成某种具有内聚力的有机整体并提供不断优化的选择，尽可能确保目标的可量化与效益的最大化。

　　第三，在技术层面，动态城市设计把动态思想广泛地渗透于城市设计的技术路线中。它涵盖城市发展的历史、现状以及未来的整个演变过程，关系到从宏观政策到微观控制的各个环节，包括对城市社会、经济和环境形态整体的协调适应，利用经典理论与现代科技有机结合的技术手段，坚持把多元开放的工作理念和动态寻优的设计思路贯穿整个城市设计周期，包括从策划到方案设计，管理与运营再到实施的整个过程，全程高效的管控手段和信息一体化工作平台对城市设计的全过程进行实时综合管理和监督维护，并且以动态数据库、三维空间模型和多维行动框架作为动态城市设计核心技术成果的表达方式。概括来说，动态城市设计是一套有效且可持续的设计方法，是一个感性与理性并存的操作过程，具有特色鲜明的动态思想和清晰广泛的技术特征，引入艺术灵感和科学分析作为城市设计过程的特定基础，不仅有对于艺术性和创造性的要求，更要发挥其科学性和技术性的优势。置身于万物互联的信息时代，开放、融合和平衡多重目标与多元价值是动态城市设计的重要宗旨。通过整合社会、生态和经济等内容作为衡量标准，形成整体风貌塑造的方案创作，设计的组织过程中坚持整体控制、广泛关联、联合优化的操作原则。在实施中重点考虑空间维度的可塑性、生态维度的承载力、历史维度的时间性、社会经济的规律性以及技术发展的前瞻性，以动态的设计方法、精细的管控手段、综合的行动计划和一体化的数据平台作为动态城市设计的优势集群，丰富和完善动态城市设计的组织过程和成果表达。

参考文献

[1]（英）F. 伯德，等. 市镇设计 [M]. 程里尧，译. 北京：中国建筑工业出版社，1983.

[2] 谭纵波. 城市规划 [M]. 北京：清华大学出版社，2005.

[3] HUBBARD P. Urban Design and Local Economic Development: a Case Study in Birmingham[J]. Cities, 1995, 12(4): 243–251.

[4]（美）凯文·林奇. 城市意象 [M]. 方益萍，译. 北京：华夏出版社，2001.

[5] 邹德慈. 城市设计概论 [M]. 北京：中国建筑工业出版社，2003.

[6] 王建国. 从理性规划的视角看城市设计发展的四代范型 [J]. 城市规划，2018，42（1）：9–19+73.

[7] 金广君. 当代城市设计创作指南 [M]. 北京：中国建筑工业出版社，2015.

[8] 田莉. 我国控制性详细规划的困惑与出路——一个新制度经济学的产权分析视角 [J]. 城市规划，2007.31（1）：16–20.

第 2 章
动态城市设计的理论基础与特征

动态城市设计是一个不断发展中的概念，其理论基础伴随内涵的不断丰富而逐步完善，具有鲜明思想特征和清晰的方法论原则，用以指导动态城市设计的具体操作和实践探索。

2.1 动态城市设计的理论基础

2.1.1 系统思想与系统规划

20世纪50年代，系统论思想逐渐走向成熟，很多学者开始运用系统科学的理论看待复杂的城市系统和城市社会问题。美国的运输——土地使用规划（Transport–Land Use Planning）成为该时期最早应用系统思想和方法的研究项目。此时开始，英国迎来了工业革命以后的又一个社会经济高速发展变化时期，英国的城市规划法已经认识到城市规划与城市发展之间的同步要求，规定每5年修订一次规划。进入20世纪60年代以来，科学技术的进步和社会经济发展使得西方国家的规划领域在规划的理论和方法上发生了深刻的变化。

系统规划最重要的倡导者布瑞·麦克劳林（C. J. B. McLoughlin，1965）[1]通过系统论和控制论的思想方法，认为规划研究对象是物质和非物质要素及其相互关系组成的人类活动系统，从系统角度出发，通过分类、预测、决策、调控各个相关因素及其相互关系，对城市及区域进行系统分析、决策和控制。这样一个涵盖土地、经济、社会和管理等多领域的综合理性规划方法已经愈加成熟。1968年，麦克劳林出版的《系统方法在城市和区域规划中的应用》和乔治·查德威克（George Chadwick）于1971年出版的《规划系统观》，提出正视城市的变化，将城镇规划看作在不断变化的情形下持续的监视、分析、干预的过程，而不是制定"一劳永逸"的蓝图，使城市系统规划理论研究进入了高潮阶段，并在英国的"结构规划"和"地方规划"、次区域规划研究（Subregional Study）中得到实际应用。这一阶段的系统规划理论和实践主要体现在运用系统方法认识和把握城市与环境，并对城市规划的各个阶段进行持续地引导和控制，为城市规划从蓝图式的编制走向过程式的控制提供了理论依据，由此衍生出将城市作为一个整体，把影响城市发展的各项因素包容进来统一安排的综合规划（Comprehensive Plan）。

随着社会的发展变化给区域及城市也带来一些新的问题，动态规划思想得到了迅速发展和普遍重视。程序规划（强调规划的连续性与周期循环性）、系统规划（以控制论为基础）、连续性规划（重视规划过程和强调远近结合）、行动规划（重视规划的实施性与短期性）、结构规划（制定结构性框架以改进灵活性）、理性规划以及之后又出现的分离渐进性规划、适应性规划、可恢复性规划等理论模型，都在一定程度上反映出规划师对动态规划思想的探索，放弃了终极目标的想法，转而立足于近期需要解决的实际问题采取适宜的行动，是理性主义和实用主义的结合，同时整体性地重构了现代城市规划的体系框架。其中，M. C. 布兰奇（Melville C. Branch，1973）认为固有的城市规划对终极状态的过度重视，忽视了对规划过程的认识，提出了连续性城市规划理论，认为成功的城市规划应当是统一地考虑总体的和具体的、战略的和战术的、长期的和短期的、操作的和设计的、现在的和终极状态的，等等。1977 年颁布的《马丘比丘宪章》还提出，所有的规划都是寻求妥善控制和监督各个有关系统的连续过程，并在一定的时间周期内做出进一步调整和修正。

城市开始被认为是一个极其复杂的系统。正如《马丘比丘宪章》指出：不应当把城市当作一系列孤立的组成部分拼在一起，而必须去创造一个综合的多功能的环境，这体现了一种城市空间系统化的倾向，其系统问题研究需要将不同学科领域融合到一个研究框架当中，深化和补充我们对城市与城市设计方法进化与发展的认识和理解。在20世纪80年代，随着软系统方法论的引入，以及东方系统方法论思想的兴起，进而出现了强调整体协调，体现动态、多元、开放、复杂的综合系统理论，这为系统科学在城市规划领域的深入运用提供了重要的理论来源和广阔的施展空间。在系统思想和系统科学不断发展的背景下，城市设计师一直在试图理解城市系统，并将理解的重点放在拆解城市空间系统的物理形态上。城市这个巨系统由人工形态和自然形态两大主导体系组成，它们各自构成形态元素的系统性和整体性。同时，城市物质空间的系统秩序由复杂的空间结构、社会结构、经济结构和生态结构各自构成形态要素关联形成各自的秩序，经过历史进程的涤荡和沉淀，最终映射在城镇物质空间三维形态上。城市设计是对城市物质空间系统的调节，这一系统思想是指在特定时空条件下分析系统内部各要素之间的复杂关系和相互作用，进而对城市物质空间系统作出合理的调适以使得系统呈现出结构稳定、功能正常、组织有序、动态平衡的有机状态，体现出一种整体有机、共生共处、相互关联的系统组织原则。

2.1.2　过程思想与动态规划

最先提出城市设计过程概念的是美国规划师乔纳森·巴奈特（J. Barnett），他在担任纽约市总设计师期间，通过深入实践纽约市的城市设计管理运作过程后，在其《城市设计作为公共政策》一文提出城市设计公共政策过程论观点。巴奈特强调，城市设计过程是一个完整的、综合的、日积月累的渐进过程，体现历时性特征，并不是预先勾绘出 20 年后的发展形态，它是日常的决定点滴累计的结果。也就是说，城市设计最终并不是以描绘一种城市未来的终极状态为目的，不能将城市设计看成是一个产品的创造，而忽视城市的发展变化。如果说传统城市设计更多地注重目标取向，那么现代城市设计则应是目标取向和过程取向的综合，并且以后者更为重要，即更注重它的过程性。美国约瑟夫（Josep lluis Sert）提出的关于城市设计的过程组织框图就很能说明城市设计过程性特征（图2-1）。

随着面向实施的城市设计实践不断发展深化，城市设计的动态过程思想开始被深入探讨和赋予更多内涵。在广泛的社会、经济、政治、文化、技术背景下，受到权力、市场、公众和技术等多种因素的影响和制约，城市设计要成为一种讲求综合效益的设计活动，应该是一种公共政策的连续决策过程，这是现代城市设计的真正含义。[2]D.马格文认为，城市设计除了作为核心的物质形式合成的内容外，还是一个包含经济内容的政治过程，讲究社会公益。A.马德尼波尔认为，城市设计是一种社会——空间过程，根植于政治、经济和文化的过程。从实践角度讲，城市设计需要植根于城市社会和环境的文脉。[3]

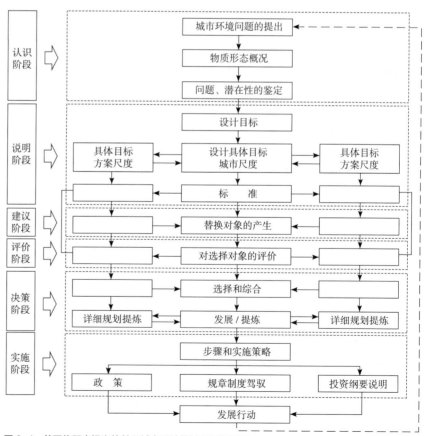

图 2-1　美国约瑟夫提出的关于城市设计的过程组织框图

20 世纪 60 年代的理性过程理论（图 2-2）描述了一种规划的理想状态，包含了一个正在进行的、连续不断的过程，[4] 这种动态过程正是城市规划在实践领域应该呈现的状态，即由规划、行动、反馈形成的循环渐进状态，实施理论、行动规划等理念、理论的发展，也使得规划的实施和行动问题被给予极高的关注。1977 年，城市规划思想史上重要的理论纲领《马丘比丘宪章》已经强调指出：区域与城市规划是个动态过程。

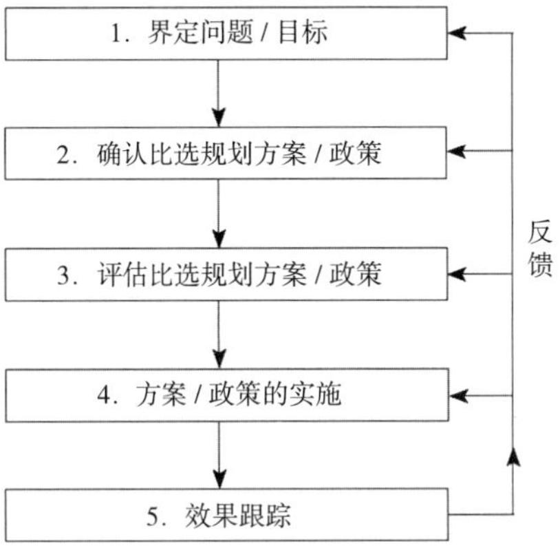

动态规划思想较早出现于西方规划学界，是一种分阶段解决动态过程最优化问题的方法路径，用于城市规划领域就是使城市建设达到最理想水平的效益和状态，使资源开发、社会经济发展和产业结构配置系统等方案能够获取最好的社会、经济与生态等方面综合的最佳效应。我国学术界对于动态规划的认识，随着城镇化建设的发展、经济体制的变化而逐渐引起学界重视。顾永清较早提出发展动态规划的重要性，认为城市主体的发展具有不可预见性，城市规划不存在终极的目标模式，而是一个开放、动态的连续过程；他总结了具有动态规划思想的三种规划形式：在过程中不断修补的持续规划（图 2-3）、注重刚性管控的控制性详细规划（表 2-1）和渐进式管理的滚动规划（图 2-4）三种模式。[5]

图 2-2　规划作为一个理性行动的过程

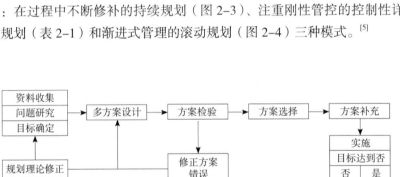

图 2-3　持续规划的程序

表 2-1　控制性详细规划的控制内容

序号		控制内容
1	用地分类控制	用地面积，m^2
		用地性质
		用地边界
2	开发强度控制	居住人口密度，人 / hm^2
		建筑密度
		容积率
		绿地率

续表

序号	控制内容	
3	建筑设施控制	建筑物后退红线，m
		建筑物最大面宽，m
		建筑物最大高度，m
		建筑间距控制，m
		建筑物色彩配置
4	公共设施控制	市政设施
		交通设施
		教育设施
		医疗设施
		商业服务设施
		行政办公设施
		文娱体育设施
		其他附属设施
5	活动行为控制	道路出入口方位及数量
		交通组织
6	环境保护控制	污染物排放容许指标（COD）
		小品与雕塑布置

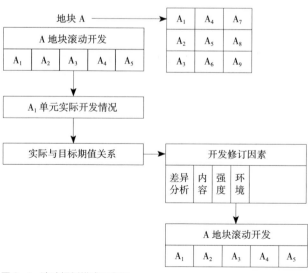

图 2-4　滚动规划模式示意图

　　动态规划思想在城市规划中的应用，尝试多形式、多层次、多渠道地提高规划的应变能力，把握城市规划的原则性、适应性和可操作性。以多阶段的动态决策与反馈为核心的行为取向，强调动与静结合、弹性与刚性结合，重视设计过程的持续性和渐进性，其目的是让规划过程能够对城乡发展中发生的各种变化做出积极、灵活和机动的响应，具备过程性、渐进性、循环性及灵活性四个特点。

　　循序渐进的动态过程和灵活有序的行动计划是动态规划的基本思想。国外行动规划思想最早出现在 20 世纪 60 年代，是一种以解决问题、实施导向为主的规划方法。在其演变过程中又受到综合理性规划、过程性规划、沟通式规划等 20 世纪中下叶重要思潮的影响，并在美国、英国等地相继进行了地方层面的实践（表 2-2）。

　　这一方法在中国的应用较早地出现在深圳近期建设规划的实践中，并对深圳此后开展的众多规划实践产生了明显的影响，也在厦门、南京

表 2-2　行动规划相关理论和实验总结

序号	相关理论或实践	提出时间	代表人物和国家	主要观点
1	动态规划理论	20 世纪 50 年代初	Richard Bellman，美国	动态规划的核心是动态行为，包括两个基本特征：其一，它是一个多阶段的动态决策过程，即它包含的量总是随着时间和空间的变化而变化；其二，它是一种带有反馈实质的决策行为，都有从目标体系——界定问题——方案选择——实时反馈的决策秩序
2	程序规划方法论	20 世纪 60 年代以后	荷兰	程序规划强调规划的连续性和周期性循环性，通过不断地建立目标、解决为实现目标而出现的问题来保持规划的延续性，对形态规划进行改善
3	连续性城市规划	1973 年	Melville C Branch，意大利	连续性规划是始于现在，面向未来的动态过程，不强调终极状态，强调城市规划应该领先于行动，并在提供规划方案的信息时也提供预测，具备及时修改和随机应变的能力机制
4	理论性规划	20 世纪 70 年代	Andreas Faludi，英国	一个理性规划是一种多阶段的动态过程，包括五个主要阶段：分析问题和界定目标——提出解决问题或实现目标的方法——科学评估方案和决策选择——规划实施——跟踪规划和实现目标
5	理想规划模型	20 世纪 60、70 年代	美国	最初的行动规划被称为"项目规划"，是以实施为导向、融合行动的规划过程，逐渐发展成为"以行动为中心"的理想规划模型
6	沟通规划理论	20 世纪 90 年代	John Friedman，美国	注重项目的实用性和操作性，强调公众参与并强化"交流"过程
7	英国城乡规划编制体系与实践中的行动规划	20 世纪 90 年代到 2001 年	Chambers，Hamdi，英国	为解决城市问题和控制城市发展提出，作为整个城市发展指导概念，被纳入英国城乡规划体系中，用来指导近期建设的弹性行动规划；2001 年发布的"规划绿皮书"将"单一层次的规划——地方发展框架"代替原本的结构规划和地方规划的规划体系，"行动规划"成为新规划体系的核心，指导具体地块的近期发展规划

和上海等地进行了探索。

　　动态城市设计摒弃以某种城市模式或终极蓝图的理想形式，从城市的历史演进过程、城市的感知过程、城市的结构过程以及城市设计的组织过程等方面，揭示了现代城市设计所具有的过程属性，强调以过程的方式持续参与城市发展建设并获取可持续的成果，各种理论虽然最后的主张各不相同，但在价值取向上都体现了过程的思想。城市设计师从关注具体化的物质环境建设结果发展到关注过程的整体引导和多阶段协调管控，还需要关注能够实现这一方案社会效益最大化的制度设计，不断探寻更好或更合理方案的可能性。

2.1.3　时空二元理论

　　学术界关于城市设计维度的讨论从未停止，涌现出多种颇具启发性的观点。如哈米德·希尔瓦尼（Hamid Shirvani）认为，城市设计在时间和空间两个维度同时展开，既有组成部分在空间中的排列布置，也包含人在不同时间的建设行为。兰恩（L. Lang）在《城市设计：美国的经验》（*Urban Design: The American Experience*）书中指出，应该将时间维度加入到城市设计中，强调动态与发展，城市设计关注人类聚居地及其四维的形体布局。王富臣于2005年在探讨城市形态完整的理论时，把时间看作是城市空间的第四维，认为城市的完整形态是时间、空间和活动的综合，自然、社会和人工环境的统一，将动态的感受作为评判城市空间质量的标准。

　　城市是一个混合的时间谱系，大致分为城市的时间和城市中的时间。前者是指城市的长期演化过程及其在城市空间上留下来的种种痕迹，是城市时间的宏观维度，与城市的空间融为一体。时间在空间中凝固的方式，一是采用历史文脉以"古迹化"的自然呈现；二是采用历史符号以"风格化"的人工再现；后者是城市时间在微观维度中显微切片，与人的日常生活相关。人们在当下大都市中的一切，都已经是被高度精密化地进行了"时间设计"，各种目的的出行、通勤都以时间的线索链接在连贯的空间序列中并产生"空间位移"，这在时间地理学中代表了时间介入空间的尝试，揭示了"时间—人—空间"的运动特性。多种多样的城市体验影响着人们对距离的感知，同样也是对时间的感知。

　　城市时间与城市空间相互转化是保证城市形态时空整体性和动态连续性的重要环节。时间序列赋予了城市空间内在规律性和整体连续性，从构成城市的各要素及城市空间局部看，不同时期、不同文化背景的多元社会群体也在时间维度中不断寻求自我价值的实现，追求城市空间多样化的现实价值，从而使城市空间在延续整体结构的基础上表现出局部自组织、渐进式的富于创造性的多样空间形态。因此，时间的空间化，表现在时间通过社会实践物化为城市空间，使城市空间具有文化意义与现实意义，使城市空间整体连续，城市文脉清晰可见，城市记忆有所寄托。同时，城市空间的各个要素及要素系统在时间历程中多元并置，城市空间演变具有一定的复杂性与不可预见性，城市空间的各个组成部分并非在三维空间系统上的简单叠加，而是历时性与共时性、连续性与多样性的双重统一。正如柯林·罗（Colin Rowe）所述的那样，城市的发展是一个连续的历史进程，不同时代的记忆、肌理的结构、多样的起伏综合呈现为我们所说的拼贴。因此，空间的时间化则体现在其驻留时间、强化认同的效应，罗西称之为城市的"集体记忆"，历史的连续性、时间延续的可读性是保证认同感形成的必要条件，空间成为联系历史、承接未来的纽带。

在辩证且始终保持动态的时空视角下，城市设计的本质应是对城市空间客观变化的动态干预和响应机制，强调其对空间的持续引导与控制作用。不同时期、不同文化背景的建筑与空间及多元社会价值的整合与协调，使城市空间回归其本质的时间性。可以说，城市设计的时空二元性是辩证统一的。城市的发展，不仅有三维空间的延展，还有时间维度的延续。作为社会历史的产物，城市空间的演替应从时间维度考量其历史与现实的延续性；作为整合动态演化的物质空间的政策性框架，其实践中对空间要素的引导与控制也必然涉及时间维度上的协调。也就是说，城市设计项目本身就是一个在时间维度上持续的演进过程，而演进本身就是动态的。因此，时间不仅作为城市空间形态演变的客观维度，也是动态城市设计理论与实践的关键维度之一。

2.1.4　有机生长理论

有机论亦称"机体论"，用生物学观点解释人的发展的理论。1925 年英国哲学家怀特海（A. N. Whitehead）发表《科学与近代世界》一书，提出要用有机论代替机械决定论。有机体是生态学思想中的一个重要概念，美籍奥地利生物学家贝塔朗菲于 1924—1928 年多次发表文章，表达系统论思想，提出生物学中的有机概念，强调把有机体当作一个整体或系统来考虑。

世界万物都是有机体，从哲学的角度来看，都有其发生、发展和死亡的过程，存在着哲学意义上的"生命"，自然生长的现象也贯穿"存在"的整个过程之中。城市形态学认为，城市如同有机体，其发展类似于一个生命的生长过程。这一观念对今天的城市建设具有重要意义。国内外学者在理论和实践上进行了不断地探索来完善和深化城市有机生长理论的内涵。例如，带有技术色彩的阳光城市、带形城市、新城理论、簇群结构、城市生长理论、新陈代谢理论以及精明增长理论等；生态语境下

图2-5 中银舱体大楼

的田园城市、广亩城市、有机疏散理论；历史维度的有机更新理论、文脉主义理论、类似性城市等都是从整体的角度探讨城市有机生长的理论，解决城市与乡村、人工环境与自然环境的协调发展矛盾。

黑川纪章坚持"从机械时代到生命时代"为思想核心的建筑设计和都市规划及可持续发展的研究，早在20世纪60年代就提出并不断深化和拓展的新陈代谢、共生、资源再利用、生态学、信息学等思想理念和理论。新陈代谢理论的核心思想是不同时间与空间的共生、部分与整体共生、内部与外部共生、建筑与环境共生、不同文化共生、历史与现在共生、技术与人类共生。[6]共生主要是指事物之间相互利用对方的特性和自己的特性共同存在、相互影响、相互促进的现象，是事物共同存在的基础。这种现象不仅存在于不同的生物之间，而且存在于人类社会之中。新陈代谢的第一原则是历时性原则，即不同时期共生于生命所经历的过程和变化；第二原则是共时性原则，是由国际主义及欧洲文化中心论向多元文化论的范型转换。新陈代谢理论的思想谱系总是以生长变化的生物体概念为依据，最能直接体现这种思想的新陈代谢时期的代表作——中银舱体大楼（图2-5），建筑设计师试图用建筑语言来表现生命的细胞。

从早期的新陈代谢理论到后来的共生城市理论，黑川纪章在其著作《新共生思想》的序言中曾提到："现在的时代可称为是价值观改变的时代……在这种情况下，我们就必须超越现代化过程中所形成的、分割式专业领域，只有综合地、整体性地把握这些变化，才能去展望未来。"[7]黑川纪章将共生理论引入建筑、城市设计和规划领域，结合专业特点提出了共生思想，其本质是发展的更新，是动态的更新，包括新陈代谢、蜕变、变异等。

克里斯托弗·亚历山大认为，现代人工设计的城市之所以失败，是因为缺乏自然生长的城市整体性和内在秩序性。整体性的基本特质应包括片段性、不可预知性、连续性和多样性；内在秩序性则表现为城市活动的各个子系统相互交叠构成大而复杂的系统（亚历山大，1965）。在复杂的系统中通常表现为：大尺度内的变化主导着小尺度的变化（Habraken，1998），自上而下实现整体结构的动态组织。亚历山大在旧金山做的城市地段生长机制研究实验说明（图2-6），一个有机的和富有活力的地段空间的结构性生长始于微积分布的生长点，生长点往往具有强烈的视觉效应，并且遵循亚历山大所提出的七条生长原则，即：生长的个体性、整体的生长、视觉效应、积极的城市空间、大型建筑物设计、结构、中心的形式。亚历山大认为一些古老的城镇之所以美丽宜人，是由于其形态从某种程度上来说是有机的，遵循自身统一的逻辑。

从较长的发展时段来看，城市形态的生长受着多种因子的制约与引

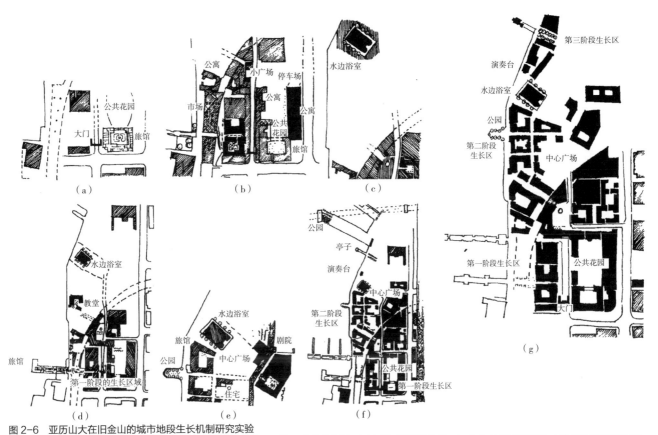

图 2-6　亚历山大在旧金山的城市地段生长机制研究实验
（a）第一阶段的生长；（b）第一阶段的生长；（c）"蛙跳"——第二阶段的生长；（d）第二阶段的生长；（e）中心广场的形成；（f）第三阶段的生长；
（g）整体地段生长图

导，其过程表现为较强的自组织与一定的人为干预相叠加，从而形成城市形态错综复杂的肌理。我们在推进城镇化进程时，城镇化的有机生长需同时遵循城市生长的自然法则和城市发展的社会规律，以人为本的协调发展理念作为基本出发点，充分满足城市生活的基本需求和城市社会运转的基本功能，以推进各种有机要素之间的相互融合和协调并进，使城镇化具有可持续的生命活力和创造力；从发展节奏看，城镇化进程理应呈现出一定的动态性和周期性，尤其是一个新兴的城市，城镇化的建设成果和推进计划都应在合理的周期中有条不紊地进行；从发展历程看，一座城市的历史发展应该是城市或城市所在区域过去、现在、未来三者之间拥有相对完整的历史脉络，人们总是在已有的历史基础之上进行新的创造并使新旧元素有机融合，最终求得城市发展整体利益的优先选择，确保城镇化建设有秩序、有特色、可持续地健康推进。

　　城市设计的有机生长思想是通过对城市生命体的整体了解、分析和把握进行空间诊断，发现城市物质空间存在的现实问题，有针对性地提出城市物质空间发展策略，包括量的生长、质的提升，结构有机、功能混合、文脉清晰、生态平衡、循环调节等内涵，以保障城市生命体的健康与活力。

2.2　动态城市设计的基本特征

2.2.1　整体性

整体性是对城市空间风貌营造的基本要求，动态城市设计之所以把整体性作为基本特征性原则，其一是源于城市演进过程中的空间环境整体性生长，其二是指城市设计组织流程的整体性建构。

首先，在中西方传统营城思想中对于整体性观念的认知有所不同。中国传统哲学中"天人合一，道法自然"的理念，体现了东方传统文化中人与自然、建筑与环境和谐统一的共生思想，蕴含了强烈的环境整体意识。梁思成在《北京——都市计划的无比杰作》（1951）一文中，曾高度评价北京古城规划设计的优点是"有计划的整体性"。西方哲学中的整体性观念受到"包括一切的整体""整体大于部分之和"这类哲学思想的影响，传统城镇营建更加注重建筑技术、建筑风格和建成环境的整体协同思想，包括城邦的布局构建或纪念性建筑、广场设计，如雅典卫城、威尼斯圣马可广场建筑群，都表现出丰富多变而又整体统一的形象。其中，圣马可广场数百年的修建进程秉承整体性原则，运用互选、过渡、对比与协调等空间手法，寻求历时性的广场建筑与空间在时间维度上的整体延续性，使之无论从空间上还是时间上，都是连续且整体的。连续性是对整体性的补充。在西特的古典主义著作《依据艺术原则的城市规划》和培根的《城市设计》中都认为，一个好的城市设计是建立在符合艺术原则的良好形态的基础上的，这些原则包括视觉观察的几何性，观察者的尺度，观察体验的连续性。埃蒙德·N.培根（1974）认为：体验的连续性是他为城市设计领域提出的具有挑战意义的论断，一个好的设计中建筑必须通过空间形成紧密的关系。王建国院士在《城市设计的整体性理论》中指出，设计一个特定场所的时候，我们必须持一种整体原则——无论是对形式、可识别性、活力、意义、舒适，或者是其他一些原则……以此来使场所获得连续性。

其次，城市设计的整体性特征来自设计本身。城市设计过程就时间而言，是动态的、渐进的；城市设计结果就空间而言，是整体的、连贯的、不可预测的。城市空间的更新与发展是动态变化的，无论是单体建筑空间的组织，还是群体场所意象的塑造，对城市整体而言都是一个增建过程。设计中必须保证在现行后续的组织框架中每一个新的建构行为都与建成行为整体协同且有序关联。同时，人们对城市空间与时间的感知也是一个渐进式体验，历史文脉的可被理解和可延续是在城市形态演进变化中建立认同感的必要条件。

综上，动态城市设计不仅强调要素组织的三维空间形体的连续性，还应在每次建构过程中注重保持历史关联的一脉相承。其中需要强调的是，空间连续性不是无思想地历史复制和无条件地肌理拼贴，而是在保持城市空间整体连贯性和设计可持续的基础上，组织动态城市设计进程。

2.2.2　生长性

城市如有机生命体一般具有生长的特性，是城市设计具有的本质特征。城市的生长总是依赖于人为力和自然力的互动作用，推动城市形态整体动态演进。城市设计的生长性，体现在能动地应对自然环境的生长变化、社会经济的发展规律和人居环境的不断增长和细分的需求，是一种自下而上的动态设计思想。

在人类社会和城市发展的特定历史时期，在一种统一的自上而下的社会政治力量的作用下，在相应的运作机制的保障下，并不排除以城市设计为手段，把城市建设和发展的理想和目标基本变为现实的可能。如乔治·欧仁·奥斯曼（Baron Georges-Eugène Haussmann）的巴黎改建规划、霍华德的田园城市，直到柯布西耶的现代城市、赖特的广亩城市等在设计理念上都反映了对终极理想模式的追求；昌迪加尔和巴西利亚等新城的设计建成标志着这种思想的整体物质实现，但是忽略了人们生活环境的内聚力、社会发展的外驱力以及自然法则的形成力。与自上而下的城市设计那种依照某一阶层甚至个人的统一意愿和单一的理想模式来设计和建造城市的办法相对应的，就是所谓的自下而上的城市设计，即由若干个体的意向经年累积形成城市理想，以此来塑造城市形态和空间环境的过程，由此而成的城市则被称作所谓的有机城市或自然城市。当然，自下而上的设计方法也并非解决问题的灵丹妙药。费城的鸟瞰图表明它不是一蹴而就的终极形态（图 2-7），而是将思想付诸行动并作出许多充实和修订，每个时期的发展目标都是以不断拓展的秩序为目标的动态意识。历史上的城镇形态大多是自上而下和自下而上两种生长机制的交替作用形成的叠合结果。城市设计作为一种设计干预介入，其本质更多的是自上而下的，从历史和现实中找出城市设计发生或发展的规律，解决问题，规划未来。而自下而上的城市设计注重自然、生态、文化的多样性与地域性，关注城市形态和空间环境发展中多种因素相互制约、共同作用的特点。当代城市设计一直在尝试协调这对矛盾关系体，也应当是自下而上和自上而下的结合，就是理性与非理性、静态与动态、客观与主观、现实与理想的结合，呈现出动态、多元、开放和系统的价值取向。

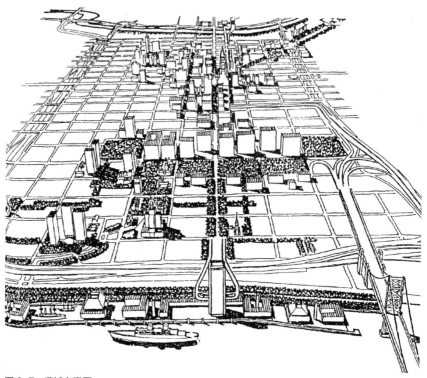

图 2-7 费城鸟瞰图

　　动态城市设计区别于传统城市设计最重要的意义，就在于把设计干预深植于城市动态生长的过程中，以动态的视角和思维来看待城镇化的可持续发展。遵循城市演进的自然和社会规律，运用模型方法和技术手段创建城市生长模型，根据城市发展不同阶段建设目标和重点制定相应的生长策略，绘制富有弹性且适应发展的生长方案，将各个阶段的规划方案串联成一个动态发展的过程，最终组合成一个整体的成果。同时，建构预先设计的工作思路，多情景动态模拟城市生长并预测城市设计的作用效果，最大限度预判城市未来发展的可能性和愿景，更有效地发挥城市设计引导城市空间与社会经济协调有序发展的作用，促进公共价值和利益的实现。

2.2.3　过程性

　　现代城市设计实践的目标早已逾越了单纯意义上城市形体环境的塑造与完善，工作方式也已经从关注物质形式的结果，进行到了控制发展的过程。美国著名学者赫伯特·西蒙指出，在城市规划设计中，具体形态设计和社会系统设计的界限几乎消失了；我们需要站在更高更广的视野上科学地看待城市设计的复杂过程，更加清晰地认识城市设计的运营和维护。动态城市设计过程具有分解和组合的构成特点，并具有反馈机制。

依据城市设计创作过程划分，城市设计的创作可以概括为分析、综合和评估三个主要阶段。动态城市设计的创作过程一直保持着一个动态开放的状态，金广君（2015）根据设计对象和设计性质的不同，从平面构成向立体形态设计推进，从人文意识形态转向技术理性的自然科学，形成信息输入、信息加工以及信息输出三个主要环节和八个具体阶段（图 2-8），它们之间的内在关联存在于"设计—决策—反馈—再设计—再决策"循序渐进的过程中，各个阶段之间需要动态信息反馈来辅助科学的设计决策。

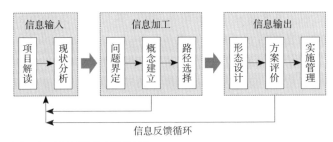

图 2-8　城市设计的创作性过程

依据城市设计运作过程划分，城市设计的运作可以大致分为设计、编制和实施三个主要阶段，具体包括现状调查与分析、目标确定、概念设计、方案创作、设计评价与决策、设计审查与修改、政策制定与执行、实施监督与评价、意见反馈与修正九个环节。显然，城市设计的运作过程不是一个直线性的，而是一个较长周期的动态循环过程，从方案创作拓展到城市设计项目的整个运作过程（图 2-9）。

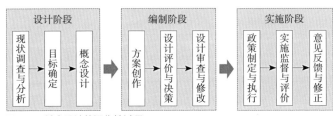

图 2-9　城市设计的运作性过程

依据城市设计操作过程来划分，赫伯特·西蒙（1960）将城市设计过程分为理论阶段、设计阶段、选择阶段、实施阶段、操作阶段和后期处理发展阶段。理论阶段的成果是对于整个项目的目标和计划；设计阶段的成果是整套设计方案；选择阶段的成果是通过评估和预测来逐渐修正方案和持续做选择的决策；实施阶段和操作阶段是对设计计划和方案的规划与落实；后期处理阶段所产生的成果是信息，它可以用来进一步发展设计和设计程序的组织与实践，或促进决策制定过程中整体新的循环。其中，设计阶段是这一多阶段动态循环过程中的核心环节，旨在通过理论阶段的分析，形成一种用于选择阶段、实施阶段和操作阶段的设计模式和可行方案，包括综合社会各方利益对城市设计的价值诉求给出城市物质空间形体方案和解决城市物质空间环境的设计策略，作为一个整体可行的解决方案经过持续交互、迭代评价和优化，最终呈现出交替更迭的动态过程（图2-10）。

综上，城市设计是一个综合而治的历时性过程，分阶段的动态循环是这一过程的基本思想，包含基于设计师实操的城市空间风貌营造的技术处理，也包含基于政府行为的政策制定、执行与调整的社会公共过程。面向实施的动态城市设计更加注重多元并置、多维融合的科学发展；从多元化的目标价值上看，城市设计过程涉及来自宏观外界环境、社会经济需要、生态友好，以及文脉延续等外部环境方面的价值判断，通过对城市本身内部环境的调整来适应其外部环境的动态变化和不确定性，从而达到设计预期的目标价值，这种由内而外的动态适应过程体现了动态城市设计的重要内涵；从多维度的组织秩序上看，城市设计过程不仅涉及空间结构形态和生态自然环境等在内的物质性维度，还涉及多主体参与、跨学科组织、多机构协调和多系统融合的社会性维度，两个维度的交互组织构成了动态城市设计过程的重要意义，两个维度交融的程度往

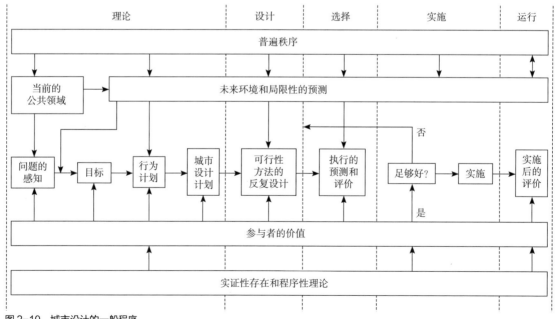

图2-10 城市设计的一般程序

往决定了城市设计实施的过程导向和阶段性成果的得失成败。

　　城市设计被看成是城市规划编制过程中的一个重要的技术环节（图 2-11），依赖于设计师的专业设计方法、设计要素、设计成果表达等专业技术能力，成为对城市规划在三维空间形态上的技术干预和补充表达。然而，城市设计过程不仅局限于一种单纯的专业技术活动，其物质形体的背后与其密切关联的社会、经济、政治以及文化结构融合在一起，构成了一个广义上的耗散结构，城市发展也因而被视为一个自组织过程。[8] 这要把社会、经济、政策、管理、工程技术与艺术等方面的基本知识囊括进入城市设计的综合范畴。这样一来，城市设计的组织过程可以由两个方面共同来完成，一方面是专业干预，设计者和众多专业人员驾驭的设计技术过程，包括对城市形态、结构、空间乃至建筑群体、场所的分析和塑造等内容；另一方面是公共协调，众多参与主体的合作与协调的参与决策过程，包括法规体系、机构组织、公众参与以及实施评价等内容。

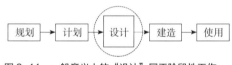

图 2-11　一般意义上的"设计"属于阶段性工作

2.2.4　适应性

　　适应性概念源自生物学家达尔文的进化论，用来解释自然界生物为求生存发展而顺应环境自发变化的基本现象。随着社会不断发展，城乡规划学领域一些学者将适应性观念引入对城市形态与自然和人工环境的分析中。劳伦斯·亨德尔森（Lawrence Henderson）进一步发展了达尔文的适应观，认为物质的演化是生命适应及其进化的先决条件，提出有机生命体与环境的双向适应性和整体协调性。适应性观念被应用到许多研究人与自然的科学中，其中最具代表性的是地理学中的适应论，认为自然环境与人类活动之间存在相互作用的关系。美国地理学家哈伦·希兰·巴罗斯（Harlan Hiran Barrows）于 1923 年把地理学又称为"人类生态学"，通过研究人类和自然环境的反应，分析人类的活动和分布与自然环境之间的关系，进而从另一个角度提出了适应论的观点。1955 年，美国文化人类学家朱利安·海恩斯·斯图尔德（Julian Haynes Steward）首次提出文化生态学的概念，用来解释文化适应环境的过程，主张从人、自然、社会、文化的各种变量的交互作用中研究文化产生、发展的规律，用以寻求不同民族文化发展的特殊形貌和模式，此后逐渐形成一门学科。

　　动态城市设计的适应性不仅涉及城市空间和环境品质的物质形态，也是以人与城市环境的关系为中心，包括自然环境和人文环境等，从城市的多个维度整体环境关系和人本身的生理、心理和行为的需求出发，对城市空间、场所和活动进行整合控制，对城市形态、社会经济和生态环境的共生关系进行协调，从而使城市更加适于人类居住和可持续发展。

　　动态城市设计的适应性原则渗透于城市设计的全过程，不仅是构成一个完善的城市设计方案，更重要的是制定出一套可行的设计规范和行为准则，其内涵包括城市物质环境的设计及其背后所蕴含的社会、经济、文化和生态等深层结构意义，其外延涵盖城市设计的各个阶段包括目标、设计、决策、管理、实施以及评估的各个环节的联合优化，其目标通过寻求人与城市和自然之间和谐共生的存在形式，以求改善城市整体形象和空间环境品质，在不同地域、文化、历史、技术和政治经济背景下实现城市中人与自然景观、人工环境和历史人文的和谐统一。

　　城市本身是一个不断变迁的自适应过程，是一种动态的环境现象，是人与自然环境、社会文化氛围、物质形体空间及其运作机制的复合表现。动态城市设计主张人类的发展与规划要适应环境，把人类社会的发展看成自然演进过程的一部分，在环境允许范围内寻求更大的发展。一个实施效果好的城市设计，包含一个完整的设计方案及其演进过程，还包含一个不断调整的适应性建设和灵活管控过程。以具体的城市问题和特定的利益群体为设计服务对象，针对实践中遇到的不同地域背景、环境气候条件、社会建设情况以及未来发展需求进行有效地分析、弹性地控制和灵活地适应。

2.3　动态城市设计的方法论原则

2.3.1　整体优先原则

　　整体性是动态城市设计的基本特征，整体性体现于实时渐进的动态过程之中。整体优先是寓于城市设计动态过程中的结构主义秩序逻辑，同时，它也是系统内部各个结构要素之间相对稳定的联系方式、组织秩序和时空关系的表现形式。C.亚历山大在其《一种新的城市设计理论》(*A New Theory of Urban Design*)一书中对创造城市发展的整体性进行了探讨，强调城市的演化是一个不断发生的、发展的过程整体。坚持整体优先是每一次新的"空间增殖"都应该保证与建成空间保持一致的连贯性；每一种新的建构行为都应该与过去的行为形成深刻的联系；在时间上形成先行后续的完整过程，在空间上创建富于变化的场所体验，在技术上集成多元包容的专业集群。

动态城市设计的根本目的是利用各种设计手段形成有机和谐的城市环境整体。整体优先是一种整体自然观原则，强调关联而非割裂，流动而非静止，城市设计要遵循自然生长过程和社会发展规律，实现城镇风貌的整体生长、生态环境与社会经济的可持续共生。整体优先是一种实务性原则。从城市设计项目一开始的整体研判和策划，明确城镇空间发展的重点问题和项目中哪些是近期需要解决的关键任务，哪些是远景目标，并制定出引领性的总体城市设计框架和行动计划，落实详细设计促进整体成果的阶段性实施。

综上所述，整体优先原则是动态城市设计方法论的首要基本原则。

2.3.2　广泛关联原则

城市是一个开放的空间巨系统，由空间结构、社会结构、经济结构和生态结构来构成形态要素关联互动的系统整体。这种把设计与城市系统关联在一起，意味着城市设计要在特定时空条件下完成对城市空间巨系统的有效调适，使其呈现内部要素关联、结构稳定、功能正常、组织有序的有机联动状态。

城市设计从根本上是创造一种空间秩序体验，使身历其境者产生一种先行和后续的空间关联秩序，综合城市的自然和社会的发展逻辑，与人们的情感意愿形成关联。动态城市设计的空间关联包括从要素到系统的结构性关联、从局部到整体的功能性关联、从建筑单体到群体场所的组织性关联，强调城市与自然、人与环境、建筑与城市等的和谐共生，建立城市空间形态、人文意识情态和自然环境生态三态一体的动态关联。动态城市设计是以动态的空间增殖和结构深化为路径的可持续过程，使新旧要素循环共生在同一个系统蓝图中，即建立历史、现实和未来三位一体的动态关联，来维持历史文脉的连贯性（图 2-12）；城市设计还需要与城市发展目标相吻合，促进过去、现在与将来的发展目标之间能够相互协调，其目标必须是在当前及可预见的可控范畴内选择出来的，通过控制手段，在理想、现实、决策、设计和成果之间达到系统统一。针对不同尺度、不同维度形态之间建立广泛可控的系统性关联，赋予城市风貌独特的空间体现、生态质感和文化认同，也赋予城市设计多元的价值取向和动态秩序倾向。

基于广泛关联的方法论原则，动态城市设计还强化出一种开放的平台作为技术优势，将专业化的设计创作平台、系统化的操作平台、公共化的决策平台和数字化的管理平台等关联在一起，形成动态城市设计的一体化工作平台。

综上所述，广泛关联原则已经成为动态城市设计方法论的重要原则。

图 2-12　新旧建筑的协调建设，体现新建筑与原有环境的有机结合

2.3.3　循环反馈原则

循环反馈原则是埃蒙德·N.培根在 20 世纪 60 年代组织费城市中心再开发计划中提出，并且在后续的操作领域中得到推广和运用。扈万泰曾提出城市设计体系，进一步将这个概念从方案制定扩展至实施运作，强化循环反馈的操作原则。

动态城市设计的运行是一个动态系统，在运行过程中注入特定指令的信息流，让其在系统中流动并维持这种关联的动态秩序，映射到城市设计的动态过程可以概括为两个基本特征：一是多阶段的动态设计，包含随着时间和空间的动态变化建立各阶段目标——决策的选择秩序；二是自带反馈的动态决策，一种从"目标体系——界定问题——方案选择——实施反馈"的决策秩序（图 2-13、图 2-14），这是动态城市设计循环反馈的核心机制。

动态城市设计强调连续的、不断变化的秩序系统，这种秩序能够把多种多样的单个行动相互联系起来，产生具有某种内聚力的有机整体。凯文·林奇在《城市形态理论》中提出"流"的形态生成秩序思想，在有机的城市空间中灵活地捕捉新的生长现象和信息，形成城市空间系统的动态自组织或信息反馈，对城市的生长做出反应，使设计思想、过程、政策之间不断往复着决策和选择，形成最终的行动方案（图 2-15）。动态城市设计是一个长期修补、积极改进的循环过程，循环的关键在于伴有反馈的决策过程，通过持续的分析——综合——评估，尽可能在最终设计成果和建设实施之前敏锐地识别偏差、控制偏差并且修订方案。城市设计师也逐渐学会在设计过程中通过识别反馈来改善设计环境和方案，通过实时反馈和监控使得系统能够响应不断变化的需求（图 2-16）。每次调整都不必重复整个设计过程，充分体现出动态城市设计的灵活性。以调整后的方案和准则再次指导后续的设计工作，促进城市设计过程更具

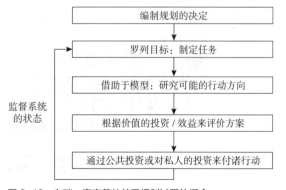

图 2-13　布瑞·麦克劳林关于规划过程的概念

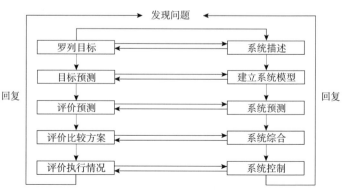

图 2-14　乔治·查德威克关于规划过程的概念

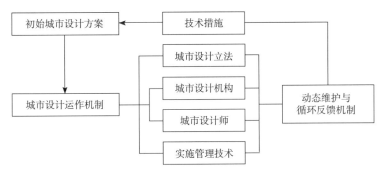

图 2-15　动态城市设计体系

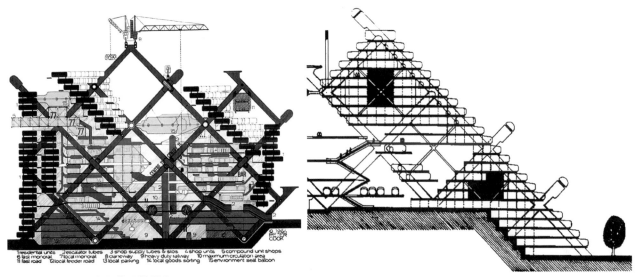

图 2-16　彼得·库克的"插件"城市

自组织能力和应变能力。

综上所述，循环反馈原则是动态城市设计方法论的操作原则。

2.3.4　弹性应变原则

在城市设计领域，弹性与适应的内涵都在逐步深化。弹性不仅是一种设计理念，也是一种设计机制，强调应对外部环境条件的变化冲击而依然保持自身发展活力的适应能力，大致表现在两个维度：一方面是专业技术的弹性，即空间结构与形态的弹性设计，为城市发展预留弹性空间，让城市空间结构生长具有可变性和可控性，在刚性与柔性之间寻求一种最大程度的平衡与协调；另一方面是组织管理的弹性，即组织机制和管理体制的弹性控制，为城市设计提供弹性架构，让城市风貌塑造具有灵活性和适应性，即在动态与变化的秩序中实现可操作和可预测。

适应性概念从生物体顺应环境自发变化的单向适应关系逐步发展成

为有机生命体与环境的双向适应，其演替与共生的思想内涵逐渐被运用到研究人与自然的城市科学领域，发展出"人类生态学"和"文化生态学"等概念。1955 年，美国文化人类学家朱利安·海恩斯·斯图尔德（Julian Haynes Steward）首次用"文化生态学"来解释文化适应环境的过程，提出文化在人、自然、社会等各种变量的交互作用中产生和发展。

由于城市设计项目中存在众多的变化与不确定因素，在整体项目的运营与高效建设上就会出现多种多样的问题。坚持弹性适应原则，根据不断出现的新状况和不断提出的新目标，调整城市设计的弹性控制指标和弹性控制过程，可以使城市设计的控制和协调恰到好处，使城市处于较好的状态。

在城镇化背景下，弹性适应原则也是决定设计水平和管理水平的重要因素，没有弹性就是没有改善的余地，不能适应城市未来的发展与变化。现代化的城市建设面临的问题越来越多，气候变化、环境危机、经济动荡等，都影响了以人民为中心的新型城镇化建设和城市生活质量，给城市规划与城市管理带来巨大的挑战，城市的弹性和适应性显得格外重要。

动态城市设计不再以不变的固定模式和静态的蓝图方案，进行终端性的技术服务，而是以大容量、高效率的智能化技术配合富有弹性的灵活机制，更好地响应丰富多变的城市空间管理需求和城市设计的服务进程。

综上所述，弹性适应原则成为动态城市设计方法论的重要原则。

参考文献

[1] （英）布瑞·麦克劳林. 系统方法在城市和区域规划中的应用 [M]. 王凤武，译. 北京：中国建筑工业出版社，1988.

[2] （美）乔纳森·巴奈特. 开放的都市设计程序 [M]. 3 版. 舒达恩，译. 台北：尚林出版社，1983：97.

[3] Damien M. Urban Design and the Physical Environment[J]. The Planning Agenda in Australia, TPR, 1992.

[4] （英）尼格尔·泰勒. 1945 年后西方城市规划理论的流变 [M]. 李白玉，陈贞，译. 北京：中国建筑工业出版社，2006：89–101.

[5] 顾永清. 试论城市的动态规划 [J]. 城市规划汇刊，1994,1：38–41.

[6] 刘先觉. 现代建筑理论 [M]. 北京：中国建筑工业出版社，1998：346.

[7] （日）黑川纪章. 新共生思想 [M]. 覃力，译. 北京：中国建筑工业出版社，2008.

[8] 段进. 城市发展论 [M]. 南京：江苏科学技术出版社，1999：88.

第 3 章
动态城市设计的技术维度和方法

3.1 空间形态维度

3.2 历史人文维度

3.3 自然生态维度

3.4 动态城市设计方法

作为引导和管控城市建设的重要手段，动态城市设计的技术维度和方法以可持续发展为价值取向，以实现空间高效、文化永续、环境共生、社会公平为目标导向，通过对城市空间风貌的科学管控和动态演进的空间表现形式，融合数字化技术方法与手段，建构动态城市设计的技术体系。

3.1　空间形态维度

自 20 世纪 50 年代开始，世界范围内的城市形态研究涌现出多个理论流派，依靠从二维到三维的城市地图、规划与建筑设计和城市实体研究，提供广泛的形态分析方法来解释和剖析城市物质环境以及其深层结构中隐含的致使形态产生变化的内在逻辑，为城市设计提供描述和分析城市形态的规范性原则以及解释性语汇，从而使城市形态研究更为理性与客观（图 3-1）。

空间形态历来是城市设计研究的核心内容，空间结构、建筑、街道、开放空间等都是城市空间形态的基本组成要素。城市空间设计的目标是理解城市空间形态的形成逻辑和城市建筑的组织原则，理清城市物质空间建构与文化、社会经济及政治作用力的关系，在城市动态变化的增建过程中适当安排新旧空间要素，构成城市空间整体性风貌。动态城市设计主

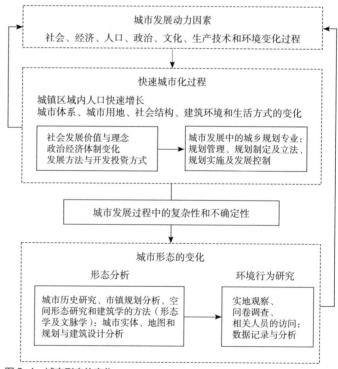

图 3-1　城市形态的变化

张综合运用建筑学、城乡规划学、社会学、地理学和历史学等学科的方法，系统且深入地研究城市形态及其内在演变规律，从内部统一性与外部差异性来归纳空间形态类型，形成系统性的空间研究成果，不仅能为城市设计提供理论上的支撑，也是深化和整合城市设计理论和方法的需要。

3.1.1　形态学与类型学分析

城市形态学是描述城市的形式及城市形式如何随时间演化的学科。另一个相关的学科是类型学，描述城市结构中各种不同的可被识别的特定要素，比如建筑和街道。形态学和类型学这两个领域都揭示了城市在动态的社会和经济进程中是如何与它的建筑形式和公共场所相关联的。

形态学研究起源于意大利，开始就与建筑和城市设计实践紧密结合，几乎是直接服务于建筑设计及城市设计理论，用以分析城市社会与物质环境的形态学理论，可以称之为城市形态学。[1]自 19 世纪以来，城市形态学作为基于形态分析对城市空间及其发展演化进程的研究逐步兴起。广义上的城市形态学认为城市形态是一种复杂的经济文化现象和社会结构，涉及城市物质环境在社会、政治、经济、文化、技术、自然等各种因素的作用下发展演变的规律，将抽象的政治、社会、经济因素与实体的物质环境、局部的建筑环境与整体的城市环境有机地联系在一起，从而提供了一个强有力的、可以广泛应用的方法来分析城市形态变化的动力及过程机制，使城市形态研究更趋于理性和客观。索尔在《景观的形态》中把形态的方法作为一个综合的过程，包括归纳和描述形态的结构元素，并在动态发展的过程中恰当地安排新的结构元素。根据国际城市形态研究会（ISUF）编写的城市形态学术语表和约翰斯顿（Johnston R. J）的《人文地理学词典》中相关定义：城市形态学是指对城市的物质肌理以及塑造其各种形式的人、社会经济和自然过程的研究。

以地理学为基础的形态生成，是城镇规划研究的英国康泽恩（Conzen）学派创始人 M. R. G. 康泽恩从早期研究地区的平面图开始，引入城镇景观作为研究对象，建立经典的城市形态分析体系形成城镇平面分析、度量衡学分析和租地权分析等方法。康泽恩学派关于城镇景观的研究工作分为两个方面：一方面，探究城镇形态的演化过程以及城镇形态变化的动因探讨。M. R. G. 康泽恩（1960）在《诺森伯兰郡阿尼克镇：城镇平面分析研究》一文中通过对英国小镇阿尼克（Alnwick）历史平面图的分析，将城市形态分为街道和由其组成的街道网络、用地单元（Plots）和集合形成的街区、建筑物及组合安排，依托这一形态分析方法首次建立了经典的城市形态分析体系，并且启发了后续研究；另一方面，城镇景观规划控制与保护管理，关注新建开发和现存城镇景观之间的关联研究，康泽恩运用了城镇平面分析的方法进行路德洛镇的历史环境保护工作。

以建筑学为基础的设计类型学起源于法国和意大利，在欧洲建筑设计、分析与城市景观管理中得到了广泛的应用。类型如同文化基因一样普遍存在于所有建筑学领域，通过关注和分析建筑与开放空间的类型来解释城市形态。意大利建筑设计流派主张通过历史研究发现继承建筑和城市形态的内在逻辑规则，创造出历史连续感。这种建筑类型学与城市形态学相结合的方法被称为"形态类型学"（Typomorphology）。形态类型学力求形成以形态类型单元为基础的认知图解，进而在时间维度中解释城市空间的历史演变过程，其所蕴含的普遍性法则及其对建筑设计语言、城市空间模式的技术具有指导价值。

新理性主义延续形态类型学的基本思想，坚持类型学原则和历史的方法，采用历史性建筑要素"原型"的做法，近似于杜朗（Durand）的通用建筑方法（Leonardo Benevolo, 1971）（图 3-2），实则是对空间形态演变施行的一种弹性控制。阿尔多·罗西《城市建筑》（1966）和乔治·格拉西《建筑的结构逻辑》（1969），两者都将类型学赋予人文内涵。罗西的设计方法论最突出的两点是：类型学方法和类似性城市思想（The Analogous City）（图 3-3），设计中惯用从城市的集体记忆和原型中提炼建筑意象的方法，将历时性的对象放置于同一场景成就共时性的表达。类

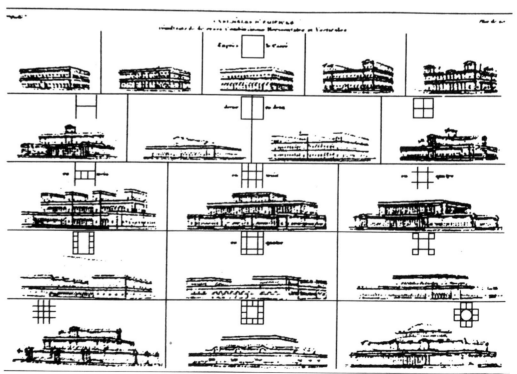

图 3-2　杜朗——通用建筑方法

图 3-3　罗西——"类似性城市"设想

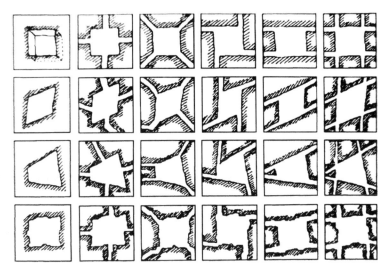

图 3-4　罗伯·克瑞尔——城市广场类型

型是建筑表征下的深层结构，赋予建筑以长久的生命力和灵活的适应性；类型是城市与建筑之间沟通的媒介，将建筑与城市紧紧联系起来，提出城市构成了建筑存在的场所，建筑构成了城市的片段，也可以说建筑是城市有机整体的一部分，建筑空间组织应与城市现存的历史空间形态及环境相结合的观点。格拉西同样注重揭示建筑与城市的共存关系，强调设计对象与历史环境的深层关联所蕴含的历史积淀和共同的价值观念，也即类型学的基本分析方法。克瑞尔兄弟与罗西同为新理性主义的代表人物，他们的类型学和形态学方法都是对城市控制性要素——原型的研究（图 3-4、图 3-5），对于城市在时间和空间的变迁中保持整体性和延续性很有意义。

　　延续历史进程、注重弹性适应是动态城市设计方法论中的重要内涵和原则，作为历史文脉的载体和弹性控制的媒介，"原型"的类型化运用是空间形态风貌组织的基本方法和重要手段，在方案上大致可以分为"辨别提取——类型还原——形态重组"三个阶段，前两个阶段是分析研究的过程，去除变异，分析提炼得到原型（图 3-6）或原色（图 3-7、图 3-8）

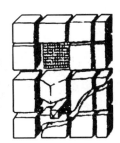

图 3-5　利奥·克瑞尔——城市空间类型

图 3-6　建筑形态原型提炼与表达示意图
（a）鹤望兰——辽滨大剧院；（b）石油花——石油科技馆；（c）鸟语林——湿地博物馆；（d）米仓——创意馆

图 3-7　红色的场所空间　　　　　　　图 3-8　苇塘中漂浮的栈道与"红锦"

的过程；最后一个阶段是演绎的过程，在原型的基础上，结合具体场所和环境，对类型进行重组和演绎。[2] 传统的观念上，建筑类型是从人们面对相同的生存条件和环境的限制下作为适应而产生的。而当前面对复杂且多变的城市环境，应该将类型视为一种应对变化的弹性（Resilient）元素，对于城市设计的科学性具有重要的理论意义。[3]

3.1.2　空间序列与运动系统

空间序列本身就是追求视觉的审美与秩序，是建筑与空间设计的一个重要目标，在时空的转换中赋予空间序列以特定的内涵意义，也是城市设计的一个基本出发点。19 世纪后半叶，卡米洛·西特（Camillo Sitte）通过对中世纪欧洲城市空间序列的研究，提炼城市景观的审美原则和空间环境的视觉有序理论，被认为是现代城市设计最早的萌芽。西特提倡现代城市空间布局应遵循艺术审美性，通过对传统城市的研究，尤其是中世纪和文艺复兴时期经典的城市广场和街道，总结出一系列城市设计原则（图 3-9），特别关注城市空间各实体要素之间的整体性和关联性，把建立和创造城市环境中公共建筑、广场和街道之间的视觉联系作为艺术原则

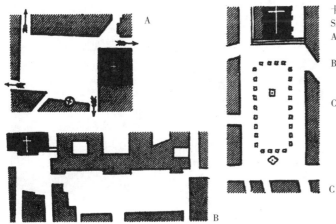

卡米洛·西特（Camillo Sitte）的原则：
A. 涡轮型平面（拉文纳的 Dumo 广场）；
B. "深度型（佛罗伦萨的圣十字数教堂广场）；
C. "宽度型"（摩德纳的 Reale 广场）

图 3-9　西特的城市设计原则

的核心。西特还强调要尊重自然，认为城市设计应是人的活动与自然的结合。

传统的、曲折的、变化的街道空间即构成典型的空间序列，以线性空间为主体，不断递进的中轴线形成自然起伏、动态有序的空间景观，呈现出一种动态连贯的构图模式。空间序列分析就是用动态的视角来分析城市景观视觉效果的有效方法，在设计上应着重考虑线性空间类型的多样性与节点空间的特色性。这一分析技术在许多重要的城市设计理论著作中得到阐述，但其中公认影响最大的当属戈登·卡伦（Gordon Gullen）1961年推出的名著——《城镇景观》（图3-10），他认为城镇景观（这里指空间）不是一种静态情景（Stable Tableaux），而是一种动态空间意识的连续系统（图3-11）。因此，在分析城镇景观时应该通过运动和体验来加深对序列视景的理解和判断，从而提高空间的视觉质量。空间序列的分析与设计已经在城市设计中广泛应用，富于变化的序列景观有意识地增加空间的持续观赏性和动态体验感。

埃德蒙·N.培根在《城市设计》一书中探讨的"同时运动诸系统"是一种更为宏观的空间序列思想，强调城市空间的运动性和体验的连续性，以此形成城市整体功能的设计结构。这种运动系统可以是一种功能轴、交通轴，抑或是一种景观轴，在空间上吸取了现代艺术中很多视觉艺术理论，大大丰富了城市设计空间艺术理念。城市设计始终把处理人的运动流线与人的视觉景观时间的关系作为设计的出发点，从古希腊雅

图3-10　戈登·卡伦的序列景观分析

图 3-11　卡伦的景观序列分析

典卫城的朝圣道设计，巴洛克时期西克图斯五世（Sixtus V）对罗马的
改建到中国传统城市中轴线的设计以及纳什（Nash）对伦敦摄政大街的
改造，都是以运动系统作为设计概念的，强调人对于体系清晰的空间体
验顺应人的运动轴线产生，为了定义这一轴线，设计者要有目的地在轴
线两边布置建筑物，使身临其境者产生一个先行后续的空间体验。培根
在研究居民对城市空间的感受时指出，人们在城市中出行会经历一系列
运动系统，必然会依次产生种种同步感受，这种空间感受是连续的。同
时，每一种运动系统与其他系统相关联，形成"同时运动系统"，设计者
是在这样运动的时间与空间中发挥作用，所构想的形式作为有机活力的
一种脉冲的表现，使社区认识到整个发展中演变着的形式的重要性和意
义，有针对性地处理景观的连续与变化，达到整体协调的城市运动系统
（图 3-12）。

图 3-12　佛罗伦萨轴线运动系统

3.1.3　量化分析与空间句法

现代城市设计形成于对城市形体环境的思考和改善，最初的出发点在于对城市三维空间环境形态的设计与控制。在近现代城市发展史上，城市设计在关注城市空间结构的形成和变化过程中，也逐渐融合了社会学和经济学等人文学科的观点，并且结合城市基础设施、道路系统、公共设施和居住区域等形成的空间特点对城市建设环境的综合性分析，学科的维度和价值呈现多元化发展趋势，马修·卡尔莫纳（Matthew Carmona）[4]提出城市设计的维度包括视觉、形态、功能、社会、认知和时间六个关键维度（表3-1），视觉、认知和形态维度的定量分析是城市设计一直以来关注的焦点，目前已经形成一系列公认的量化指标，在实践中发挥了重要的指导作用，如宽高比（D/H）、面宽比（W/D）、贴线率等，空间句法、指标体系法、语义差别法等研究方法也得到了普遍的应用；社会维度和功能维度中对街道活力及舒适性的研究成为近年来城市设计关注的热点；时间维度也已成为数字信息时代动态数据和动态设计的重要量度。同时，几何学、拓扑学、环境心理学研究极大丰富了城市形态学的研究视角和内容领域，一系列量化分析方法的涌现揭示了城市

表 3-1　国内外城市设计定量分析指标及方法

维度	相关指标	研究方法技术
视觉维度	形状、比例、街道尺度、界面密度、贴线率、连续性、街道绝对尺度、沿街建筑高度、街道贴线率、建筑后退红线、建筑形式、建筑数量、功能种类、开窗率、建筑小品质量、天际线的曲折度、层次感	指标体系法、天际线量化描述模型法、街道建筑轮廓线的视觉统计图表法
认知维度	宽高比（D/H）、面宽比（W/D）、舒适性、围合性、趣味性、标志性、庇护感、意象性、人性尺度、透明度、复杂性、热闹度、色彩活泼度、遮荫度	认知地图、指标体系法、"黄金标准"、专家评审法、语义分析法、虚拟现实
社会维度	街道活力表征指标、街道活力构成指标、可达性、街道肌理、周边地块性质、开发强度、功能混合度	相关性分析、街道活力定量评估、OPS、大数据分析、SD法、OIS、最小临近距离法、定序变量相关分析、因子空间叠置分析、公共资源享用份额分析法
功能维度	混合利用指标、设施可达性、行走的安全性、舒适性、便捷性、热排效率	欧文—明尼苏达目录（IMI）、步行友好性评价、"黄金标准"、环境扫描仪（SPACES、PEDS）、SWAT、POST、最小临近距离法、缓冲区分析法、网络分析法、行进成本法、吸引力指数法、两步移动搜索法、HOTMAC、CFD、ENVI-met、迎风面密度算法、城市声环境仿真方法
形态维度	形状率、圆形率、紧凑率、椭圆率指数、放射状指数、延伸率、标准面积指数、标准面积指数和城市布局紧凑度、街道断面宽度、街道长度、沿街建筑高度、街道高宽比、街道网格线密度、面密度、渗透性、连接值、控制值、深度值、集成度、可理解性、复杂性	几何分析法、空间句法、路径结构分析
时间维度	—	如元胞自动机（CA）、多主体模型（MAS）、时间地理学（Time-Geography）

形态研究的新可能。

现代城市形体空间的研究有三个显著的趋势:一是从定性描述向定量分析转变,借助理论模型和数字信息技术,实现从单一要素量化向多要素量化关联整合量化发展转变;二是从静态分析到动态模拟的转变,利用动态模型和动态数据进行多情景仿真模拟,获取科学判断;三是由表及里,更加注重实现物质空间本身与社会活动的互动与融合,由内而外地强化定性与定量相结合的研究过程。

空间句法的分析,被定义为描述、解释和定量建筑或聚落空间结构特征和规律的技术方法,它是 20 世纪 70 年代由英国伦敦大学建筑学院的比尔·希列尔(Bill Hillier)首先提出的。1984 年,在希列尔和汉森(Hanson)出版的《空间的社会逻辑》(*The Social Logic of Space*)正式且系统地提出了空间句法理论。

城市空间句法是一种基于拓扑学原理研究城市和城市空间模式的方法,与城市设计的对象本质一致。从空间本身出发,强调空间生长的本体性,反映空间客体和人类直觉体验的空间构成理论及其相关的一系列研究方法,注重空间环境的理性设计方法,增强了城市设计的可度量标准。城市空间本身受制于几何法则,对空间进行尺度划分和空间分割,并以拓扑关系来描述空间的结构构成,运用拓扑结构参数和其间的函数关系对空间结构进行分析。这一方法不仅强调分析空间集合的几何特性,更重要的是蕴涵其间的社会与人类学意义(Hillier,1983),进一步剖析其建筑、社会、经济和认知等领域之间的组织关系,而且把它们同人的交往方式相联系,实现人类活动与空间形态的有机结合。

城市空间句法是理解城市空间的社会逻辑语言,把空间作为独立的元素进行研究,通过对空间结构的精确量化描述,从建筑和城市两个层面,把社会可变因素和城市空间及其演变紧密联系起来,城市研究与应用的多个领域得到关注,常用于建筑与城市,跨越不同尺度,从单独建筑,到城市片区,再到整个城市,甚至扩展到区域。空间句法关注局部与整体的空间通达性和关联性,强调整体性的空间元素之间的复杂关系是影响并决定社会经济现象的因素。特别是在万物互联的网络化空间形态研究上,常用的定量分析方法是空间句法和路径结构分析,基于计算机强大的模拟运算功能,结合可见性分析和拓扑计算,量化描述、评价空间结构形态的性质及其对于人类活动的潜在作用。在计算过程中发展了不同参数变量,对空间进行不同角度的量化分析,运用诸如轴线分析、视域分析和凸空间分析法等方法揭示城市空间特征,包括整合度、选择度、深度值、连接度、控制值、可理解度和可达性(图 3-13)等主要技术参量与城市设计方法的有效结合,逐步形成空间逻辑与土地利用策略关联的响应性判断。基于真实路网的线段模型已成为空间句法在城市设

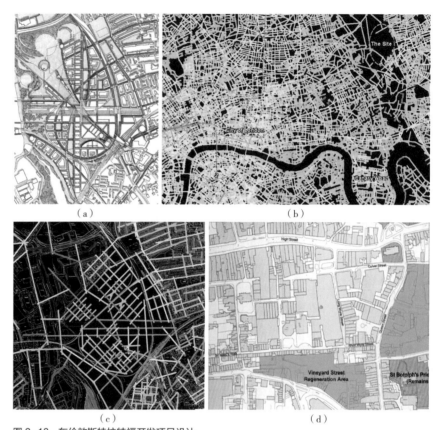

图 3-13 东伦敦斯特拉特福开发项目设计
（a）斯特拉特福城市规划总图 2001 年 ARUP ASSOCIATE 草案；（b）斯特拉特福城现状轴线
模型图（由红到蓝的色彩标志可达性由弱到强）；（c）斯特拉特福城市规划总图 2002 年空间句
法公司草案（相对于图 3-13d 模型色彩总体变暖，预示了可达性的显著增强）；（d）考彻斯特基
地位置图

计中最主要的句法模型。近年来，大尺度城市设计在国内外得到了比较
广泛的应用。[5、6] 如今城市空间句法已形成一套完整的理论体系和较为成
熟的方法论，具有专门的空间分析软件技术，为城市发展和动态城市设
计提供了具体的理论指导。

希列尔认为，正是空间的整体组织特性才使城市成为产生、维护和
控制人活动的结构，空间句法对于城市空间结构的内在逻辑及其活力分
析和判断具有现实价值。在希列尔等人对一系列城市的实证研究中发现，
城市的空间结构关系本身反映了城市和社会经济制约因素的综合性影响，
在一定程度上揭示了空间的社会逻辑。希列尔等人以英国伦敦为对象，
运用空间句法从宏观空间策略、城市发展结构、总体规划、行动计划、
公共空间到建筑物各个层面预测空间的动态演变，进一步拓展空间句法
的应用范围和在建成环境多种尺度层次上的分析研究能力。

在我国城市设计方法与理论变革的大背景下，空间句法在城市设计
各个阶段中的操作流程及运用方法需要被清晰化和系统化，主要包括模

型建立、参数应用、模型校核和方案代入四个关键技术步骤。在不同工作阶段中，工作内容与空间分析的需求各不相同，空间句法分析也需要得到针对性的应用，表3-2是对不同阶段城市设计需要解决的问题以及空间句法应用进行了概括和总结。利用空间句法进行城市设计不是一种要遵循的简单规律，而是基于先进的地理信息科学及计算机模型技术手段获得某种信息和评价，从而对具有社会意义的空间构成关系进行量化研究的方法论。动态城市设计需要动态运用空间句法，获取动态信息来科学分析空间组构的动态结果，有针对性地评价城市空间结构布局的科学性，启发城市设计相关决策制定，并且作为制定城市发展策略的有效参考。在动态评价的基础上，预测设计和规划所能够带来的中长期效果，让设计者和规划者在工作中自觉洞察和遵循城市社会经济发展规律，主动地运用空间句法所倡导的空间设计手法来创造更加科学的空间秩序，为城市设计提供了一种可用来定量描述城市结构模式的空间语言，这种语言不仅可以深入解释建筑与城市的空间本质与功能，设计城市空间的生长逻辑，并且涉及城市设计的各个层面，尤其是对于城市交通网络建构、公共空间塑造和城市形态发展的影响日渐深入，为环境决策和空间效率的发挥提供创造力和量化手段结合的有效途径。

空间句法与3S技术平台应用有机集成，实现数据的即时采集与动态更新，构建完善的城市空间分析模型，为城市空间逻辑的显现提供空间分析模型、图形化分析方法、数据化和智能性分析手段，成为启发、比较、评价和预测设计成果的可行性手段，也是指导动态城市设计的有效途径。随着计算机技术的发展和地理信息技术应用的深入，空间句法的理论和实证研究也日趋加深，对城市形态的研究正在逐步转化为直接的城市设计层面的应用，同时对城市设计的指导作用也日趋增强。

表3-2　城市设计不同阶段中空间句法的应用

城市设计过程	城市设计各阶段解决问题	各阶段的空间句法应用
现状调研	发现和描述城市历史、现状、政策和决策的规则，监控、记录城市空间的变化	绘制现状的空间句法线段模型，结合现状调研检查建模的错误，并予以修正
前期分析	根据现状调研，分析城市的发展变化、现状特征和现存问题，提出发展方向、规划目标及规划定位	对模型进行多尺度的中心性与穿行性计算，根据模型的计算结果和城市功能结构特征，校核模型对城市特征描述的准确性，寻找描述城市特征的合适搜索半径；发现城市网络结构特征的现存问题
方案设计	根据现状问题、发展方向制定多个规划方案，进行多个方案的对比、分析，选择最优方案	根据发现的问题进行方案设计，对设计方案进行空间句法建模，根据前期分析得出合适的搜索半径，对方案进行多尺度中心性与穿行性计算，对结果进行评价
方案优化	在最优方案的基础上，进行方案的增强、优化	根据多方案的计算结果及评价，找到最优方案并提升优化，最后用空间句法检验最终的优化方案是否达到此次规划设计目标

近些年，国际上对于城市形态学的研究偏重空间与历史人文、空间与自然环境之间的关系方面。例如，哈佛大学、复旦大学等研究团队对CHGIS（中国历史地理信息系统）的建构，力图基于数据库的建立来探索空间形态类型与人文活动的关系；萨拉特（S. Salat）等[7]认识到运用城市形态学的原理进行城市设计可以提高城市运行的效率，降低能耗、增强可持续性，试图寻找空间与自然的协调发展途径。21世纪以来，随着可持续发展理念与实践的全球蔓延，国内外众多学者纷纷意识到城市空间形态与气候环境之间的密切关系，结合用于微气候分析及热岛评估的Envi-met（图3-14）、FLUENT、CFD等模型模拟软件获取量化的形态学指标，广泛应用于城市设计方案创作、方案比对与影响评价等诸多环节，提升了城市设计在生态和环境可持续性方面的合理性。迅速涌现的诸多分析方法大多是遵循经典城市形态学视角对于城市空间形态的理解，加上新兴技术的科学手段，大数据、开放数据等新的数据环境同步涌现，使得城市空间形态表征得以被量化分析；同时，它背后的经济社会属性也能被新数据环境所量化表达，为人们如何感知空间和使用空间提供全面而清晰的展示，呈现出由注重理论量化、经验量化逐渐转变为注重人本量化与数据量化相结合的技术思路，技术革命和实践反馈促进静态的

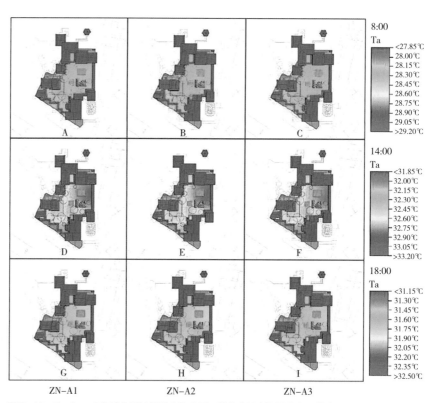

图3-14 Envi-met在城市设计领域中的应用：岭南庭园空间要素布局模式的微气候模拟

感性判断和定性分析迈向动态的理性研究和定量分析，丰富和完善了动态城市设计的科学分析方法和精细量化手段。

3.1.4　分形城市与元胞自动机

分形城市是基于分形思想的城市形态与结构的模拟与实证研究。1991 年，巴迪发表《作为分形的城市：模拟生长与形态》一文，标志着分形城市概念的萌芽。随着分形理论的发展，其研究对象也由几何形态和结构扩展到动态系统的时间分形，以及生命科学的功能分形和社会经济的信息分形等。1994 年皮埃尔·弗兰克豪泽（Pierre Frankhauser）的《城市结构的分形性质》和保罗·朗利（Paul Longley）的《分形城市》两部专著出版，对城市研究的分形理论起到了有力的推动作用，逐渐应用于城市边界、城市形态与增长、城镇体系等级规模结构和空间结构、城市化空间过程等方面。

分形理论处于不断发展之中，其基本思想十分明确，即客观事物具有自相似的层次结构，局部与整体在形态、功能、信息、空间、时间等方面也各自具有统计意义上的自相似性。在城市形态分形研究中，分形维数是城市形态的空间结构特征和演化规律的量化途径，用特有的分形维数来刻画事物形态的非线性特征。通过对分形维数的测定和计算，可以演绎具有分形属性的系统特征及其生成过程。

城市形态的演化多是由最初的单一单元，按照一定的空间规则，随着时间的推移，经历漫长的自我复制和自我调整的渐进式过程，最后形成了呈现在人们面前的城市总体形态。城市最初的基本单元作为"分形元"，其形成受到某一特定区域的社会文化、经济条件等因素的综合作用呈现出相似性；在相似的社会文化、经济、自然条件等因素的综合作用下，使城市形态呈现出了十分明晰的自相似性。北京古城的四合院、苏州古城的私家园林都是当地社会、经济、自然等背景下所形成的特色城市基本单元，在经历了反反复复的自我复制与不断地更新调整，同时注重空间上的有机整合和联系而形成了完整的城市形态（Portugali，2000）。四合院、私家园林这些单元成为各自城市形态的"分形元"，通过不断地自我复制和生长，使得整个城市形成了具有自相似性特征的空间格局。

历史城市是一个不断生长的有机体，在长时间的演化过程中形成了优越的分形结构，这使得历史城市能够在受到外界环境变化压力的作用下具有较好的韧性和塑性能力，适应不同时期的变化，甚至在经历毁灭性破坏后，依旧能够在延续历史结构的基础上生存下来，如伦敦旧城区在经历了发生在 1666 年大火后，在原有结构中重建。用分形原理进行解释，古城之所以具有抗干扰的应变能力，是因为其中的"流"渐进性消化了来自外界突发性的波动，分形结构增强了城市的耐受力。因此，城市规划应当保存历史赋予城市的特质，形成相互联系和自组织的复杂性城市，即具有高冗余度的分形城市（表3-3）。

通过分形元和分形秩序理论，使历史空间的肌理形态得以延续，在空间维度上展示了和谐完整的历史风貌，在时间维度上营造了可识别的城市结构；分形结构的建立提高了历史空间的稳定性和韧性，激发了历史空间的活力；分形秩序所规定的小尺度分形元的空间修补，相对于大规模拆旧建新更具有可操作性。以克拉科夫古城为样本进行历史原型分析，克拉科夫古城分形结构以庭院围合、层级嵌套的分形元和多层拓扑、虚实相接的分形秩序为基础，通过建筑围合成的四方庭院和多级庭院嵌套的组合形式，将相对独立的庭院通过半公共性庭院按照一定的嵌套方式进行组合，构成克拉科夫古城的空间肌理形态（图3-15、图3-16）。

分形理论自其产生以来就是用来研究具有自相似性分形特征的几何事物形态及其生长规律，为研究城市自生长性提供了重要的理论思想与方法，分形维数成为城市形态演化特征与规律的量度提供了科学的工具，

表3-3 分形城市示意

分形层次	标准的分形城市	现实的分形城市	不具分形的现代城市
概念图示	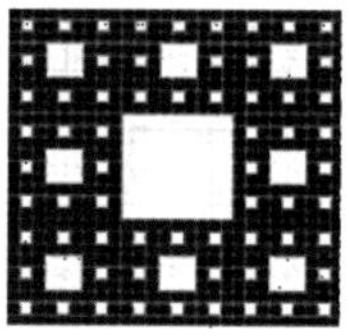		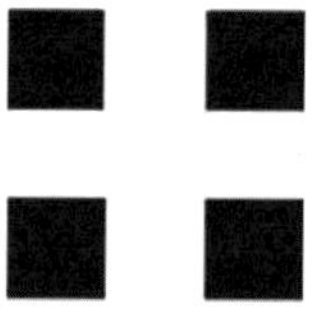
对应街道网络	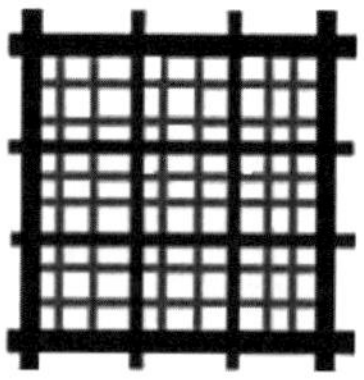	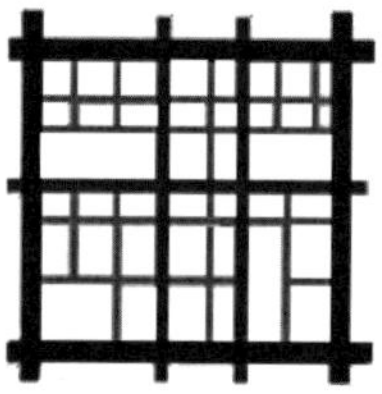	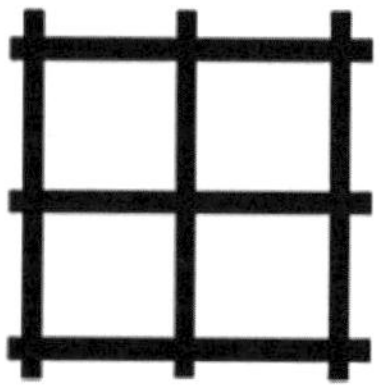
对应城市肌理	布宜诺斯艾利斯（Buenos Aires） 	巴黎（Paris） 	勒·柯布西耶（Le Corbusier）光辉城市（The Radiant City） 

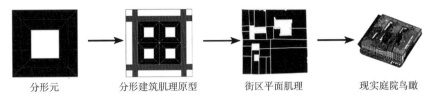

分形元　　　　分形建筑肌理原型　　　街区平面肌理　　　现实庭院鸟瞰

图 3-15　克拉科夫分形元

图 3-16　克拉科夫古城空间肌理图与嵌套式庭院

进而对其空间结构动态发展趋势做出预判，是非线性科学领域研究的前沿问题。而今，分形城市理论逐渐向内细化到城市建筑，向外拓展了区域城市体系，发展成为从微观到宏观三个层次的完整体系，充实到动态城市设计的方法体系之中，为城市空间的生长组织提供内在逻辑和分形动力。

19 世纪以来，人们已经从不同角度建立了许多模型来揭示城市扩展的动态机制（表 3-4），元胞自动机（Cellular Automata，CA）以分形城市理论为基础，是一种较为通用的时空动态模型，即时间、空间状态都离

表 3-4　不同类型城市模型之间的比较

模型 比较	社会物理学	系统动力学	经济模型	城市 CA
原理	牛顿社会物理学理论 统计分析理论	系统论 控制论 突变论	最优化理论	复杂系统论宏观是微观行为的总和
时间	不能 / 准动态	动态	静态	动态
空间表	粗略分区 / 均质体	粗略分区 / 无空间差异的均质体	均质体 / 宏观功能分区	完全表达空间个体及其相互作用
对象	整体行为	整体行为	配置优化	微观个体参与行为 – 时间 – 空间
复杂性	单一子系统 / 综合性模型	宏观综合系统	单一系统	时空复合系统

散，空间相互作用和时间因果关系为局部的网格动力学模型，具有模拟复杂系统时空演化过程的能力，是近年来随着地理信息系统的发展和深入应用而产生的一种新的动态模拟的建模思路。

国内外学界多将 CA 模型应用于城市形态、城市扩展和土地利用演化方面的研究。1933 年，罗杰·怀特（Roger White）和盖·恩格伦（Guy Engelen）首次将元胞自动机方法用来对城市土地利用演化规律的模拟与分析，多次将元胞自动机模型运用于对美国辛辛那提等城市增长过程的模拟，巴蒂（M. Batty）利用 CA 模型对美国萨凡纳（Savannah）和阿姆赫斯特（Amherst）城市演进进行模拟，其模拟结果与真实发展形态极为相似。由于准确鉴别元胞转换规则及空间演变规则是应用 CA 分析模型的关键，许多学者在此方面进行了积极的尝试，并取得突破性进展。国内研究将宏观的分形理论方法运用到城市研究中，对城市 CA 模型建立和对个体进行模拟分析的研究较多。

从方法论角度来讲，CA 模型具有从局部到整体的自下而上特点。城市发展和空间形态的演变过程受到各种相互作用的复杂条件的影响，CA 模型凭借计算机技术充分模拟具有复杂时空特征的城市空间系统和从局部到整体的空间动态演变过程，分析城市空间整体及其形态的内在规律特征和动力学机制，并预测未来发展方向和可能性，为城市设计进行空间形态的大尺度、动态化研究提供了思路和方法，尤其在基于土地利用的空间形态研究方面具有较强的实用性。自下而上的基于元胞自动机城市空间模型是研究城市空间动态及其环境影响的主要工具，有以下 6 种模型，如表 3-5 所示。

将分形应用于城市的微观角度，借助数学模型进行分维测算，将分维测算结果与 CA 模拟的城市形态历史发展演变过程相结合进行动态分析，综合城市用地功能布局形态及其分形特征，对现行的规划建设做出相应引导，并根据理想维数推断可能存在的城市形态演进趋势，预测未来城市用地的发展方向、发展秩序及发展重点，制定城市土地利用的相

表 3-5　经典的 CA 模型

模型名称	研究者	时间（年）
DUEM 模型	Batty&Xie	1994
高分辨率 St. Lucia 模型	White&Engelen	1997
SLEUTH 模型	Clarke	1998
ANN-CA	Li&Yeh	2001
UrbanSim 模型	Waddell	2002
LEAM 模型	Deal 等	2005

关对策。动态城市设计强调城市三维空间形态演化中多维因素的交互作用，把城市三维空间形态的影响因子嵌入 CA 模型，实现 CA 模型对三维空间形态的动态模拟和演进分析。

其中，由美国加州大学克拉克（Clarke）教授开发，关于城市空间增长与土地利用变化的 SLEUTH 模型，已经在全球范围得到广泛应用。SLEUTH 模型的名称来自它所需的六种输入图层的首字母缩写组合（地形坡度 Slope，土地利用 Land Use，排除图层 Exclusion，城市空间范围 Urban Extent，交通网络 Transportation，地形阴影 Hill Shade）。SLEUTH 由两个元胞自动机（CA）模型耦合在一起，即城市增长模型（Urban Growth Mode，UGM）和土地利用变化模型（Land Cover Deltatron Model，LCDM）。其中，UGM 可以独立运行，LCDM 需与 UGM 耦合在一起才能运行。SLEUTH 按照标准 CA 构成：即元胞同质的栅格空间；元胞状态为城市和非城市或者一级土地利用类型；采用八个领域规则；由五个增长系数（扩散系数、繁殖系数、传播系数、坡度阻抗系数和道路引力系数）控制自发增长、新扩展中心增长、边缘增长、道路影响增长和自修改五种增长规则（表 3-6）。SLEUTH 模型由一组输入数据初始化开始运行，结合一系列的增长规划模拟城市和土地利用变化，这些增长规则连续作用，在应用每个规则之后，整个元胞质之间的状态都被更新。

表 3-6　SLEUTH 模型增长规则和增长系数

增长过程	增长规则	增长系数及取值范围	解释
1	自发增长	散步系数 [1，100]	随机选择新的城市元胞
2	新扩展中心增长	繁衍系数 [1，100]	自发增长基础上产生新的增长中心
3	边缘增长	扩散系数 [1，100]	城市边缘的增长
4	道路影响增长	道路引力 / 散步 / 繁衍系数 [1，100]	沿道路的新的城市元胞的增长
5	自修改规则	系数 [1，100]	轻微改变系数值，模拟快速或低速增长
全过程	坡度阻碍	坡度系数 [1，100]	坡度对城市空间增长的限制
	排除层	自定义 [0，100]	设定影响城市空间增长的不同情景

SLEUTH 的优势在于对城市空间模拟和时空预测的动态性，使其在决策支持和预案规划中发挥较大的作用。SLEUTH 模型通过校正能较好地描述大尺度城市空间增长的自然规律，其局限性在于不适于控制性详细规划以及更小尺度上的城乡规划研究（图 3-17）。

将 CA 模型引入城市形态研究领域是一个较为成功的尝试。近年来，

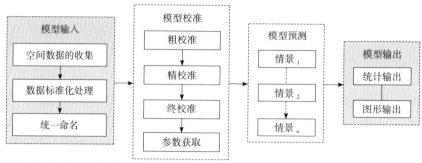

图 3-17　SLEUYH 模型运行流程图

随着人们对城市空间演变和个体行为活动的关注，大量模拟、预测和仿真的研究方法被引入城市设计研究。基于元胞自动机（CA）、多主体模型（MAS）、时间地理学（Time-Geography）等研究方法所进行的动态模拟和分析，为我们提供了从时间的跨度上去认识城市发展和人们行为的技术方法，加深了我们对于城市和城市人的认识，提高了城市设计成果的科学性和有效性，完善了城市设计实施的量化管理与精细评价。未来 CA分析模型需要进一步加强与 GIS 的集成使数据库的完备性和结果的可视化（图 3-18），通过与神经网络、主成分分析、遗传算法等研究方法的结合将有利于转换规则的识别和确定，而基于多智能体（MAS）的 CA 模型综合自然系统、人文系统等因子，使模拟更加趋近真实的城市发展状况，都是 CA 分析模型的主要发展方向。

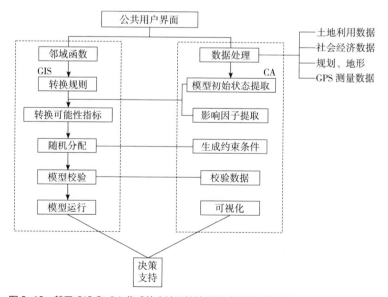

图 3-18　基于 GIS 和 CA 集成的土地可持续利用时空模拟模型框架

3.1.5　遗传算法

基因遗传算法（Genetic Algorithm，GA）（简称为遗传算法）是一种模拟了自然进化中基因遗传法则而产生的运算法则，是计算数学中基于模拟演进解决最佳化的搜索算法，它的运行机制类似于一切生命与智能的产生与进化过程，通过模拟达尔文的优胜劣汰、适者生存的原理激励好的结构通过模拟孟德尔遗传变异理论在迭代过程中保持已有的结构，同时在每一次迭代寻找更好的结构。

城市空间生长演进是一个复杂的动态过程，受到来自地理位置、社会、经济等多方面因素影响，这些影响因素的多样性、动态性以及不确定性使城市的空间生长在不断变化中寻找平衡点。规划师可以利用遗传算法来探索城市随着环境改变而不断适应变化而自身进化的最优路径。目前，遗传算法在城市规划中的应用处于初步探索阶段，其对于生长演进的优化选择思想与动态城市设计的意旨不谋而合。

由于城市空间生长影响因素的量化过程必须基于能够帮助建立各种空间关联的空间操作，故通过城市空间生长影响因素的空间特征分析，确定相应的空间操作思路（图 3-19）：

①操作对象是一组可行解，具有多目标性和并行性；

②处理路径是多线路非线性的寻优，具有自适应和自迭代性；

③择优机制是一种软选择，具有良好的全局优化性和稳健性。

于卓（2008）在基于遗传算法的城市空间生长模型研究中，通过对空间增长适宜度的量化研究，把空间分析方法和遗传算法结合起来，充分发挥数学模型及定量、定性分析方法的潜能，找出通过遗传算法量化计算获得不同发展目标下的多种城市空间增长方案的方法和策略，建立 UG-GA 模型辅助城市空间生长分析与决策，经过不断迭代选择整体利益优先的最优可行解，为动态城市设计的可持续提供了重要方法和途径。

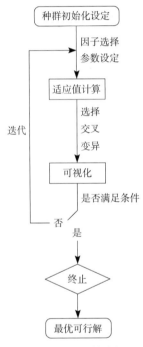

图 3-19　简单遗传算法流程

3.2　历史人文维度

城市是文化的舞台，在历史的动态发展中演绎着文明。城镇化的可持续发展，一方面是物质空间环境的可持续；另一方面是非物质的精神意识的可持续；前者是载体，后者是内涵。动态城市设计不仅要遵循美学规律，更加注重演进中的历史文化脉络和场所文化精神，善于挖掘城市地域共同记忆，提炼文化价值资源，作为塑造城市特色风貌的依据来表达城市在发展中的精神意旨。因此，历史与文化是城市发展的灵魂和基石，历史文化的原真性是动态的或演进的，保证历史的原真性是可持续城市设计的重要原则。

动态城市设计秉持尊重集体记忆和保护历史文化的基本原则，注重城市历史的时空整体性和城市文脉的动态延续性。在城市空间环境的设计中，通过持续的保护、创新和积累，不断衍生新的文明产物，其保护方法、技术手段、呈现形式等都伴随经济发展和科技进步的更迭而不断进步。

3.2.1　场所文脉与深层结构

动态城市设计注重地域空间动态演进过程中时空关联响应所形成的城市记忆和历史关联，从而构建场所文脉营造场所精神。

城市空间中的场所文脉及其深层结构是在地域生长的长期积淀，注重物质层次的累积，更注重较难认知体验的文化关联和历史积淀。场所，是城市中自然环境和人造环境结合构成的有意义的整体，物理环境、行为和意义组成了场所特性的三个基本要素，场所感（Sense of Place）的获得（图3-20）来自人与它们的动态互动。场所理论主要是探察人—空间—意义的动态关系，注重对城市社会文化、地域特征和场所记忆等深层结构的发掘、整理和强化，场所理论关注形态背后的涵义，这种源自城市的历史背景、文化底蕴和民族特色等方面的深刻含义，塑造场所精神，赋予城市空间丰富的生命力。

扬·盖尔（Jan Gehl）1971年出版的《交往与空间》被公认为城市设

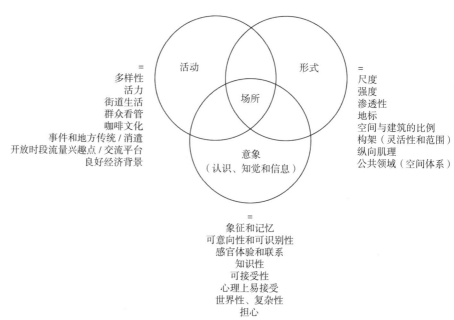

图 3-20　场所感的增强

计的经典著作，用丰富的实证研究分析了人在空间中流动与停留的规律，提出适应人的感知与行为规律进行场所设计的理论与方法。John Punter（1991）和 John Montgomery（1998）用图标的形式说明城市设计活动如何能够储藏增强潜在的场所感。正如诺伯格·舒尔茨（Norberg Schu）所观察的那样：如果事物变化太快了，历史就变得难以定形。因此，人们为了发展自身，发展他们的社会生活和变化，就需要一种相对稳定的场所体系。这种需要给形体空间带来情感上的重要内容，一种超出物质性质、边缘或限定周边界限的内容——也就是所谓的场所感（Sense of Place）。场所感随着场所空间的逐渐完整而呈现出增强场所精神与归属感。最成功的场所设计应该是遵守一种生态学准则，使社会和物质环境达到最小冲突。在具体的实践中去发现特定城市地域中的背景条件，与其协同行动。

文脉（Context）与场所是一对孪生概念，在 20 世纪 60 年代正式提出。文脉（Context）一词，最早源于语言学范畴，指介于各种元素之间的对话与内在联系，局部与整体之间的对话与内在联系。在城市空间领域，文脉是在特定的空间背景发展起来的历史范畴，其上下延伸包含着极其广泛的内容。狭义的文脉，就是一种文化的脉络，是城市记忆的延续；广义的文脉还包括从城市既有的形象中衍生建筑和都市设计的想法。只有当空间从社会文化、历史事件、人的活动及地域特定条件中获得文脉意义时才能称为场所。舒尔茨的场所理论引起人们在空间维度上对于历史文脉的重视，在不同的地域条件下创造有意义的场所空间。

场所文脉的内涵是广泛的，包括自然、历史和文化的时空关联。场所文脉的形成是演进的，场所文脉的塑造是促进时空关联的动态过程。场所文脉的动态分析中，将城市空间与人的需要、文化、历史、社会和自然等外部条件的关联关系置于动态的时空演进中，特别是对于有着深厚文化底蕴的历史城市或者历史街区的城市设计场所文脉的分析十分必要，作为设计的切入点，将传统的肌理或元素在设计中重新组合进行共时性的表达；对于当前快速的城市开发建设有很强的现实意义。场所文脉的形成与分析，设计与建构都是动态的。动态城市设计应该从历史人文环境的意义出发，细致深入地挖掘保护、延续、关联场所感的元素，强化新建建筑与传统空间的有机融合，形成复合历史与现代特征的地域城市空间整体。动态城市设计应该从场所文脉意义的建构过程出发，注重挖掘、整理和强化城市空间与这些内涵要素之间关系。动态城市设计强调具体城市环境的质量和连接，利用图—底关系地图（Figure-Ground）作为研究工具，渐进性地引导将建筑和其文脉环境关联起来，用片段方式有计划地、逐步地、动态地、有机地联结成为城市有机整体，实时根据地域环境条件的供给完善场所空间的深层关联，达成多元社会和地域价值。

场所结构理论是由 Team 10 提出的一种以现代社会生活和人为根本出发点，注重并寻求人与环境有机共存的深层结构的城市设计理论，其主要哲学基础源自结构主义，是设计思想上影响最为深远的思潮之一。城市形态是从生活本身的结构发展而来，城市设计必须以人的行动方式为基础。Team10 关注人与环境的关系，坚持"人与自然共生"为理念，并建立起住宅—街道—地区—城市的纵向场所结构，以代替原有《雅典宪章》的横向功能结构。就城市交通而言，现代城市设计应担负起为各种流动形态（人、车等）的和谐交织提供可能的环境，同时促进建筑群与交通系统有机结合。在史密森夫妇的"金巷"（Golden Lane）设计竞赛方案中（图 3-21），为了恢复和重建地域场所感，利用"空中街道"的概念（图 3-22），让分层步行街贯穿建筑物，既有线性的延伸，又联系着各个场所；就城市环境美学而言，现代城市环境的审美应该反映出对

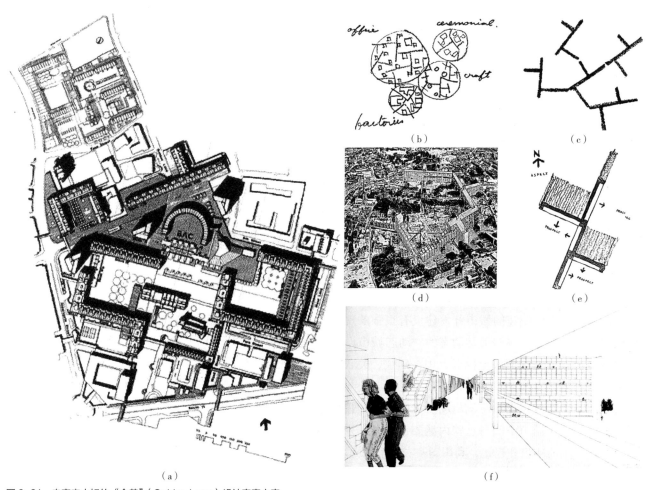

图 3-21　史密森夫妇的"金巷"（Golden Lane）设计竞赛方案
（a）金巷住宅实施方案；（b）金巷功能分区示意图；（c）金巷一组街道示意图；（d）金巷作为北方城镇网状系统的蒙太奇照片；（e）金巷街道甲板示意图；（f）金巷住宅规划——"空中街道"

图 3-22　"空中街道"设想

象恰如其分的循环变化。作为特定地域标志和象征的某些历史建筑、场所，抑或投资较为巨大、具有重要意义的建筑和开放空间，都可以看作是一定地域内相对稳定的元素，这就是所谓的"可改变美学"（Aesthetic of Expendability）。"可改变美学"实际上是一种空间生长的动态结构模式。

　　场所和文脉的形成是一个时空转换的长期积淀过程，人的各种活动及其对城市空间环境提出的种种要求都体现在这一过程的延续中。动态城市设计不仅重视这一过程，更重视过程中这些关系的形成和演变，包括建立空间形态的深层文化结构和时空延续中的历史关联，都对城市整体形态和城市物质结构具有可持续的控制作用。在空间结构的弹性控制和场所空间的持续营造中遵循和利用"变化"，在从微积到聚构的动态过程中循序渐进地实现整体风貌意象和场所精神。

　　动态城市设计过程还强调从视觉和心理角度考察人的认知对城市场所和空间的确定过程的动态影响。城市环境的认知是一个不断深入的学习过程，也是心目中城市原型的形成过程，有助于设计者在城市设计过程中持续增进对设计对象的深入了解和设计构思的深化表达。意大利著名建筑师罗西在 1966 年出版的《城市建筑》（*L'archittura Della Citta*）一书中认为，城市依其形象而存在，是在时间、场所中与人类特定生活紧密相关的现实形态，其中包括着历史，它是人类社会文化观念在形式上的表现。同时，场所不仅是由空间决定，更是由空间中人的行为活动、古往今来所发生的、持续不断的事件所决定。所谓的城市精神就蕴含于它的历史进程中。动态城市设计更加注重对于这一精神内涵赋形和表达的过程，深层文化结构成为历时记忆的线索和空间叙事的舞台，为未来城市发展与变化提供了动态框架和可持续的操作指南。

3.2.2　历史街区动态保护

历史街区的概念是我国在 1985 年首次提出的，指具有一定数量和规模的历史建筑遗存，并且其历史风貌保存较为良好而完整，能够反映某一历史时期社会生活、传统风貌、民族特色和展示历史文化的街区，是具有活力和地域风貌特色的重点地段。历史街区动态保护的概念是基于城市时空整体性和动态延续性特征，将历史——现状——未来联系起来，并运用到对历史街区的更新过程中，强调持续保护、滚动开发、循序渐进式更新的方法，因地制宜针对特定区域制定相应的规划策略，既保留了历史的原真性，又可以顺应时代发展的需求，使历史街区活力再现。

国际上对于历史街区保护的研究萌芽于 20 世纪初，现代主义思潮对于历史文化遗产保护的审慎思考，开启了对于城市历史文脉保护与延续问题的关注。我国学者肖竞和曹珂（2017）对国内外历史街区保护的研究进程、技术方法与关键问题做了综述，对相关研究与方法进行了系统的归纳和总结；英、法、意、美、日等国以及国际现代建筑协会（CIAM）、国际古迹遗址理事会（ICOMOS）、联合国教科文组织（UNESCO）等机构，自 20 世纪初期，就针对城市遗产保护所面临的各种问题，制定并颁布了一系列的保护法律、宪章、公约文件等（表 3-7）。在这些国际宪章中，动态保护的思路逐渐清晰（表 3-8），使历史街区保护的内涵和手段逐渐系统化和科学化。

表 3-7　国外历史街区保护阶段与核心议题梳理

阶段特征	时代背景	具体时间（年）	事件 / 文件	重要贡献
街区概念萌芽	现代主义思潮下遗产保护审慎思考	1900—1930	意国、法国、美国、苏联城市历史中心与历史街区保护兴起	平衡现代城市发展与历史保护，注重历史城区改造更新中历史肌理与文脉保护和延续的问题
		1913	遗产保护先驱乔万诺尼（Giovannoni）出版《城市规划和古城》	强调关系与肌理统一，形成了"历史街区"保护概念的雏形
		1933	国际现代建筑协会（CIAM）订立《雅典宪章》	首次明确提出对历史地区 / 街区的保护关注

续表

阶段特征	时代背景	具体时间（年）	事件 / 文件	重要贡献
立法实践探索	应对第二次世界大战破坏与重建对城镇历史建成环境的冲击	1962—1975	法国、美国、英国、日本历史街区保护立法	开启西方国家历史街区立法保护实践进程，形成系统的保护方法
		1964	国际古迹遗址理事会（ICOMOS）颁布《威尼斯宪章》	提出原真性、整体性与风貌和谐等保护概念和原则
		1972	联合国教科文组织（UNESCO）颁布《世界遗产公约》	
		1976	联合国教科文组织（UNESCO）通过具有里程碑意义的《内罗毕建议》	强调人性尺度与发展理念，以"积极保护"与"综合复兴"为原则延续街区多样性、连续性以及活态价值的思路
		1977	国际现代建筑协会（CIAM）通过了《马丘比丘宪章》	重视人文理念和空间个性化，把人、社会、自然关联考虑，保留城市历史遗迹，保证文物具有可持续的生命力和经济意义
		1987	国际古迹遗址理事会（ICOMOS）制定《华盛顿宪章》	拓展整体性保护内涵，梳理历史城区保护的五要素；从记录现状、制定规划、公众参与、更新设施、改善交通、协调风貌等方面明确历史城区保护的具体内容
观念认知提升	应对全球化造成的遗产同质与异化新挑战	1993 至今	法、英、日开展城乡历史环境与景观遗产保护立法	西方国家逐渐形成以开放、以包容的态度看待和处理群体性遗产资源保护问题；注重价值呈现和社会影响；坚持刚性保护与弹性发展相结合的原则
		2011	联合国教科文组织（UNESCO）制定《关于城市历史景观的建议书》	结合不同学科对城镇保护过程进行分析和规划，补充和更新现有关于保护城市历史景观的准则文件，并且应用于所有与一个城市演变有关的空间管理
			国际古迹遗址理事会（ICOMOS）制定《关于历史城镇和城区维护与管理的瓦莱塔原则》	定义历史城镇与城区保护的主要概念，系统诠释历史地区物质空间与其自然、人文价值和经济、社会属性之间的紧密联系对发展变化的适应性及其价值内涵传承的重要性；融入城市可持续发展进程，提出整体保护和动态监管的原则、实践的方法和策略

注：根据来源中的表格补充整理，来源肖竞，曹珂. 历史街区保护研究评述、技术方法与关键问题 [J]. 城市规划学刊，2017（3）：110-118.

表 3-8　国际宪章中的动态保护思想

宪章	动态思想
《雅典宪章》	从整体性和可持续发展的视角审视城市的现代发展与历史保护之间的平衡
《威尼斯宪章》	从发展的角度提出要在利用中保护，并且考虑过程中的变化和改动
《内罗毕建议》	历史街区的再生是在保护和修缮的同时，采取恢复生命力的行动
《马丘比丘宪章》	坚持整体性原则，重视人文理念，把人、社会、自然关联考虑，把保存、恢复、维护、再生以及现有历史遗址和古建筑的重新使用与城市建设过程相结合
《华盛顿宪章》	关注历史城镇的动态演变及发展，在既有的保护观念和框架下，突出基于动态演进的评价准则和保护策略；在历史街区更新中保存、保护、发展和适应
《瓦莱塔原则》	重视变化，强调对历史城市与城区的干预的控制，强调对干预历史城镇的行为活动的控制、强调场所精神的建立、强调文化认同的保持，重视变化以及变化带来的可能性、重视历史城镇的非物质价值的保护、提倡将历史城镇作为城市生态系统的有机部分实现可持续的整体保护与和谐发展

国内对历史街区保护问题的讨论源于 1986 年其概念的提出，朱自煊于 1987 年最早提出从城市设计角度研究历史街区保护的思路。伴随 1998 年土地与住房制度的调整，我国历史街区保护逐渐从单纯的遗产保护行为转变为与利益关联复杂的市场行为。进入 21 世纪后，随着地理信息系统和互联网大数据的信息整合以及数理统计技术在遗产保护领域的应用推广，历史街区空间、人口、经济特征的集成与关联分析变得更加便利。与此同时，新型城镇化背景下我国经济社会发展逐渐从增量扩张期转入存量优化期，偏重定性归纳的陈规式保护理论应对现实矛盾能力不足的问题日益显露，静态、理想的保护方法在协调市场环境中的多维矛盾时尤显不足，历史街区保护研究进入到以定量评价精细导控的新阶段。

历史街区具有空间、功能、多重价值复合的系统特征，其本质是动态且持续的系统调节工作。历史街区保护、利用与发展是一项十分专业和复杂的社会系统工程，从系统科学出发，保证整体性、强调动态性、增强适应性、提高科学性和注重传承性的原则，从整体上把握街区内外、主客体对象以及物质空间、社会经济和技术方法等多维度协调的综合实践，形态修复、业态治理与情态延续都是保护研究的重要内容，参与者需要秉持整体、动态、适应、平衡的理念深植于历史街区的动态保护工作中，从不同角度引进各自领域的思维方法，丰富和完善历史街区保护性工作。总体上讲，历史街区的动态保护方法涵盖城乡规划学、建筑学、经济学、遗产保护学及社会学……众多学科领域，主要以文脉分析、形态设计以及环境行为学为基础，借助心理学与语言学分析手段，将类型学与形态学对历史街区客体对象的分析提升到主客交互的层面，从主体营建动机与体验逻辑的角度拓展现有理论方法，采取质性归纳与定量评价相结合的技术手段，精确判断与把握规划控制的最佳条件，并辅助决策；整合运用多种绿色城市和建筑设计的方法、适用技术，通过文化传承、环境保护和现代建筑科学技术手段，在保护历史整体环境真实性和完整性的前提下，找寻到可持续性保护和有机更新的途径。未来历史街区保护研究将逐步向应用技术转化，形态学分析框架与 GIS 空间拓扑分析技术全面结合，大数据、移动互联网以及 VR 技术，这有助于改善现有历史街区保护的工作思路和实施路径，特别是将使历史街区空间特征的评价研究从基于现状测绘的"单帧识别"拓展至基于数据建库的"多帧关联"，其成果也将呈现出更加直观、动态和多元化趋势。基于此，历史街区的动态保护基于客观数据引导和现实问题判断而形成了一套整体关联、动态监测与科学管控的技术路线。

3.3　自然生态维度

如今的生态学领域几乎在所有与环境或被术语化的语境中存在，作为研究生命和环境关系的学科，坚持整体自然观的基本思想，以遵循自然规律、适应自然过程为基本原则，遵循城市生态系统的运作规律和生态过程的循环秩序，保证城镇化建设与生态环境和谐共生。近年来，不断涌现出低碳城市、慢行城市、海绵城市、健康城市等生态内涵统一、技术外延多样的组织形式，以应对城市发展进程中不断变化的文化现象和城镇化现象。因此，生态城市设计和动态城市设计在可持续发展的内涵原则和价值取向上是一致的，并且在很长一段时间内仍将是未来的一个主流趋势。

3.3.1　结合自然过程的生态设计

伊恩·麦克哈格在 20 世纪 70 年代初的经典著作《设计结合自然》将城市与自然整体思考，创建一种土地使用与生态系统之间匹配操作，联合经济、社会以及构成特定自然生态系统各个组分进行关联分析，判断各种发展事物对自然环境的适应与影响，最终推荐出最合适的土地使用方案（图 3-23），建立了生态规划方法（Ecological Planning and Design Method）的最初范型，景观建筑学的范围拓展为多学科综合的用于资源管理和土地规划利用提供了有力的工具。

麦克哈格是第一个把生态学用在城市设计上的，把整体自然观带到

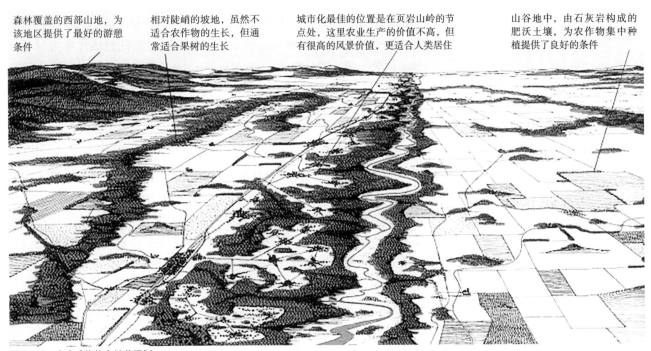

森林覆盖的西部山地，为该地区提供了最好的游憩条件

相对陡峭的坡地，虽然不适合农作物的生长，但通常适合果树的生长

城市化最佳的位置是在页岩山岭的节点处，这里农业生产的价值不高，但有很高的风景价值，更适合人类居住

山谷地中，由石灰岩构成的肥沃土壤，为农作物集中种植提供了良好的条件

图 3-23　麦克哈格的大峡谷规划

城市设计中，强调分析大自然为城市发展提供的机会和限制。麦克哈格于1997年把生态设计作为一种方法途径，能促使一个区域通过规律和实践的经营，被理解为一个完整的生物物理和社会的进程。为此，他专门设计了一套指标去衡量自然环境因素的价值及其与城市发展的相关性，以此来衡量土地利用综合价值。这种生态设计方法，对各种因素进行分类分级，构成单因素分析图，再根据具体要求用叠图技术（图3-24）获得综合性成果，从而找出具有良好开发价值且又满足环境保护要求的地域，这就是著名的价值组合图（Coiliposit Mapping）评估法。现在很多大型项目都是用这种方法来开展选址分析的。

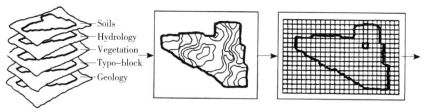

图3-24　简化后的生态叠图技术在规划设计中的运用

1984年，迈克尔·荷夫在《城市形态及其自然过程》（*City Form and Natural Progress*）一书中，阐明了设计结合自然理论及其应用已经在土地规划和自然资源管理方面达成共识，人们越来越意识到，城市物质建设和社会发展目标事实上或潜在的与自然进程相关，并且不断通过实践总结经验和教训。生态设计是一种整体的思维方式，强调整体优先和生态优先的设计原则，把建立城市与自然过程的整体性作为首要任务。西蒙·范·迪·瑞恩（Sim Van Der Ryn）和斯图亚特·考恩（Stuart Cown）对生态设计的定义是：任何与生态过程相协调，尽量使其对环境的破坏影响达到最小的设计形式，强调人与自然过程的共生与合作关系。

结合自然过程的城市设计是一种生态实践活动。近年来，由于经济的发展与资源、能源匮乏矛盾的日益加剧，人们不得不重新审视人类活动、经济发展和生态系统三者之间的关系，在物质空间的营建过程中尽可能少地干扰和破坏城市与自然过程的整体意义，尽可能多地借助自然本身的内在循环能力，同时期待一种更加主动适应、遵循和利用自然过程的观点和方法来回应当前的挑战，启迪设计上的创新实践。低影响开发或海绵城市等都是自觉遵循自然、利用自然的生态探索。与此同时，通过模仿自然特性和借用自然元素可以构建人工化的生态新秩序，从而创造近乎自然条件和混合自然特征与人类活动的人工环境，其用意是为从纯自然、纯人工向人工自然过渡的行为和过程提供可行路径，由此建立一种可持续发展的框架，帮助我们看清当前全球性的城市蔓延和探索可持续的城市设计与发展策略。

在城市设计中，全方位地运用生态 GIS 分析技术，尊重自然生态禀赋，有机融合基础设施与自然环境，保留了自然丘陵，顺应自然风向，缓解城市热岛效应；保护地表径流，设计丰富水景，提高土地价值，丰富城市生活，改善生态环境。

福斯特·恩杜比斯（Ndubisi，2002）的观点认为，生态规划是一种指导和管理景观变化，从而促使人类活动与自然进程协同发展的方法。在花园中的城市（A City in a Garden）是新加坡政府为这个城市的最新定位，准确地描述了城市与自然的关系。这一概念最早由英国建筑学家霍华德提出，在 1898 年发表的《明日的田园城市》（*Garden Cities of To-morrow*）一书中阐述了田园城市理论注重生态环境营造的内涵。新加坡的城市建设在一定程度上借鉴了其中"去中心化"的发展模式，自 20 世纪 60 年代起新加坡先后制定了道路绿化计划、连接公园绿道系统、ABC 水敏感设计计划、PCN 公园连接带计划和全国绿色建筑节能计划等，将城市结合自然作为一种公共政策而成为一种可持续发展的有效管理模式。动态城市设计以生态城市设计为基础，坚持生态设计的底线思维，在实践中针对各种可能的情况做出设计决策，保障城市生态系统自身的平衡发展；充分发挥适应自然和利用自然的能动效应，积极关注城市形态对其他因素的影响作用规律和符合生态阈值的要求；同时，充分发挥城市生态系统的综合效益，满足城镇综合可持续发展的需求，形成动态、和谐、高效、有机生长的良性发展机制。

3.3.2　弹性规划与设计

在 20 世纪 60 年代，随着系统论思维的兴起，生态学家将弹性概念从物理学引入生态学。1973 年，生态学家 Holling 在其论文《生态系统的弹性与稳定性》（*Resilience and Stability of Ecological Systems*）中最早提出了生态系统弹性的概念，指生态系统在受到一定的干扰后仍能维持一种状态的能力，与系统间承受干扰后维持稳定能力的大小有关。[8]

欧美等国家从 20 世纪起已经纷纷开始编制弹性规划（表 3-9），大多是以宏观的城市整体为对象。伦敦建设弹性城市的实践主要着重于应对气候变化和金融危机带来的风险，在 2011 年 10 月提出《管理风险和提高弹性》（*Managing Climate Risks and Increasing Resilience*）（图 3-25），制定了伦敦高温风险图和高温规划，从医疗和社会保障服务、生态系统服务、经济和基础设施等方面提高应对气候变化的弹性能力，还开展了一场城市绿化运动，将绿色基础设施作为城市灰色基础设施的有益补充，

表 3-9　欧美国家与我国弹性规划理论的研究与发展现状

	欧美国家	中国
关注度	持续的上升趋势	持续的上升趋势
理论研究	在对弹性概念的认知和思维的构建基础上，逐步形成对弹性城市、弹性规划的系统研究	理论研究尚处于学习起步阶段；没有基于中国城市化特点，形成本土化的理论研究框架；没有系统地对弹性城市的规划理念和方法进行研究
实践发展	建设应对气候变化和灾害风险的弹性城市；将建立弹性城市提升至城市发展公共政策层面；各类弹性城市与规划实践呈蓬勃兴起的态势	没有系统的弹性城市实践；个别城市开始提出弹性城市的战略目标，开始针对气候变化和灾害风险进行弹性城市的建设

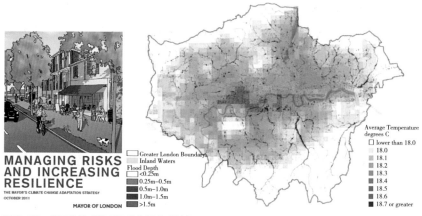

图 3-25　英国伦敦《管理风险和提高弹性》

来提高绿色空间的质量、数量、功能和连通性①（Greater London Authority，2011）。

　　纽约弹性城市建设和气候适应项目早在 2007 年《更绿色，更美好的纽约》（*A Greener, Greater New York*）就已提出，直到 2013 年 6 月，综合应对气候变化的弹性城市计划《建立更强大的弹性城市：纽约》（*New York City: A Stronger, More Resilient New York*）规划了一个 10 年弹性城市建设项目，包括 257 个适应基础设施系统建设的子项目，以应对未来的气候风险（图 3-26），并提出了使弹性建设项目更能应对未来气候变化的风险评价体系。2011 年修编的《纽约城市规划：更绿色更美好的纽约》（*PlAYC: A Greener, Greater New York*）是纽约市到 2030 年的综合规划，从城市的土地、水、交通运输、能源、空气和气候变化六个方面提出了建立弹性城市的相应措施（Bloomberg，2011）。2014 年 4 月，纽约又发布

①　Greater London Authority. Managing Climate Risks and Increasing Resilience[R]. London：Greater London Authority, 2011.

了《一座城市，一起重建》报告，旨在强化和扩大弹性建设内容和房屋修复计划。截至 2015 年，《重建计划》已经完成 3200 个补偿审查，启动了 1100 个家园的建设项目，其中 500 个家园建设项目已经完成。2015 年，纽约发布了更新、更全面的气候弹性建设计划《一个纽约》，为继续实施应对气候变化路线服务。在《一个纽约》计划中，城市通过创新理念和聚焦重点领域，加速和扩大了"建设一个强壮而富有弹性的纽约城市"计划。

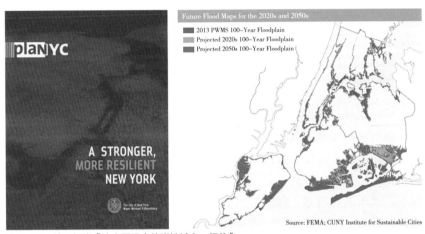

图 3-26　美国纽约《建立更强大的弹性城市：纽约》

　　鹿特丹应对海平面上升和洪水风险有着悠久的历史，2009 年的《鹿特丹气候防护计划》（*Rotterdam Climate Proof*）涵盖洪水管理、城市可达性、适应性建筑、城市水系统和城市气候五个主题，目的是确保到 2025 年完成鹿特丹三角洲规划以实现整个城市和港口的水防御；建立水上公共交通网络提高城市的可达性；防洪堤外的建设将只限于适应性建筑，如浮动房屋、浮动公园等；采用水广场和屋顶绿化等创新措施，实现 80 万 m³ 的水储蓄；通过优化水系、绿化和开放空间的布局，调节城市气候[①]（图 3-27）。

　　弹性规划的理念和原则已经逐渐渗透在城市规划编制与管理过程中，以海绵城市和低影响开发（LID）等为代表的先进技术理念正在国内外大部分城市开发实践中推广。弹性设计理念的核心思想是共生，在城市和建筑设计领域的共生通常指的是人与自然的共生、城市与自然的共生、科学与艺术的共生等方面的涵义，是动态城市设计的一种重要实现形式。

① Molenaar A, Jacobs J, De Jager W, et al. Roterrdam Climate Proof[R]. Roterrdam: Roterrdam city, 2009.

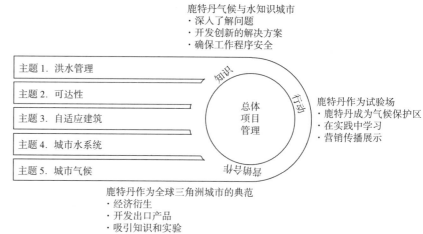

图 3-27　荷兰鹿特丹《鹿特丹气候弹性城市行动计划》

动态城市设计就是要在城市生长过程中积极应对可能的变化和不确定因素，面对地形地貌、气候等自然环境的客观影响，和土地政策、经济结构、产业结构的调整引起的社会变化仍然保持良好稳定的共生共存状态。目前在城市领域的弹性设计大多是围绕着城市与自然的共生展开的实践探索，追求结合自然、保留自然、顺应自然、设计自然，与自然共生弹性设计理念，尽可能保留、适应和利用城市原生环境和资源条件，包括地域气候、地形地貌、河流湖泊、植被特性等自然特征；结合场地空间形态设计，创造有价值的弹性空间和动态体验，把城市与自然、历史与未来联结起来，来实现景观的生态弹性功能、社会弹性功能和文化弹性功能。动态城市设计坚持整体优先的可持续发展原则，尽量采取自然生长的组团布局结构，在组团之间保留永久性的绿色开放空间，预留弹性的绿色空间和发展备用地，以应对城市未来发展的需求；结合人的聚集特征和现实需要，鼓励紧凑集中和有机分散相结合的土地发展方式，鼓励土地立体化开发和功能混合利用；城市的建筑群体布局应与城市固有的山形水势有机结合，从宏观层面构建具有地域特色的自然山水格局，为塑造理想的城市空间形态奠定基础。

3.3.3　环境影响评价

环境影响评价是动态城市设计得以实现可持续目标的重要手段。

环境影响评价就是在规划、设计、管理和施工相关的各种活动中对那些能显著影响环境条件的因子进行评估的过程，是贯穿动态城市设计与决策全过程的重要环节，不仅是工程设计审核和控制的依据，更应该成为城市设计师在设计过程中自觉运用的修正决策的方法和工具。城市设计的环境影响评价是将客体环境作为对象，通过科学的方法预测和判断城市设计实践活动给城市带来的任何有益或有害的变化，并以此为依据来调整设计、辅助决策，通过一系列强有力的控制和补救措施使负面影响降到最低程度。可见，环境影响评价是城市设计介入城市生态和环境议题的重要程序与渠道。L. S. Cutler 和 S. S. Cutler 在针对环境持续发展的呼吁中指出：城市设计是，或者说应该是，带有环境评估的动态设计过程，并提出了一个以环境评价来推动的城市设计程序。林姚宇于 2007 年将城市设计项目归置成两类，一类是一般设计项目，另一类是典型设计项目，并且分别归纳出相应的环境影响评价程序作为参考。

　　在一般设计项目中，建立以环境影响评价推进的实践程序。雪瓦尼将城市设计中的环境研究和规划内容当成是一种重要的程序课程，应该建立由环境影响评价来推进整个决策程序（图 3-28）。城市设计的环境影响评价按照阶段的不同可分为立项阶段环境影响评价（预测）、方案选择环境影响评价（预测）、建成环境影响评价等，也就是说环境影响评价是贯穿城市设计项目全过程的。一般来说，环境影响评价包含生态环境影响评价，生态环境影响评价因子是一个比较复杂的体系，评价中应根据具体情况进行筛选；在城市设计操作技术中，环境影响评价因子同生态环境影响评价因子间既有联系又有区别，后者在污染调控、形态和功能基础上更加强化能源使用、自然生态、物理联系等环境因子，此外还包括生态安全性和生态健康性指标等。

　　在典型设计项目中，建立以生态环境分析和评价推进设计程序。所谓典型生态城市设计项目，是指设计中以生态为主导设计概念或主题之

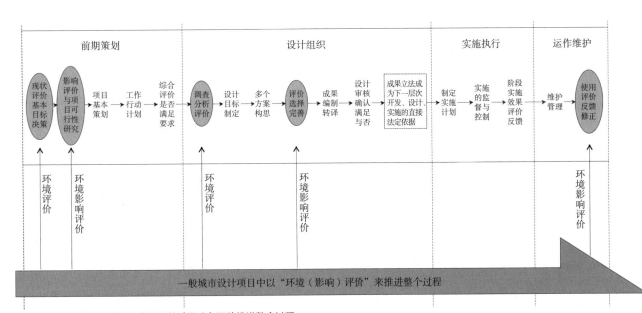

图 3-28　一般城市设计项目中以环境（影响）评价推进整个过程

一，将解决环境生态问题作为工作重点，其设计区域或者是具有良好的自然生态条件和较强的生态敏感性，或者虽然现状条件一般但却对环境生态质量要求较高。在此类项目中，主张以生态环境分析和评价来推进生态优先的设计程序；其中，生态环境影响评价方法可以用于对设计方案中的土地使用、空间组织、自然利用等因素可能带来的生态环境影响进行预评估，从而为方案优选和最终决策提供依据（图3-29）。

城市设计作为塑造城市空间环境的一项工作，开展相应的环境影响评价是必须的。环境影响评价是城市设计将生态和环境议题纳入决策范围的重要基础，为整个城市设计过程运作提供了科学依据。生态学和环境工程学十分重视环境评价环节，从宏观角度针对规划行为的现实可行性进行分析与论证，并且从项目一开始就介入有效的程序，促使相关部门在规划与政策制定时综合考虑规划设计与环境保护之间的关系，以此作为城市建设过程中各项决策的依据，切实采取有效对策最大限度降低对生态环境与资源的影响。麦克哈格、芒福德和其他环境规划运动倡导者一直关注城市设计与生态原理的关系，认为自然生态进程的分析和评价为规划和设计提供了不可缺少的基础。

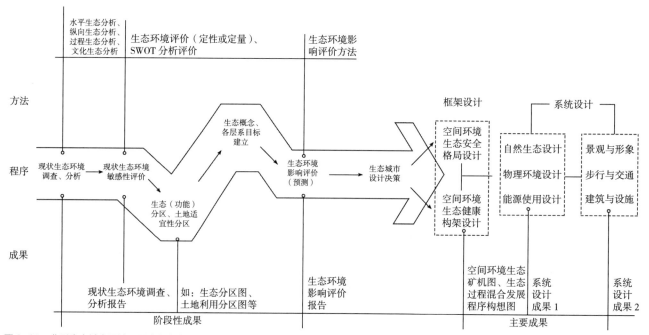

图3-29　典型生态城市设计项目中以生态环境分析和评价推进的城市设计程序

3.4 动态城市设计方法

动态城市设计需要动态设计方法。动态城市设计以可持续发展为内涵,遵循社会经济发展规律和生态环境的自然法则,在数字技术的加持下综合运用空间形态、历史文化、自然生态等技术维度的方法论原则,总结出以流定形、区域共生、数字推演和数据增强等动态设计方法,为动态城市设计实践探索提供有所助益的参考和借鉴。

3.4.1 以流定形的设计方法

1. 理论内涵

城市设计要坚持科学理性与人文关怀相结合的价值观,研究城市空间形态的形成机制是城市设计科学理性部分的核心议题。吴志强院士在"2015(第十届)城市发展与规划大会"首次提出"以流定形"的城乡规划新理念与方法雏形。"形",即形态,是形式与状态的复合。

现代建筑遵循的功能决定形式的核心内涵,即在建筑中组织各部分功能的流程在空间中的布局形式,要素流动的规律决定了建筑空间的组织和塑造。现代建筑大师赖特提出"流动空间",既是典型的从艺术角度总结流动性对建筑设计的重要影响,延伸到城市设计领域中对空间序列、节奏、韵律等的追求,也是设计对流动性的回应。

城市设计关注城市整体的运行,即在城市中组织各种功能的流程安排,要关注人流、生态流、物流、产业流、信息流等五类要素在各个尺度层次上的分布和作用机制,其运行跨越空间和时间维度,能够显现出驱动城市短期运行和长期转型的变化动态。各种要素流动方式决定了城市资源和要素的组织模式及其空间形态。城市设计借助于人机互动的数字化技术和多源大数据分析研究城市复杂巨系统中各个要素流动影响空间形态形成的规律。在自然生态领域,伊恩·麦克哈格(Ian McHarg)、迈克尔·豪(Michcel Hough)、约翰·西蒙兹(John Simonds)等对生态要素流动规律和过程的认知极大地丰富了城市设计在人与自然和谐发展方面的认知与方法。[9~11]美国现代景观学之父弗雷德里克·奥姆斯特德(Frederick Olmsted)最具前瞻性的波士顿翡翠项链工程将波士顿已有的九大公园和绿地串联起来,形成连续的景观生态系统,提高城市生态要素和人的活动要素在城市范围流动的便利性,从而极大地改善城市环境和活动的丰富性。我国的山水城市是钱学森先生于 1990 年首先提出的,结合中国传统的山水自然观和天人合一的哲学观基础上提出的未来城市构想,是在现代城市文明条件下人文形态与自然形态在景观规划设计上的巧妙融合,遵循"自然流动"过程,使城市的自然风貌与城市的人文景观融为一体。

城市公共空间就是各种要素的容器与流动的通道，正如容器的设计应该适应流体的特质，城市设计应该依据城市空间中要素的流动规律。[12]在城市形态形成过程中，凯文·林奇在《城市形态理论》中提出"流"的形态生成秩序思想，在有机的城市空间中灵活地捕捉新的生长现象和信息，形成城市空间动态系统的自组织、信息反馈，并对城市的生长作出反应，促使城市空间向有序方向发展。同时，在环境允许的最大范围内反复修正以最优的解决方案应对动态过程中的秩序与变化以求得最大发展。

英国著名的理论地理学家迈克尔·巴蒂（Michael Batty）曾指出：想要认识城市空间，必须先认识流。[13]通常我们所认知的流有两层含义：一是运动的物质，即流体；二是流体的运动。也就是说，流不只简单地理解为流动，还包括科学意义上的运动和变化，并且这种运动和变化与空间发生联系，形成一定的空间形式被称为"流空间"。

"以流定形"的城市设计方法，遵循要素流动规律决定城市空间形态的方法论内涵，挖掘城市表层形态下隐含的经济、社会、生态等流动要素，从要素流动规律出发推进城市空间形态的研究和设计工作，依据从要素分解到系统耦合的总体逻辑，包含识别影响要素、单一要素流分析、复杂要素流耦合、流形耦合、空间校验和时间校验等多个环节，从而制定和总结出城市发展模型和方法，以指导城乡规划发展走向理性与科学的新范式。[14]其中，如何选择最优的多系统耦合方式，实现最小的工程量，达到最大的空间价值，是评价空间形态设计优劣的重要标准。在实际工作中，这些环节经常需要往复运行、反复求证，以取得最优解。[15, 16]

1）影响要素分解：首先需要识别与城市空间形态密切相关的关键要素，将单要素的运行分离出来进行分析；

2）单要素流分析：研究和判断这些关键要素的运行规律、状态和发展趋势；

3）复杂要素流耦合：人流、车流、物流、日照、风向、水流、潜在污染要素等城市设计关注的单要素流之间具有复杂的相互制约关系，多要素流耦合是在充分的单要素研究基础上，在有限空间内以最优的方式布局具有不同空间竞争关系和合作关系的不同要素；

4）流形耦合：要素流塑造城市形态，城市形态又影响要素流的运动，这是城市不断交互进行的两种典型作用；

5）空间校验和时间校验：城市设计的效用校验是整个方法体系中的必要环节。

"以流定形"的城市设计是一个循环推进的设计方法和过程，逐步逼近最优解，在达到某种各利益攸关方都可以接受的方案时，予以确定和实施。在综合校验的基础上，对特定城市设计进行评价，从而确定是延续既定的城市设计工作，还是循环到之前的工作模块中进行往复的新方案设计。

2. 实践应用

随着时代的发展，城市设计不仅关注空间形态的美学原则，更加注重空间形态与自然环境的耦合研究。基于科学的要素分析构建可持续的发展框架，把城市设计和城市发展与自然生态要素有机结合，遵循自然要素流动过程，处理好空间形态和自然要素的耦合关系，维持城市格局的内生动力。

在辽东湾新区城市设计中遵循"以流定形"的设计理念与方法。因循水流，构建生态网络格局，确定城市发展模式。以景观生态学和低影响开发理论为主要理论依据，遵循区域现状水文条件和循环过程，以水文过程模拟（SWAT）和地理信息系统（GIS）为主要技术手段，建立水文模型数据库，划定生态用地范围，运用土地利用情景模拟的分析方法，确定了既能保证社会经济发展又对水文过程干扰较小的建设用地规模和水土共轭的发展模式（图 3-30）；因循风流，优化空间形态，提升微环境舒适性。基于风流环境条件，建立气候数据库，选择地理、气象和规划信息数据作为 GIS 平台的基础数据；划分气候适宜性分区，通过分析气象数据、地形图、生态网络图、高程和植被等地理数据，得出热负荷分布图（图 3-31），判定辽东湾新区的风流通潜力（图 3-32）；建构城市风道格局，耦合蓝带网络、绿脉网络和道路网络，形成复合型城市风道网络（图 3-33）；优化城市开放空间布局，运用 CFD 技术对城市总体布局进行风环境模拟，找出开放空间中存在气候环境问题的区域，通过调整空间形态优化开放空间布局，提升城市微环境的舒适性。

"以流定形"的城市设计方法通过与大数据分析相结合，建立与规划

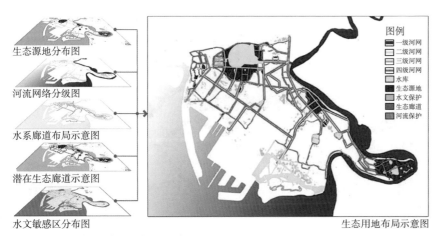

生态源地分布图

河流网络分级图

水系廊道布局示意图

潜在生态廊道示意图

水文敏感区分布图

图例
- 一级河网
- 二级河网
- 三级河网
- 四级河网
- 水库
- 生态源地
- 水文保护
- 生态廊道
- 河流保护

生态用地布局示意图

图 3-30 辽东湾新区生态用地布局示意图

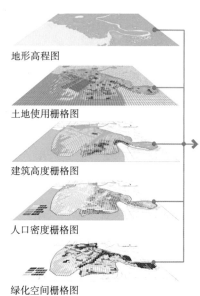

地形高程图

土地使用栅格图

建筑高度栅格图

人口密度栅格图

绿化空间栅格图

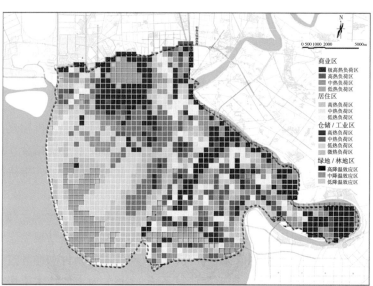

叠加高程、用地类型、人口密度、绿化空间，得到辽东湾新区热负荷分布图　　　　热负荷分布图

图 3-31　辽东湾新区热负荷分布图

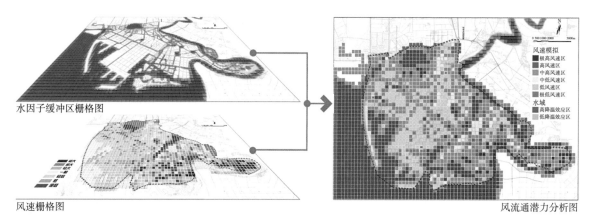

水因子缓冲区栅格图

风速栅格图

风流通潜力分析图

图 3-32　辽东湾新区风流通潜力分析图

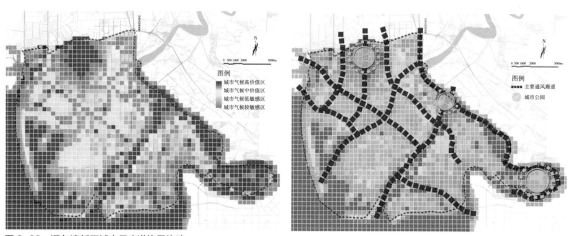

图 3-33　辽东湾新区城市风廊道格局构建

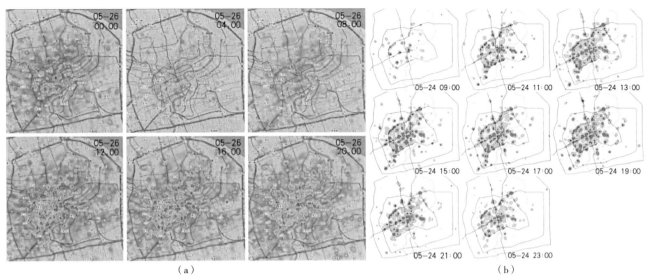

图 3-34 百度热力图
（a）图分时图；（b）矢量图

决策的对接。以确定城市用地布局为例，传统数据分析内容通常包括土地价值分析、土地混合度、用地布局变化、城市区域布局、城市用地量变化、生态敏感性等，但在今天的大数据时代，有大量接口可以填补传统规划数据缺失的空白，如百度地图 POI、百度热力图（图 3-34）、社交网络城市间关系、小区楼盘价格、百度（腾讯）LBS 数据、百度指数·城市间的关注度、Open Street Map 开源地图等，基于对此类数据的分析可以为城市区域布局、用地布局变化、土地混合度以及土地价值分析和评估等提供参考。

综上，"以流定形"的城市设计方法是一个动态推演和循环渐进的设计过程。随着计算科学的高速发展和大数据在规划设计领域的广泛运用，伴随城市设计形成、发展全过程的"以流定形"方法得到更丰富的数理研究工具的支撑，在王建国院士提出的城市设计第四代范型发展进程中将越发凸显它对于城市设计学科发展的重要价值。

3.4.2 区域共生的设计方法

1. 理论基础

"区域"的英文"region"的拉丁语词源是"regō"，其含义是规则（Rule）、统治（Govern）。"区域"一词从开始就暗含了控制性与界定化的意义，划分与周围地区有显著差异的空间。"区域"在不同学科领域存在不同的定义和使用。

在人文地理学领域，"区域"一般指的是具有某种共同属性和内聚性的地理空间划分。在经济地理学、文化地理学、政治地理学等不同分支中，对区域的划界方式是以学科研究的对象为基础的，如经济地理学中的"区域经济学"所研究的"区域"按人类经济活动的空间分布规律划分。在人文地理学中，区域划分的范围通常是跨城市尺度的。

在城市规划领域，"区域规划"是城市规划的分支学科，研究为实现一定国土区划范围的开发和建设目标而进行的总体部署，给城市规划提供有关城市发展方向和生产力布局的依据。区域规划的对象是跨越城市尺度的地理空间布局研究，接近于城市地理学中的"区域"概念。在城市规划的"区域主义"理论中，区域是由中心城市和向外扩张的郊区共同组成超尺度的城市体，[1]特指一种超大城市的规划模型，是城市尺度的规划研究。

阿尔多·罗西在《城市建筑学》中提出"研究区域"（Research Area）的概念，将那些具有形式和社会特征同质性的城市地区视为"区域"，[2]城市中的不同区域在不同的发展背景下演化成具有差异性的形态特征。罗西所定义的"区域"是城市形式和结构的基本单元，形成城市内部有局部整体性的城市共同体，是介于城市与建筑之间的中观尺度的存在。

在万物互联的信息社会，城市建筑对于关联性的追求要远远强过差异性，从宏观的城市区域到微观的街块区域，作为"空间划界"的区域概念日趋模糊，我们需要一种更加开放的维度来适应越来越强化关联的思想。区域提供了一个新的维度，在宏观—中观—微观的不同尺度层级间，小到一个建筑单体的设计，大到一座城市的城市规划和景观规划。区域与特定的研究客体产生关联的宏观背景结构，随着研究客体的转换，挖掘关联结构来消解"划界"的僵局，使区域整体成为一个持续演化和生长的有机体。

区域共生的设计理念源自区域概念的关联化转变，脱离了纯粹的空间概念，转而形成一种放大时空尺度下的认知视角和思维方式，为城市设计提供了一个开放的结构性框架，关注设计对象与其所在区域之间的互动关系，并且作为设计出发点，优先确定外部关联结构，并以此构成设计项目的区域背景。一方面，区域空间中多元差异化的复杂状况丰富了城市和建筑设计的整体性操作；另一方面，城市和建筑对于既有区域的介入也影响了区域的结构及其演化。区域共生的设计理论从挖掘宏观结构中的物质与非物质形态潜能出发，判定和梳理设计项目的外部驱动力，以此确立设计对象在区域中的"位置"，以区域制约的回应、区域结构的介入和区域环境的衔接作为共生思想的实现路径，实现设计对象的可塑性、能动性和交互性。区域共生的设计思想既追求建筑之间整体关系形成的"深层结构"，也承认差异和冲突的现实是系统多元关联的基础。对于研究客体来说，区域是其宏观的上位结构，在更大尺度上实现自上

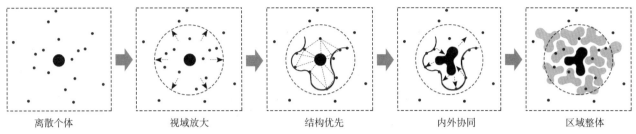

离散个体　　　　　视域放大　　　　　结构优先　　　　　内外协同　　　　　区域整体

图 3-35 区域建筑学的方法

而下的外部环境控制和自下而上的协同整合,这个过程的核心方法则可概括为"视域放大""结构优先"和"内外协同"三个基本阶段(图3-35)。

1)视域放大

关注个体本身拓展至新的视域维度,与研究客体形成相互作用的整体,从关联域中构建"关注整体、淡化个体"的设计观念,在新的视域尺度下发现制约和条件,整合设计问题,追问设计问题的本源,并成为建筑研究的出发点,尽可能寻求和区域形成自组织的局部整体,形成具有问题导向性的区域界定。

2)结构优先

分析区域中各要素相互作用的内在机制,提取结构性特征,从结构特征中分析问题层级,形成"分层梳理、循序演进"的设计路径。在放大的视域中发现区域的关联性,是建筑师进行区域性设计的核心。这个阶段的思考既是理性的选择过程,又是设计师主观的建构过程。抓住区域中主导性的结构特征作为优先条件,定位建筑在区域中的角色内涵;依托主导视域为制约条件,寻找条件线索中具有强关联性的结构要素。通过捕捉结构特征的内在机制,梳理结构要素的层级关系,发展出区域整体设计推进所需的外部驱动力。

3)内外协同

以区域的外部结构作为设计的出发点,构建开放的关联结构。通过外部制约与内在机制的共同作用,实现"双向适应、关联共生"的设计目标。在区域外部结构的作用力下,建筑个体呈现出积极的外向互动性特质,不同建筑间相互作用、相互渗透,区域呈现出彼此关联、紧密衔接的整体状态,以至于呈现出与之相适应的压力应变、弹性边界、接口预留等特征,以应对当代社会中不断变化的时空图景,为区域的当前与未来发展提供可参照的操作线索。

无论设计的价值维度是自然的、城市的、还是文化的,最终都需要通过具体的形式生成来实现和区域的互动、整合。区域共生的设计理念注重具有生成性潜力的外部结构,及其与动态转换的过程形成区域共生的过程模式。

1）融入模式

在区域的观念下，任何尺度的设计都要被放置在一个更大的外部背景中去检验，而检验的标准之一是设计对象能否融入既有的区域结构，成为区域整体的有机组成部分。对区域的融入并不是完全被动地模仿区域既有的形态模式，而是在对区域结构进行分析与诠释的前提下，创造性地和区域共同形成一个能够自我调节的弹性框架。在不同的尺度条件下，设计对象将面对不同格局的区域问题，需要以差异化的方式融入区域。在宏观的整体尺度下，对于区域生态格局的顺应和梳理是核心的关注点。生态都市主义把城市视为生态基底的一部分，参与到生态系统的循环机制之中，将自然生态结构和城市基础设施结构整合成为彼此互相连接的网络；在城市街区的中观尺度下，对于区域城市结构的延续和缝合成为问题的关键，利用城市形态学的原理，将城市肌理、层级、节点、路径的特征分析作为设计的前提。根据不同的区域状况，或延续既有形态结构，或缝合混乱的区域关系、织补破碎的片段关联，或进一步介入区域，促进区域空间形态的结构性更新。在建筑层面的微观尺度下，对于建筑形态要素的操作是融入区域的途径，涉及的因素包括建筑的类型、场所、色彩、工艺、材质等。面对特定区域环境时，遵循类型原则的同时保持一定的适应性，淡化个体的形态表现，关注局部融入整体框架的能力（图3-36）。

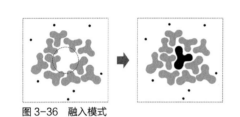

图3-36　融入模式

2）应变模式

建筑的应变是以原型的存在为前提的。所谓原型，是指在外部压力缺席状态下，由设计对象的内在驱动力建构的基本形制。城市层面上，这种基本形制意味着既有的城市结构范式；建筑层面上，原型则来源于抽象的形式类型、单纯的几何形体或基地限制下的可建体量。原型可以满足设计对象在缺乏制约条件下对于内部性的要求，但在复杂的当代城市现实中，在区域压力下的适应形变才是城市建筑的常态。[4]通过与当代城市的各种复杂状况之间建立关联，原型策略性地接受外部压力并对自身产生形变的驱动力。应变模式分为欧式几何的消减形变和拓扑几何的平滑形变两种。在消减形变中，设计对象顺应区域的压力作用，有针对性地局部退让，以获得建筑形态与区域的对话空间。通过对区域环境中各种条件的图解描述，其目的在于以形态的削减来疏导区域压力，强调对城市空间的衔接和引导。在平滑形变中，设计对象面对区域的外部条件时通过自身主动性的拓扑变形达到适应区域整体环境的目的。建筑在拓扑变形的过程中既回应了区域压力，又保持了内部系统的空间拓扑关系。设计对象对于区域的应变作用应是柔性可塑的，平滑形变正是对于这种关系的一种形态隐喻，形成和区域间有机的共存状态（图3-37）。

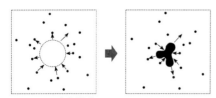

图3-37　应变模式

3）叠层模式

叠层的操作模式最早出现在景观设计领域，地表的多要素系统既相互关联又具备一定的独立性，需要通过子系统的拆分和综合实现多目标的统筹，通过各种信息的叠加提倡一种不单纯以美学为基础的生态化景观设计。[17] 当设计对象和区域被共同视为连续的基质时，城市空间中潜藏的多重秩序就成为塑造基质的叠层，叠层间的冲突或交融展现为形式的生成过程。叠层模式反映了当代城市多元混杂的空间特质，不同条件下形成的秩序在区域中共存，不同角度的诠释挖掘区域在各自维度的内涵，这些多重力量在场地中的交织，形成具有多重指涉的新场所。通过对区域线索的回应，设计对象成为一个被多次重复书写的场地，不同的作用力间形成透明的叠层。每种压力系统在叠加的过程中以一定的价值权重选择性地隐藏或显现，形成的杂交体具有各个分层的核心特征，并由此呈现出一种嫁接的丰富性。建筑师在叠层模式中体现出更多的主导性，从对区域秩序的挖掘，到多重叠层的作用，乃至对叠层隐现的取舍，都需要复杂而具有创造性的操作过程。在具体的操作中，覆盖、并置、折叠等策略将设计对象和区域联系成一种连续的新型基质状态，从而给城市的空间和功能组织带来更多可能（图 3-38）。

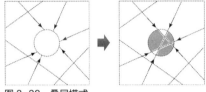

图 3-38　叠层模式

区域不是漫无边际的拓展，作为城乡规划、建筑学、风景园林学科共同的基础整合空间，它的边界需要能够引导城市发展形成整合化的系统，实现功能、场所与生态的整体性结构，达到自然、城市、技术的关联共生，将这样的基本想法能够贯穿整个城市设计过程的始终，而这一过程本身就具有一种动态秩序的倾向。许多建筑设计师重新审视原有的发展价值取向，重新思考绿色设计和生态建筑的内涵，充分利用植物、水、太阳能和风能等自然资源，以及当地的地形、地貌、气候与人文特征，为人类塑造一个能与自然和谐共生的空间环境。赖特的田园建筑和有机理论都是共生思想的理论基础，赖特认为建筑本身也具有生物般的生命律动，不着痕迹地贴近大地，与周遭天然景观混为一体。利用现代主义建筑的要素建构逻辑，解读和呈现中国传统文化，力求建筑的自然景观能够与建筑自身有机结合，并将自然延伸到室内，实现建筑与自然的对话，形成城市整体在自然环境中有机生长。"区域共生"致力于探寻一种从宏观到微观进行整体把握的设计切入方法，要求创作主体的视角从建筑内部的系统建构转移到区域空间系统整体关联的建构上，积极响应外部环境约束，思考如何以自然、气候和环境等外部要素作为前提，建立区域共生的绿色设计基础，以呼应当代城乡发展的可持续需求。区域共生的绿色设计重视环境的整体性与人置身环境中的感受和行为体验，着眼点是建筑在区域中的位置，注意区域空间的衔接问题，强调构成要素关系的组织，促使区域性设计中的各要素形成有机整体；梳理区域中建筑本体与外部环境的关联结构，以整体性的价值链条体现对外部环境、景观、空间异质性的包容和接纳，在自然格局、文化脉络、空间肌理等关联要素中形成生长、延续、衔接等共生品质，打造共赢的区域价值。

2. 实践探索

区域作为一种动态的宏观结构，是将建筑学拓展到战略性思考的载体，在不同的尺度和外部条件下发挥作用。开放的区域维度，是一种大学科背景下多维度复合的整体需求。基于这样的设计理念，我们更希望把区域维度的思考理解为一个整体视域下的积极互动，通过外部的驱动力来产生这样一种意象，来塑造一种具有开放性、弹性、有关联能力的城乡聚合空间来引导城乡发展。在具体的创作中主要考虑三方面的问题：一是区域的自然生长问题，二是空间的衔接问题，三是技术的关联性问题。

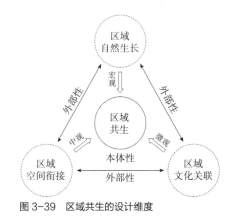

图 3-39   区域共生的设计维度

实践领域中，建筑学本体面对着三个主导维度的"外部性"，分别是生态格局层面的自然维度、物质环境层面的城市维度和精神归属层面的文化维度。不同的区域维度对应着不同的交互方式，从而发展出各自的操作策略（图 3-39）。以辽东湾的十年设计实践作为案例，针对以上三个主导维度进行批判性思考，将区域性设计作为根本出发点，从而为城市格局的区域化转型提供一种可能的参照。

1）自然维度：生长

从自然区域的视角，城市作为人工介入的后来者，应尊重和顺应原生系统的连续性，与自然系统协同发展，使其成为自然区域中有机生长的组成部分。以生态敏感性作为设计的前提，平衡生态容量，遵循自然过程，在此基础上形成城市结构，把自然脉络的延伸作为城乡格局生长的一种内生动力。生长，是一个动态过程，自然生长的设计理念在建筑设计领域一直存在且实践着。在区域的视野下，和自然生态系统的协同生长成为城市演进的过程模型。城市设计不仅是对城市最终形态的创造，更是一种融入生态系统的进程。如果城市是整体生态区域的一部分，那么城市应被视为随时间不断变化的弹性系统，城市的设计也应该符合自然生态的特点，处于持续性的流变和动态生长的过程中。[18]

在辽东湾的整体城市设计中，通过对自然现状的分层次评估，根据原生、次生和再生三种不同生态条件，决定城市对于自然的介入程度和介入方式。以自然地景为参照，顺应自然植被系统的结构，形成区域的绿脉网络，实现生态格局向城市空间的有机转换。以"绿网廊道"为骨架，将河流冲积形成的滩涂碱地，规划成以城市公园、休闲绿地、防洪堤坝为载体的多功能开放空间（图 3-40）；理顺自然水系，将海水、河水和湖水连接成兼具生态意义和景观效应的水体脉络（图 3-41），各个系统的协同叠加形成了总体城市设计的格局（图 3-42）。在实施过程中采用动态城市设计方法，明确各节点新增设计内容，引导过程性的生态控制，

图 3-40　辽东湾延续原生绿网设计

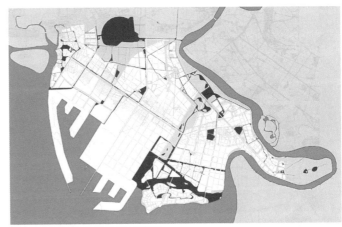

图 3-41　辽东湾顺应自然水脉设计

图 3-42　辽东湾总体城市设计

将"绿色设计"目标分阶段动态实现，形成绿色网络历时性的连续演进（图 3-43）。在宏观生态区域的结构化制约下，城市在自然的脉络中有机生长（图 3-44），城市和自然的关系也始终处于相互适应的反馈循环中。

　　2）城市维度：衔接

　　从城市区域的视角，设计需要在发展中解决与周边城市空间的衔接问题，将区域性的系统思考作为先导。在城市空间中，整体形态的塑造是一个动态演进的过程，每一个城市局部都有其诞生的独特时间节点。在这个时间节点上，作为其区域的城市空间已然作为建成环境存在，区域的后来者需要以既有的城市形态为前提发展出协同的形态系统。处于

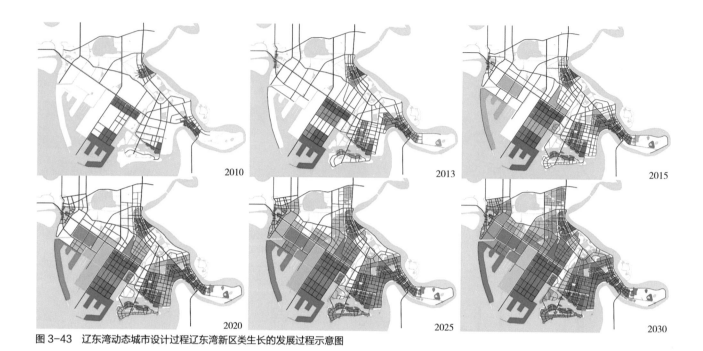

图 3-43 辽东湾动态城市设计过程辽东湾新区类生长的发展过程示意图

图 3-44 辽东湾核心区城市设计建成实景，城市在自然的脉络中有机生长

城市结构完整的区域环境时，既有环境存在丰富的形态信息，建筑师需要通过对城市的解读和诠释挖掘隐含的控制线索，建构具有区域连续性的城市空间。处于城市结构尚未形成的区域环境时，我们仍需要将区域性的思考作为设计的先导。通过整体性的设计，逐步建立城市未来发展的肌理框架、序列连接和空间接口，作为城市后续演进的参照和预留点。[7] 将城市形态生成视为一种历时性的建构过程，城市维度的区域视角保证了自下而上的空间衔接。

在大连理工大学辽东湾校区的城市设计中，作为辽东湾的先期启动工程，设计中强调区域内群落形态的肌理建构，在形成具有内生特征的城市空间的同时，确立新区未来发展的空间参照，成为城市文脉的重要支点（图 3-45、图 3-46）。在区域气候条件下，以围院式的"圈楼"布局应对冬季冷风侵袭，建立起特征鲜明的空间肌理，形成既符合寒地气候要求、又体现传统书院环境的群体空间结构（图 3-47a、b）。组群集聚式的布局是校区内公共资源绿色共享的前提，也是未来高校建筑打破专业界限、强调学科交叉、鼓励开拓创新的必然诉求。考虑到学生在漫长冬季中出行的便利性，在城市设计中引入贯穿校区始终的风雨长廊，结合中心水系，形成打破理性结构的灵活要素。在衔接区域空间方面，校区的规划设计强调边界对于外部区域的开放性，将设计视为城市渐进演

图 3-45　大连理工大学辽东湾校区整体鸟瞰

图 3-46   大连理工大学辽东湾校区城市天际线

化过程中的一个环节。通过重要空间节点的处理，为未来周边城市的发展预留衔接接口（图 3-47c）。首先，着眼于城市区域空间的连续性，通过"主教学楼—三进院落—南入口广场"的序列空间，实现从书院空间到公共空间的过渡，并进一步延伸至南侧的体育中心，在校园和体育中心之间形成共享的城市开放空间（图 3-48）；其次，凸显开放校园的理念，共享设施资源，将具有公共服务属性的图书信息中心和国际交流中心分别设置在校区的东北端和东南端，为其能真正融入未来的城市区域空间埋下伏笔；最后，在校区西侧临近规划滨水生态住区的部分，将具有与住宅相似尺度的宿舍区沿用地南北展开。与未来城市肌理的尺度衔接，同样是从区域整体思考的结果。在延续区域生态方面，由于校区毗邻大

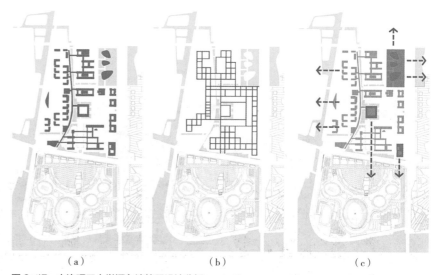

（a）　　　　　　　　（b）　　　　　　　　（c）

图 3-47   大连理工大学辽东湾校区设计分析
（a）图底关系；（b）肌理控制；（c）接口预留

图 3-48 校区和体育中心形成的城市公共空间

辽河入海口，基地周边拥有丰富的内河水网资源，将城市水体引入校园成为自然的选择，对校区场地上的原生芦苇植被也进行了最大程度的保留。"水"在这里不是简单的景观设计要素，而是基于区域全局的生态格局延伸，同时成为校园内部空间衔接区域景观系统的线索（图 3-49）。

3）文化维度：关联

从文化区域的视角，城市建筑作为城市记忆的物质载体，其形式特征是经过漫长的历史发展演化而来的，承载着城市的等级、族群和习俗等社会因素。这些社会因素会随着历史的变迁而消亡，但文化作为社会的意识形态，以一种精神性的"集体无意识"存留下来，构成了城市主体的心理空间。主体建立对于物质空间的归属感，需要在客体的塑造中再现区域的场所意义，而区域的文化维度成为统一城市主客体的中介。不同于自然和城市维度，区域的文化维度具有时空的跨越性，区域的选取并非依据空间距离的邻近度，区域文化的表达也不是显性的物质性存在。这就需要建筑师在文化区域的提取和界定上具有历史性的视野，挖掘潜藏在基地中的人文要素，抽取那些代表了集体场所经验的空间原型，通过对原型形制操作，唤起人们对某种生活方式和乡愁的回味，渲染出某种特定的场所情感关联，使得城市空间不再只是物质实体的简单组合，而成为有归属感的场所。

图 3-49 连接城市水脉的校园水系

在辽东湾城市文化展示馆的设计中，考虑到基地处于文化核心区多轴线的交汇处（图3-50），其区位决定了建筑将作为未来城市的"纪念物"而存在（图3-51）。在这一背景下，设计需要赋予建筑特殊的文化内涵，强化建筑在区域空间中文化维度的辐射性，凸显建筑对城市空间的能动性介入。在建筑空间处理上，通过对中国传统纪念性建筑的原型抽取，采用"方中嵌圆"的纯粹空间组合（图3-52），力求塑造一个具有精神内核的城市场所（图3-53）。城市文化展示馆由3层台基托起，当人们拾级而上、步入基座平台并沿轴线进入方体后，进入的不是实体的建筑，而是一个虚空的红筒，一个开敞而具有仪式感的城市中庭（图3-54）。在不同的光线作用下，围合圆筒的红色穿孔板展现出多样的表现力，静谧而幻化。红筒双层表皮之间的旋转坡道创造了全景式俯瞰城市的视角，这里既是建筑的空间，同时也是市民聚集的精神家园。由厚重的基座托起的方形主体内，容纳着大部分的展示空间。在建筑表皮的处理上，通过控制表皮孔洞的大小，在表面上抽象出辽东湾独特地景"红海滩"的画面意象，赋予了建筑地域认同的鲜明印记（图3-55）。透过建筑的穿孔板表皮向外远眺，城市的景观如同加载了一层红色的滤镜，在半透明的朦胧中体验传统窗花剪纸的现代转译。

总体来讲，好的建筑与设计，应该是与自然环境共生，与区域文化融合，回应现实的生活方式，实现自然、文化与设计和谐发展……区域建筑学是在交互关联化的社会背景下产生的设计观念，其目的是塑造设计对象与其区域间的新型互动关系。这种互动关系在自然、城市和文化

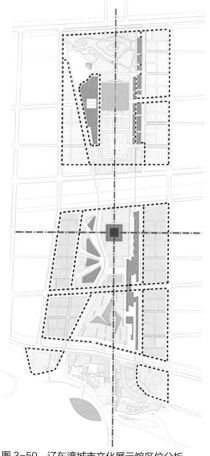

图3-50　辽东湾城市文化展示馆区位分析

图3-51　中心红桶对传统文化精神中"空虚"的表达

图3-52　方中嵌圆的纯粹空间对比

图 3-53 核心区的城市文化展示馆鸟瞰

图 3-54 城市文化展示馆剖透视

图 3-55 方形体量上的"红海滩"表皮

图 3-56　红锦天主题景观

三个维度下展开，以"视域放大、结构优先、内外协同"三个阶段为实现流程，在操作层面建立起融入、应变和叠层的动态模式。区域建筑学通过对传统建筑学的观念拓展，可以进一步丰富建筑学的理论和方法，从而更好地应对未来开放共享化的社会需求，实现一种从形态主导到过程主导的建筑学转向。

重视环境的整体性与人置身环境中的感受和行为体验，以整体性的价值链条体现对外部环境、景观、空间异质性的包容和接纳，在自然格局、文化脉络、空间肌理等关联要素中形成生长、延续、衔接等共生品质，打造共赢的区域价值。

辽东湾新区入城口区域是城市的重要景观节点，将环境中原有的自然地貌最大限度地保护下来，将艺术馆与外部环境的空间秩序关系作为思考的重点，水塘、芦苇、稻田和堤埂作为营造场所氛围的主要地域要素被统一整合，刚劲有力的"红锦天"城市主题景观安置于生机盎然的湿地环境中，体现了人工景观与自然湿地的共生，彰显了湿地城市特色和生态文化主题（图 3-56 ~ 图 3-59）。

图 3-57　与环境同构的一体化建筑景观

图 3-58　漂浮的红锦天

图 3-59　建筑形体与自然生境融合一体

3.4.3　数字推演的设计方法

城市设计的思想方法与技术工具紧密相关，不断演变的设计思想推动着数字技术的智能化发展。数字化的设计方法，将原先分属社会、文化、经济和自然等不同系统的城市基础信息矢量化整合处理在共享的数字化平台上，开展全信息的数字化推演和全链式的数字化体验，克服主观决断和实施低效的危机，实现跨越式发展，成为动态城市设计的重要工具和手段。在数字技术的驱动下，城市空间的内涵与形态正在发生日新月异的变化，城市设计领域从单一空间层面扩展为复杂多元多层面，城市设计视野从静态空间扩展至动态空间，极大地丰富了城市设计的过程和操作体验，为实现动态城市设计提供关键的技术支持。

1. 数字化技术工具

世界范围内以计算机应用为基础的数字技术已经全面渗透到城市规划和城市设计的各个方面，城市设计的数字化发展是伴随着现代计算机科学的发展而经历从无到有、从低级到高级、从单一到多元的演变历程，数字技术的跃升性发展从宏大尺度到精细尺度的空间层次和包括社会、经济、环境、人类活动等因素的空间形态综合研究能力，拓展了空间研究的深度和广度，强化了城市设计的定量化分析，完善了现代城市设计专业的方法体系、技术路径和作业方式，推进城市设计向理性化、科学化和智能化晋升，从根本上突破城市设计传统经验决策和技术方法的局限，在多情景的动态模拟中建立更加理性客观的分析方式和评判标准，帮助设计师从繁琐庞杂的事务性工作中解放出来，极大地提高了动态城市设计的动态性和能效，深刻影响城市设计学科的未来发展，日益产生和发挥了对于方法论而言具有革新意义的重要作用。

概括起来，数字技术在城市设计中的应用与发展先后经历了五个阶段（表 3-10）。其中，地理信息系统等软件的综合叠加运用和模型建构以及多情景动态模拟是动态城市设计在方案创作和实施管理中的重要手段。

GIS 将地理空间数据处理与计算机技术相结合，在城乡规划领域中广泛运用并发挥了重要作用，为动态城市设计提供进行数据采集、整理、分析、反馈等重要技术支撑，促进对城市设计方案的推演和结果的实时预测，是未来城市设计走向科学、精准、高效的重要路径。

第一，GIS 区别于其他信息系统的基本特征是实现空间查询与分析。空间信息数据库的完备和数据的合理组织管理是 GIS 空间查询和分析功能的基础，系统而适当的数据关联结构是 GIS 对于城市设计支持功能的决定性因素；第二，GIS 的重要优势就是完成对多源海量信息的高效组织和管理。从项目初始就建立起设计基地的地理信息数据库，以分图层的形式输入多源资料（图 3-60），实现对城市生态环境、历史文化、空间形态等

表 3-10　空间模拟的技术工具

阶段	方法	设计思想	技术工具	技术路径
1	审美理性和经验直觉	设计方案通过设计师的审美和经验来进行创造、评价、比较，依靠规划师的经验和直觉	AutoCAD、SketchUp、3Dmax	技术工具主要用来在计算机中绘制平面图形和三维模型
2	多情景模拟与比选	设计方案通过设计师的经验创作出来但是通过计算机辅助工具进行检验，理性评价方法得到发展	Ecotect、Matlab、Envimet、ArcGis、AutoCAD、Plugins	技术工具用来基于特定角度对规划方案进行评价
3	参数化建模	设计逻辑被抽象出来，其重要性得到高度重视，并且与形态设计的过程分离	Grasshopper for Rhino、Pro/Engineer、UGNX、CATIA、Solidworks、CityEngine	技术工具用来根据预设的算法和约束条件自动生成方案
4	动态模拟	设计方案基于即时的分析或模拟结果反馈以及规划师的快速判断，从而实现渐进式推演，兼顾主观创造与理性判断	Modelur for SketchUp、Grasshopper for Rhino、CFD、CityEngine	技术工具用来连接前端建模技术与终端设计，通过模拟分析动态反馈评价结果
5	信息模型	信息模型与平台作为城市空间管理的依据而贯穿于城市设计的全过程	Arc Gis、BIM	技术工具用来构建城市空间生长平台和城市设计综合管理平台等，动态监测城市空间演进

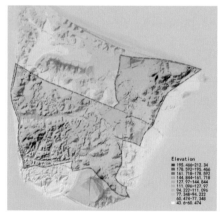

A. 高程

陶瓷谷范围内高程介于 40.5～162m 之间，北侧高程相对较高。高程为 40.5～81m 之间的地区占规划区总面积的大部分，地貌以丘陵、山地为主

B. 坡度

规划区范围内坡度分布于 0%～50.64% 之间，主要处于 0%～1.92% 的范围内，西南方向坡度普遍处于 21.09%～50.64% 之间，地形起伏多变较为破碎，宜规整成团之后加以利用

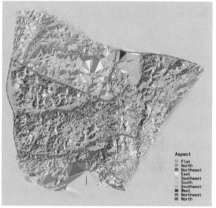

C. 坡向

此分析的目的通常是为了了解有多少阳光可照射到场地；规划区内多为平坦的地面，可以很好地保证阳光的照射，其他区域也可以根据坡向分析合理的布置建筑

图 3-60　中国陶瓷谷地形地貌分析

要素的系统组织和动态管理，结合各类仿真模拟软件辅助城市设计，构建一个真实直观、动态模拟的城市环境，为城市管理者实施科学的、人文的、生态的规划提供有力的决策手段，对城市设计实施情况进行实时更新；第三，GIS 是极具潜力和发展前景的基础性数字技术平台，能够与城市设计有关的多种技术、多种软件平台甚至多个工作阶段整合衔接，逐渐发展成为城市设计全息管理系统，不仅便于数据共享和互动操作，而且能够支持从宏观到精细的多尺度设计，进而逐渐改变城市设计的工作方式。

基于 GIS 的动态设计过程，在目标策划阶段，通过前期多面源信息采集与数据集成，创建三维综合信息数据库；在方案设计阶段，通过三维实体数据模型及空间分析与计算，支持城市空间形态的定量分析和动态反馈设计过程，以参数化方式制作成果图纸；在后期方案决策和评审工作中，Web 3D GIS 结合虚拟现实、增强现实等技术，支持可交互的方案评审和公众参与；最后以 GIS 数据格式递交设计成果，完善城市全息数字一体化平台，全过程参与规划设计管理，并可作为现状或上位规划资料输入其他城市设计项目的数据库（图 3-61）。面向城市设计的 3D GIS 及其关键技术是数字化城市设计的重要支撑。

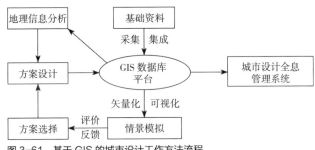

图 3-61　基于 GIS 的城市设计工作方法流程

城市设计师们越来越倾向应用先进的技术工具去探索城市问题的解决途径；比如运用互联网、物联网、卫星遥感等新技术叠加 GIS 技术，实时获取城市管控信息，支持管理决策的科学性。通过空间句法等功能分析方法、BIM 建模、虚拟现实及数字化模拟技术、网络技术与 GIS 系统的整合而逐渐发展的 ArcView GIS、3D GIS、Web GIS 成为城市设计应用 GIS 技术的主要发展方向，有许多专业软件都是以 GIS 为基础数据平台进行专业模拟和输出的，将城市地理信息集中到一个平台进行统一管理，进行三维数字城市信息系统的建设和管理，可以更高效便捷地发挥对城市的管理和服务。

动态城市设计从一个产品形态逐渐走向一种服务形态，从方案设计走向平台管理，信息技术的加持，使开放共享的平台操作迅速成为未来城市智慧技术发展趋势，数据、模型和平台必将成为智能城市设计的三个关键要素。从国土空间基础信息平台，到一张蓝图实施监督信息平台，再到具体的规划设计编制平台，各个参与主体都要积极投入并且掌握一定的技术储备与行业认知，提升动态城市设计的平台化管理优势。

三维物质空间形体与人的空间体验、分析是城市设计的重要内容。自 20 世纪 90 年代以来，"城市仿真"和"虚拟城市"等概念的出现和流行，标志着虚拟现实技术与城市设计实践的实质性结合（图 3-62、图 3-63）。

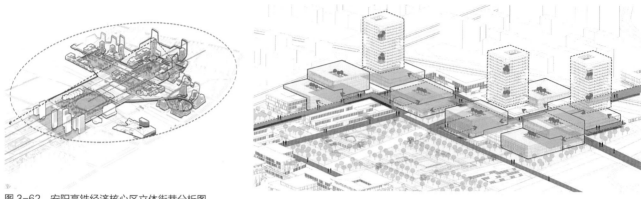

图 3-62 安阳高铁经济核心区立体街巷分析图

图 3-63 安阳高铁经济核心区城市设计

运用虚拟现实技术建立的模拟系统能够直观地表现三维空间以及形体环境，提供可感知体验和可视化表达，使人身临其境地切实感受到设计意图及其多情景模拟，特别是在动态模拟过程中变换不同设计参数以至在多种设计方案之间快速切换和分析比较，从而提高这一仿真模拟过程及结果的客观性和准确性。

以虚拟现实为代表的数字化模拟技术对于动态城市设计的意义在于，它的技术突破了物质实存与时空条件的限制，也突破了视觉分析的局限。自然生态意识在城市设计中的加强急需适宜的分析方法和研究工具。如何通过建立人与自然的和谐机制，充分利用城市现有自然资源和气候条件，形成良好的人地关系，提高城市空间环境质量和微环境舒适性，成为现今城市亟待解决的问题。

　　辽东湾新区城市设计通过对空间数据的高效集成、预处理、坐标修正建立了模型空间数据库，通过对属性数据的收集、整理、计算和统计后建立了属性数据库，最终构建辽东湾新区水文模型数据库（图 3-64），其中用到的技术主要有 GIS 数据处理和空间分析技术，SWAT 模拟技术以及一些辅助的数据处理软件，如土壤属性计算软件 SPAW、气象数据统计计算工具 pcpSTAT 和 dew02 等；之后在 SWAT 水文模型中完成了辽东湾新区水文模型的调试工作，验证了模型在辽东湾新区的可用性和模拟的准确性。GIS 技术拓展了城市设计对于复杂设计对象所包含的多因子、多系统的综合分析研究能力。辽东湾新区城市设计项目中在 GIS 的基地数字三维模型基础上叠加道路、水系、已建设用地等现状因子，进行三维可视化分析，结合加权因子评价法计算用地适宜性的综合数值，作为合理选择建设选址、保护生态资源、确定景观生态廊道等方面的依据。

　　城市微环境问题属于城市设计前沿的研究内容，涉及气候学、城乡规划、地理学、资源学等多学科的知识领域，加上城市体量巨大，情况

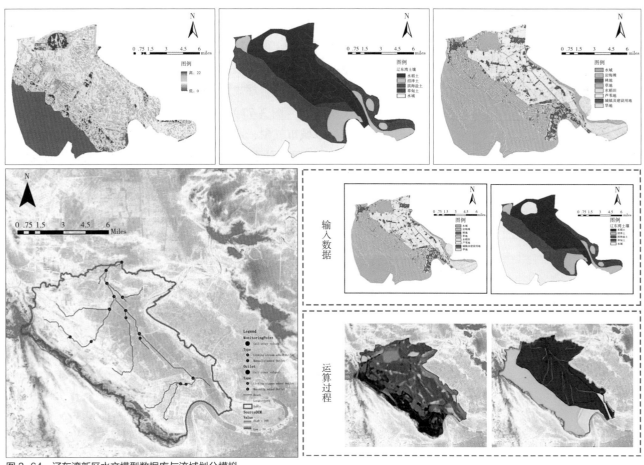

图 3-64　辽东湾新区水文模型数据库与流域划分模拟

复杂，因此传统的研究手段无法很好地进行城市热环境的研究。以往城市设计中对风、热等物理环境的研究主要还依赖于风洞试验等手段。随着科技的发展，遥感 RS（Remote Sensing）技术越来越成熟，空间精度和分辨率越来越高，空间分析能力也越来越全面。遥感卫星按照轨道的周期拍摄地球上任意指定区域的能力，使利用时间序列、地域序列进行对比分析的研究成为可能。遥感技术具有监测时相多、覆盖范围广、长期持续观测等优势，对城市宏观到微观的问题都可进行定性和定量分析。CFD 模拟有流场分析的手段，从流体力学的角度研究城市微环境的运行方式。将遥感技术和 CFD（Computational Fluid Dynamics）仿真技术相结合，对城市规划的改善优化措施，概念性设计进行数字化模拟研究和动态评估，可以完整和准确地对城市微环境开展研究。利用遥感技术可以帮助 CFD 技术调整参数，对模拟过程、模拟结果进行验证和调整，地表温度、蒸散等参数的反演方法在大范围研究时，具有足够的准确性。

同时，该方法着重考虑了自然下垫面在平衡城市热岛中的重要作用，通过数字化手段研究如何发挥自然下垫面在城市规划中的作用，改善城市整体风热环境以及局地微气候环境。当 CFD 的模拟参数设置调整到比较合适的状态后，其流场分析的优势得以发挥，表现城市的热场动力学机理和热环境运行状况，得出较好的城市热环境改进和调节方式，这是城市节能和空间环境可持续发展的新思路。因此，通过研究城市的微环境问题，分析生态资源的合理规划和利用，达到改善城市热环境、节约能源的目的（图 3-65 ~ 图 3-77）。城市风环境仿真模型是基于流体力学原理发展而来，以城市气象、地形、建筑数据为依据，针对城市规模的空气流动进行数值计算（仿真），得到城市各处空气流动的科学而且详尽的数据。由此可为绿建仿真提供准确的边界条件，弥补绿色建筑仿真数据的缺失，满足提高绿色建筑仿真精度的需求。城市风环境仿真还可以对已设计完成或已建成建筑进行绿色建筑标准审核，验证其风环境设计是否符合设计要求，和绿色建筑仿真模型互补。

总体来说，数字化动态模拟是一个人机交互的实时推演过程，经过循环演进得到符合预期的设计方案（图 3-78），其特征主要体现在以下几个方面：

1）过程性

智能推演的本质在于通过智能化技术手段建立快速的反馈机制，有利于把城市设计评价和预测更好地融入整个城市设计的过程中，避免过去采用的滞后的城市设计方案评价方法。

2）互动性

人机交互是智能推演的关键环节，通过更有效和更高频率的互动，用户可以持续控制每一步方案优化，逐步推演得到最终方案。

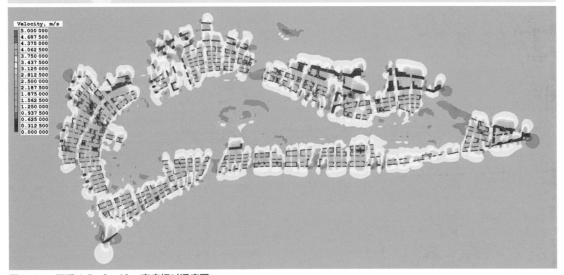

图 3-65　夏季 1.5、9、18m 高度相对湿度图

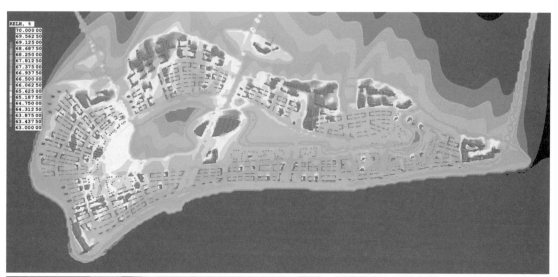

图 3-66 夏季 1.5、9、18m 高度风速

图 3-67　帛岛商业区夏季 1.5m 风速分布

图 3-68　金帛岛商业区冬季 1.5m 风速分布

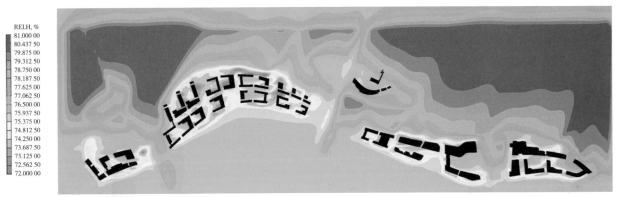

图 3-69　金帛岛商业区夏季 1.5m 湿度分布

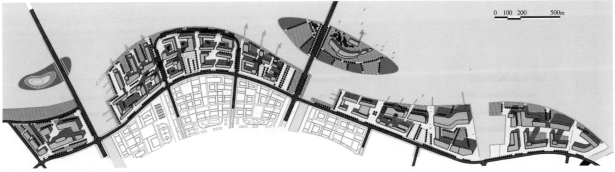

图 3-70　商业片区优化方案

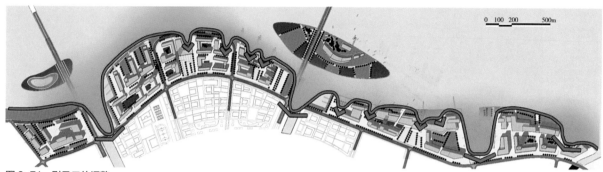

图 3-71 引风口的调整

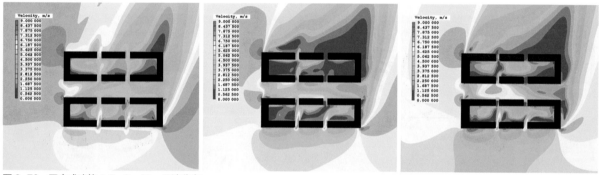

图 3-72 围合式建筑 1.5、9、18m 风速分布

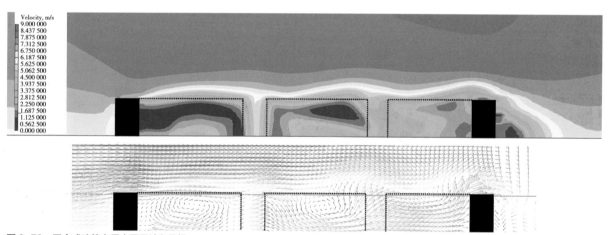

图 3-73 围合式建筑布局立面风速和风场

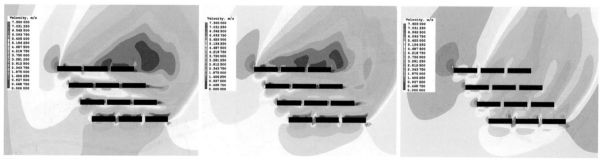

图 3-74 错列式建筑群体 1.5、9、18m 风速分布

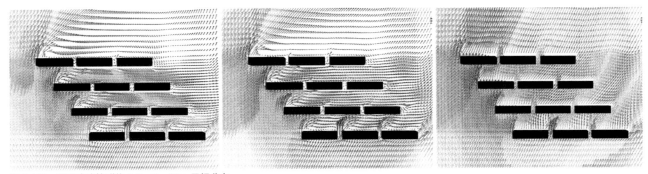

图 3-75　错列式建筑群体 1.5、9、18m 风场分布

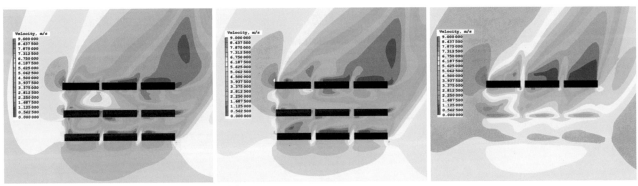

图 3-76　高度变化的建筑群体 1.5、9、18m 风速分布

图 3-77　高度变化的建筑群体风速和风场

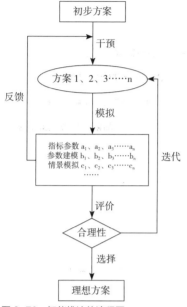

图 3-78　智能推演的流程图

3）即时性

计算速度是快速反馈的重要保障，只有在计算速度达到一定程度时，城市设计方案才能持续、快速地提供推演，从而提高设计过程的连贯性。

4）精准性

实时推演是一个设计方案螺旋上升的迭代过程，持续不断地对每一轮方案进行修正和调整，使设计方案具有高度的精准性。

虚拟现实的动态模拟技术与数字化集成平台有效结合，在设计方案和分析结果之间建立快速的互动机制，通过连续、高效的反馈，循环、迭代的模拟，有效评价方案模型、预测城市的未来状态，实现时间和空间的交互、现实与模拟的交互、即时与未来的交互，随着迭代次数增加逐步接近预期设计目标，最终提升城市设计方案科学性、预见性、准确性和高效率。基于数字技术的动态模拟是动态城市设计走向精细化的重要技术路径，是动态城市设计方法的重要内容（图 3-79，表 3-11）。

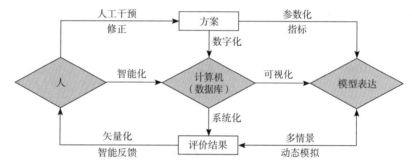

图 3-79　城市设计的智能化动态模型

表 3-11　若干城市设计方法比较

	多方案评价比选	参数化设计	实时推演
思想基础	矢量评价	算法生成	人机交互
设计方式	干预方案	干预逻辑	干预操作
主要智能技术	模拟分析技术	参数化设计、建模技术	建模技术、交互平台、模拟分析技术
智能化程度	低	高	高
交互过程	无	有	有
准确性	较低	高	高
实现程度	较为成熟	推广阶段	论证阶段
适用范围	全面、深入的城市分析，水平比较分析	理想城市模型	方案阶段推演优化、实施阶段评价预测

总体上看，国内外数字城市关键技术的前沿体现在开放性、交互性、全局化、智能化这四个方面。我国也已经初步建立了一个比较强大的数字地理信息系统基础，且单体建筑的精细化数字建模已达到较高水平，数字化追踪和实时监控技术日趋成熟，数字城市产品更好地结合城乡规划、建筑管理的需要。此外，分形理论、人工智能等理论方法的引入也预示着数字化技术正在从单一的被动表现转向综合的主动分析，从空间三维静态深入四维动态的研究，甚至在某种程度上代替人的主体进行思维，从而从辅助设计走向生成设计，这也是应当予以高度关注的重要方面。

2. 方法谱系与应用

当代城市正发生着内征性的转变，城市空间环境及人群行为特征变得日益复杂综合，城市研究者认知理解城市的方式也在由以往的静态视角向着数字时代下的动态视角转变。面对城市特征日益多元化、城市问题日益复杂化，数字技术方法因其动态性和灵活性成为动态城市设计的一个重要实现形式。随着越来越多的计算机辅助设计工具应用到城市设计的各个工作领域和各个阶段，数字化技术作为城市设计重要的技术支撑与工具已经能够覆盖城市设计的全程操作，并体现出明显的技术优势：一是全过程导入，向调查、分析、创作、评价、决策、管理运作等城市设计过程的全面延伸；二是多模型模拟，以建立于计算机基础之上的环境影响模型、经济发展模型等为代表的多维研究模型的创新性应用；三是集成化平台，以 GIS 技术平台为基础，整合三维可视化、空间分析模型、互联网等技术方法的多种技术的集成化发展和虚拟设计工作室的建立。在数字地球、智慧城市、移动互联网乃至人工智能等技术的推动下，城市设计的理念、方法和技术获得了全新的发展。数字技术正在深刻改变城市设计的专业知识、作业程序和实践方法，为真正实现动态城市设计提供强有力的技术保障。

数字化城市设计丰富和完善了动态城市设计的工作方式与方法。杨俊宴基于多年来对数字化城市设计及多源大数据领域的城市研究与深耕实践，提出了数字化城市设计的方法论谱系，从全局出发整体地把握各种与空间、资源、人文活动等方面的信息及其与城乡规划和设计相关意义的内容，以形态整体性理论重构为目标，以人机互动的数字技术工具变革为核心特征，在传统方案设计基础上通过人工智能辅助人脑判断和决策，结合人的需求与数据逻辑，充分的人机互动使动态城市设计的工作模式呈现非线性、智能化、交互式的操作特点，有效地响应城市设计不同阶段的目标与需求，为城市设计的决策制定和动态管理提供更为精准的研判和广阔多元的参与平台。

数字化城市设计极大地改变和创新了动态城市设计的成果形式和内

涵，特别是成果对于即时性、高精度和矢量化需求，同时城市信息模型和数据库已经刷新了动态城市设计的成果形式，促使设计成果完整转译为数字化要素（图3-80），初步实现从数字化采集到数字化设计，再到数字化管控的跨越，更好地辅助城市设计从单一的被动表现走向综合的主动分析与生成，实现更加智能和可持续的动态城市设计。

数字化城市设计作为动态城市设计的重要技术手段，通过构建城市设计数字化谱系、规则管控体系，进行数字化成果转译、数字化规则建模，系统性地将城市设计的全生命周期整合起来，综合运用数据模型、分析计算、协作互动、数据可视化相结合的技术体系，将城市设计精细谋划的三维空间无损转化为数字化空间（图3-81），建立一套面向实施与动态监控的城市设计数字化平台，将描述性的设计意愿和管控意图进行逐级梳理，使动态城市设计能够真正地"动"起来，对整个城市设计过程实行数字化运营管理与动态监控，为设计编制单位、城市决策部门、规

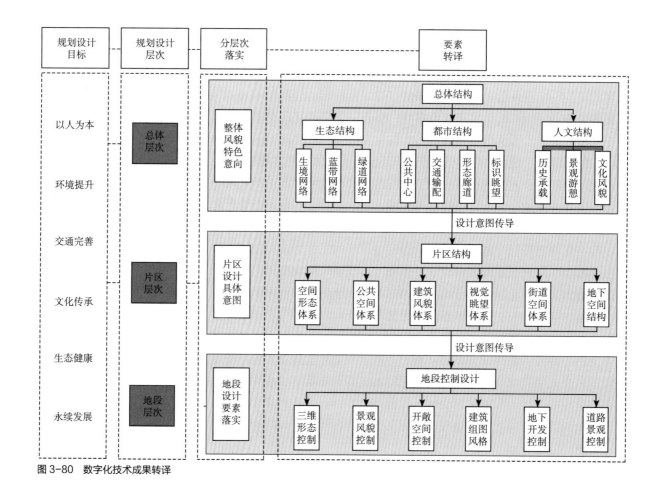

图3-80　数字化技术成果转译

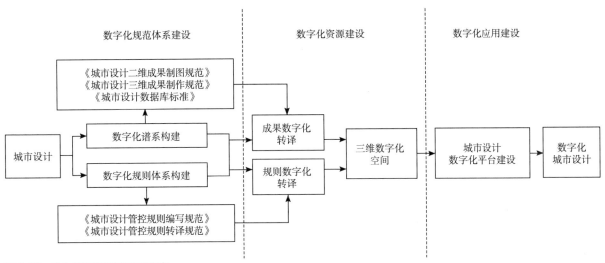

图 3-81　数字化城市设计的解决方案

划管理部门提供贯穿规划建设管理全过程的数字化规划编制、决策、管理与实施评估的技术方案，形成以数字化推演为基础，向上承接空间规划、向下贯穿规划建设管理的规划实施体系。

　　数字技术辅助参与的数字化城市设计不仅在内容上获得了全新的视角，同时在操作上带来了动态城市设计整体方法论的跃升。数字化技术在城市设计中的深层运用包括全流程的整体介入，全尺度的综合判断，多维度的关联操作，跨学科的精准交互和转译等，极大地推动了动态城市设计的全线运营和价值实现。数字化技术对于动态城市设计全过程的整体覆盖，构建了全数字化城市设计的技术谱系（图 3-82）。

　　1）基础性工作

　　主要有数字化采集、数字化调研和数字化集成等技术类型和手段，其中数字化采集包括建筑空间抓取技术、高清遥感影像技术、高程和等高线抓取技术等；数字化调研包括 GPS 定位技术、无人机航拍、网络问卷调查等；数字化集成包括格式、量纲、坐标系、精度、平台等方式（图 3-83 ~ 图 3-85）。

　　2）核心性工作

　　主要包括城市设计过程中的数字化分析、数字化设计和数字化表达三部分内容。数字化分析揭示出空间形态背后的规律，辅助设计师在动态模拟的过程中进行多轮验证、不断调整和优化设计方案，提高设计师对城市问题研判的准确性、时效性、客观性及可操作性；数字化设计是在完整的逻辑框架内通过数字化软件对城市空间的结构框架和三维形态数字化进行动态化建模，包含空间特色判定、空间原型分析、空间骨架建构、多元情景分析、多维因子叠加布局、参数化设计平台等

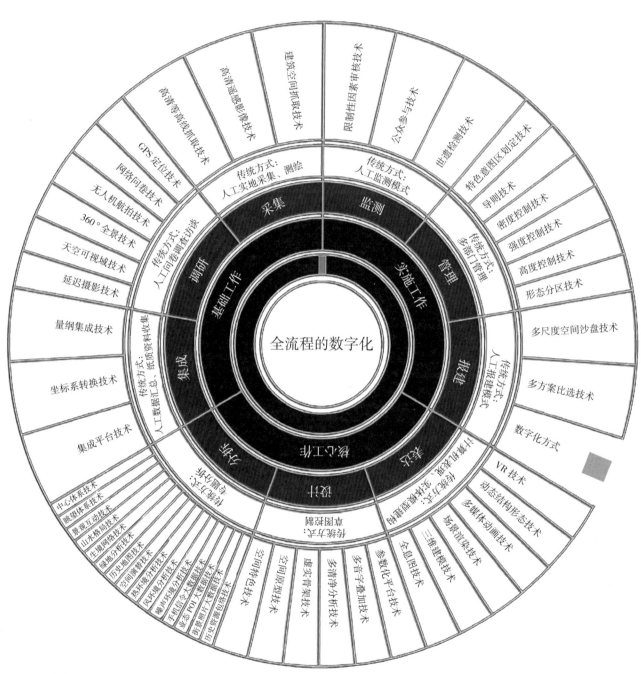

图 3-82 数字化城市设计的技术谱系

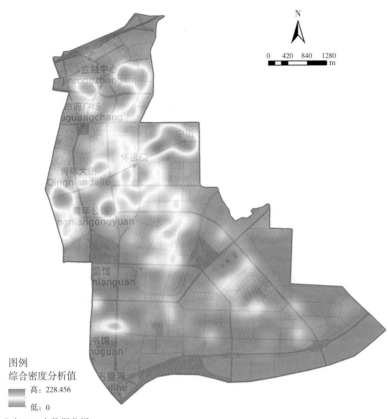

图例
综合密度分析值
高：228.456
低：0

业态 POI 大数据分析：
即通过相关软件采集并整合处理而得的海量城市业态坐标数据及空间分布的数据资料，资料
的内容包含所有业态点的地理坐标、业态名称、关键词等相关信息

图 3-83　业态 POI 大数据采集

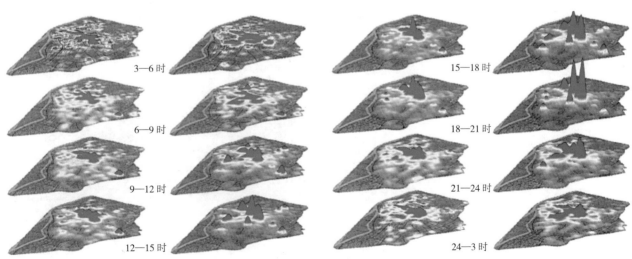

手机信令大数据分析：
分为静态与动态两类，静态一般包含以基站为基本单元，各个时段的手机用户数量的 txt 文件，动态手机信令一般指的是 OD 数据，包含各用户为基本
单元在不同时间段的起始空间位置记录数据

图 3-84　手机信令大数据采集

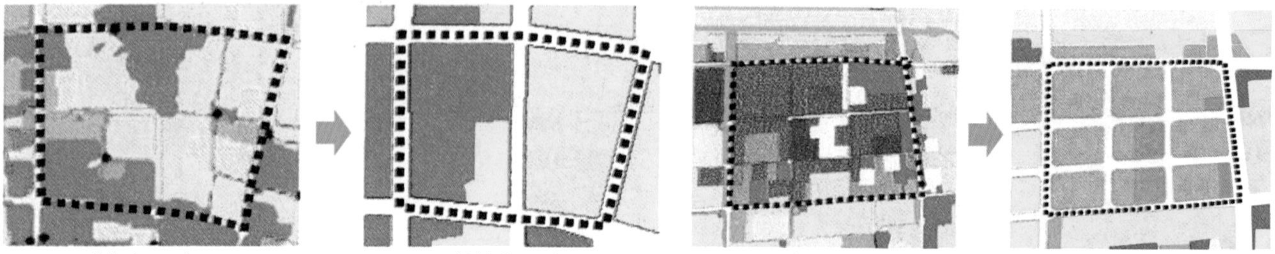

| 现状（2007） | 规划（2020） | 现状（2007） | 规划（2020） |

历史地图分析：
通过古籍查阅城市不同朝代的城市平面图，对比研究城市扩张与发展的历程，找出城市未来的生长方向

图 3-85　历史地图分析

（图 3-86 ～图 3-92）。以空间原型为例，城市空间原型是将城市空间形态在全球城市空间数据库的基础上进行分析计算，找出构成城市形态的最核心要素，进而将其拓扑演绎为高度抽象的数理模型。在此基础上，对同一城市不同时期的空间形态进行比较，获得城市动态生长过程中空间原型控制下的演替规律，以此为城市未来发展提供参考，降低主观判断导致方向判断错误，促使城市设计朝着更客观严谨的方向发展；数字化表达指在城市设计过程中运用全息交互、VR 虚拟现实等技术方法，多向互动地展现城市设计各个阶段的成果以及最终设计成果的表达方式，具有动态化和可视化等优势，特别是在向一些非专业人士展示设计成果时，相比于草图勾勒、图纸文本展示等传统表达方式，更加清晰直观地表达

多因子叠加模型：
将构成城市形态、功能、结构的不同因子进行叠加，结合权重辅助与设计过程

图 3-86　基于 GIS 平台的多因子叠加模型

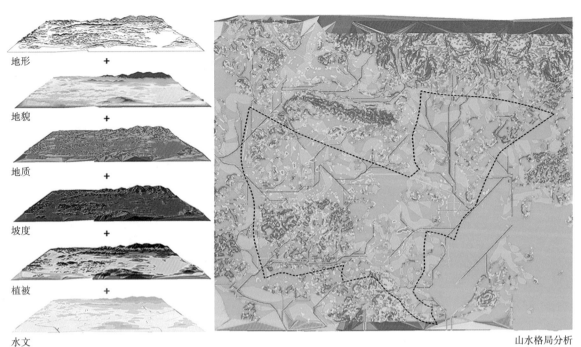

山水格局分析：
将城市的山体、水系等自然元素进行抽离，单独分析其格局形胜，挖掘形态特色

图 3-87　中国陶瓷谷总体城市设计生态适宜性分析

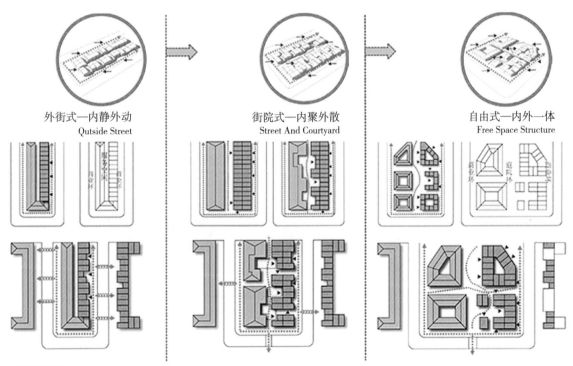

空间原型分析：
将城市的空间形态进行整理和归纳，找出构成城市形态的基本要素，进而将其演绎为简单的数理模型

图 3-88　空间原型分析

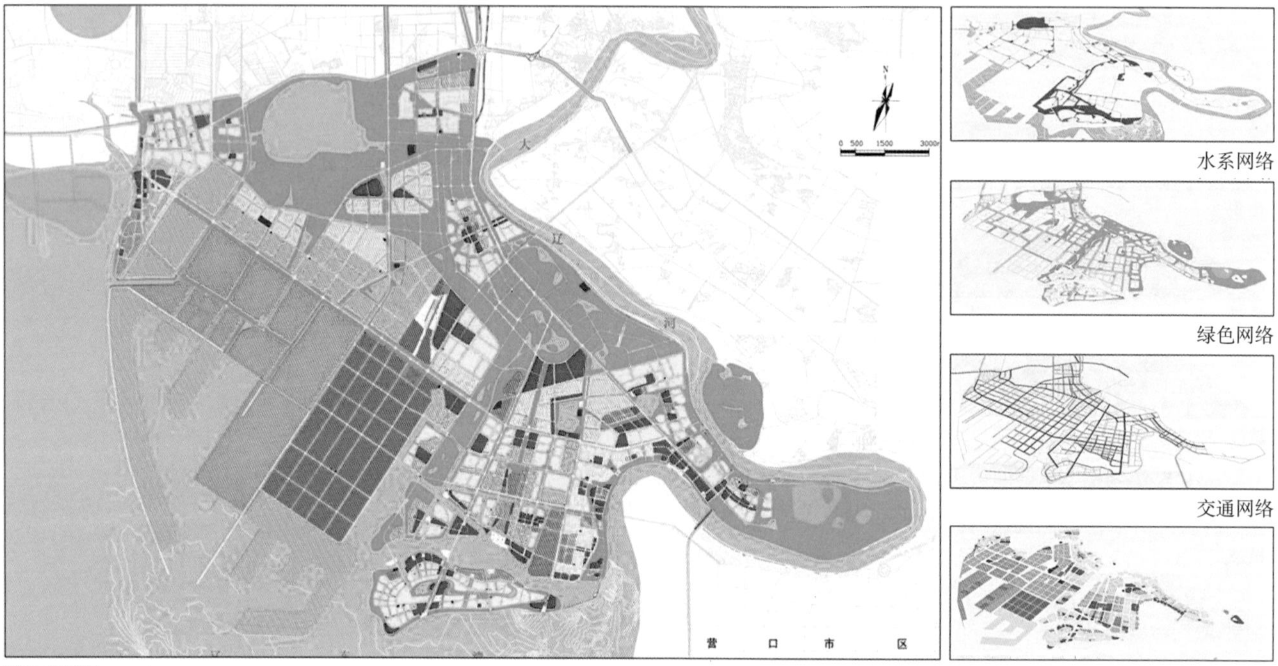

水系网络

绿色网络

交通网络

功能结构

用地布局图

多因子叠加模型：

将构成城市形态、功能、结构的不同因子进行叠加，结合权重辅助与设计过程

图 3-89　多因子叠加模型

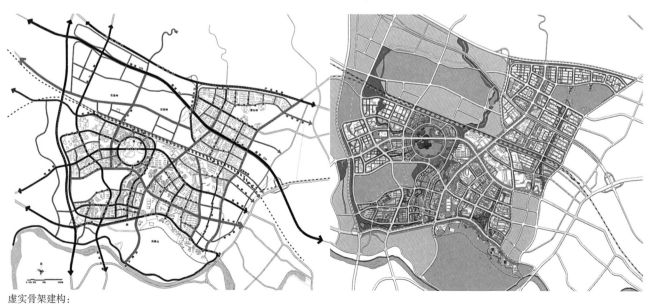

虚实骨架建构：

包含城市的实骨架与虚骨架两个部分，是构成城市结构的核心要素；通畅实骨架是城市的都市要素构成，虚骨架由水绿要素构成

图 3-90　中国醴陵陶瓷谷城市设计骨架建构

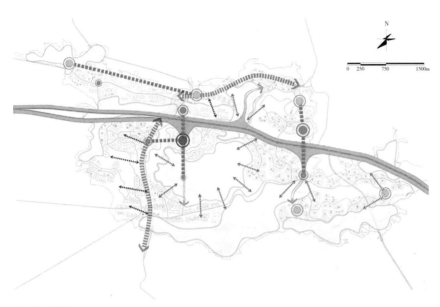

眺望体系分析：
标出城市中观景点与景观点的坐标，并将其有选择地连成眺望视廊，形成城市景观眺望体系

图 3-91　眺望体系分析

陶子湖片区·陶瓷装备产业园
◆陶瓷装备产业园主要生产陶瓷机械，陶瓷窑具，陶瓷窑炉等，对外提供先进的陶瓷生产技术和装备。

高铁片区·工业陶瓷产业园
◆工业陶瓷产业园，主要在特种陶瓷领域加大创新力度，开发高性能新产品，占领市场高地。

陶子湖片区·新型陶瓷材料产业园
◆新型陶瓷材料主要采用先进的技术生产高强度、高硬度、高韧性、耐腐蚀等，结构陶瓷和功能陶瓷。

陶子湖片区·精密陶瓷科技产业园
◆精密陶瓷产业园主要生产耐高温硬陶瓷，并进一步生产齿轮，刀片、基板、垫片、陶瓷壳等。

五彩瓷溪水巷·陶瓷创意工坊
◆陶瓷创意工坊主要是小型工作室，生产艺术陶瓷，配饰与文化产品。包括创意设计等。

高铁片区·日用陶瓷产业园
◆日用陶瓷产业园主要是延续产业基础，提高技术水平和生产效率，提高市场竞争力。

高铁片区·易碎品物流产业园
◆易碎品物流产业园主要作用是为各个档次的陶瓷产品在管理和物流通道等方面提供专业的物流服务。

全息图展示：
运用数据迭代的方式，对同一体系下的所有数字化分析成果进行集成化表达

图 3-92　全息图展示

出设计对于空间设想的意图和最终呈现的理想效果，最大限度使公众了解城市设计成果，辅助决策判断（图3-93～图3-95）。

3）实施性工作

主要包括数字化报建、数字化管控和数字化监测与审核，为动态城市设计的运营和维护提供技术支持。

（1）数字化报建

城市设计的数字化报建工作包括多尺度空间沙盘技术、多方案模拟和比选技术等。通过构建完整的空间形态谱系，将城市设计成果蓝图无

三维建模展示：
对城市建筑、道路等基础数据运用CAD、Arcgis等软件进行三维立体建模，模拟城市建成环境

图3-93 三维建模展示

场景渲染展示：
运用Photoshop、3DMAX等软件，对城市空间进行场景渲染，使场景更加真实、美观的一种表达技术

图3-94 场景渲染展示

VR 交互设计展示：
运用 360° 场景技术，模拟人眼视角观察设计地块全景，并进行交互修改空间形态，使人直观感受真实景观的表达方式

图 3-95　VR 交互设计展示

损转译为数字化标准和规则，在多尺度空间沙盘基础上，既可以单个设计方案的数字化审查，也可以多方案进行评估比选。数字化报建是基于网络数字化管理平台的一种报建方式，实现设计数据共享，打破设计成果信息孤岛的问题，增强各部门之间协作沟通，极大提高了报建审批的效率（图 3-96）。

（2）数字化城市设计的管控：数字化城市设计的管控工作主要包括空间形态分区、建筑体量控制、开发强度控制、形态密度控制、设计导则与特色风貌意向管理、重点项目管理等（图 3-97 ~ 图 3-99）；数字化管理指运用城市设计的数字化管理平台，运用动态呈现的数据集成将城市设计管控数据形成智能规则群，以精细化的颗粒度保证全尺度空间的三维控制精准度，提高管理效率与质量。

（3）数字化城市设计的监测和审核：数字化监测指运用城市设计数字化管理平台为城市管理部门及社会公众监督管理城市设计实施的一种工作方法。对于规划管理部门而言，数字化监测系统能够协助核查城市设计要点，对建设项目进行管控，同时对实施情况进行监测反馈；对于社会公众而言，数字化监测系统是优化城市设计方案的有效模式，是展现城市空间生长的最佳选择，也是收集公众反馈意见的直观途径（图 3-100）。

目前，我国的数字化城市设计研究和应用呈上升趋势，通过将城市空间环境要素的数字化转译，建构城市设计数字化管理系统，将有助于实现城市设计成果的动态监督和科学管理。但需要注意的是，技术不可能完全替代人对城市的感知和理解，应该全面结合实际交流体验，使技术真正成为城市设计的重要辅助手段，充分展现其实效性和全面性。

（a）

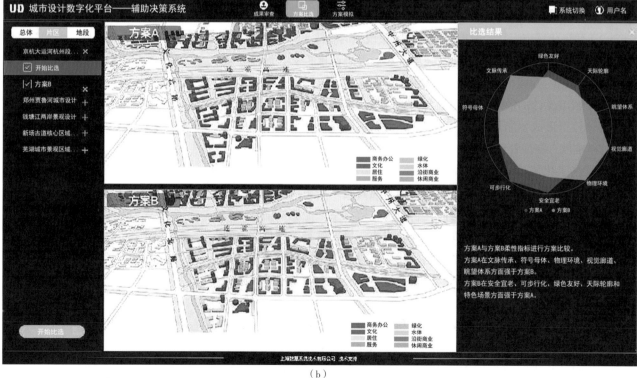

（b）

图3-96 数字化城市设计建模与方案比选
（a）多尺度城市设计沙盘建模；（b）多方案动态模拟、比选

高度分级阈值控制：
以高度作为研究对象对高度划分层级，以此为依据划定城市的高度分区，对不同分区提出不同的管控策略

图 3-97　建筑高度分级管控

强度分级阈值控制：
以强度作为研究对象对强度划分层级，以此为依据划定城市的强度分区，对不同分区提出不同的管控策略

图 3-98　开发强度分级管控

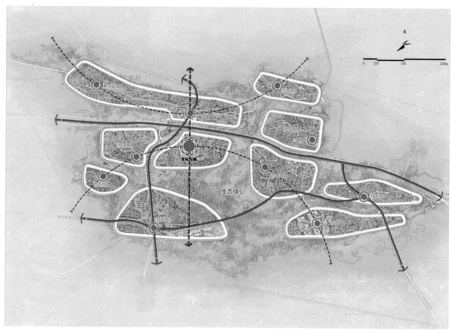

低层居住建筑肌理类型　　　　　　　　　　　　商业建筑肌理类型

工业建筑肌理类型

空间形态分区：
以城市空间不同街区的街区形态、肌理等要素为基准，划定城市的形态分区，对不同分区提出不同的形态控制策略

图3-99　空间形态分区

（a）

（b）

图 3-100　数字化监测的技术类型
（a）动态监测与反馈；（b）公众动态参与

3.4.4 数据增强的设计方法

1. 理论内涵

新的数据环境为我们观察和理解城市带来了新的角度和思考，数据增强设计（Date Augmented Design，简称"DAD"）是2015年由龙瀛教授研究团队正式提出的概念，在遵循经典的城市设计原则和理论方法基础上，不断完善其理论内涵与应用操作，运用新的技术理念和生动的数据可视化技术对城市系统运作的动态秩序进行定量认识与探索，增强的内涵主要在于对规划设计方法和过程更深层次的改进和增强（表3-12），持续的调整和优化是动态城市设计得以有效实施的一个创新方法。

表3-12   传统的规划设计与数据增强设计的关系

传统的规划设计	数据增强设计（DAD）
个人知识以及经验	个人知识经验结合实证定量分析
对预期实施效果不明确	预测实施效果成为可能
偏主观	客观结合、相互支撑
数据使用少	大量依赖数据
单个案例	适合推广到大场景
人群更均质化	异质需求和行为
操作实体较为单一（空间）	操作实体多样，注重协同作用
项目动机一般为空间开发	项目动机为改良城市质量
不利于沟通与公众参与	利于公众理解和参与
追求概括性（参照规范）	兼具通用性以及特殊性
自上而下	自上而下与自下而上结合
弹性不足	弹性规划
图纸 + 文本	图纸 + 文本 + 数据报告 + 效应评估
尺度断裂	尺度整合

一方面，数据增强设计是一种数据支持的技术思路。城市动态大数据包括手机GPS定位数据、手机信令数据、公交刷卡数据、机动车GPS数据、航空铁路班次数据、大型场馆与广场等城市开放空间人群数据等，能够在一定程度上直观反映出城市人群流动、交通流动的潮汐波动变化、空间集聚状态和人群聚散规律，具有高粒度、高精度、即时更新、连续动态等特征优势。动态大数据能够有效推动城市问题分析、城市空间模

拟、空间发展预测、空间运行评估和管理的科学化、精准化，促进从注重空间发展结果到重视空间发展过程变化的动态思维方式转变，提供认识空间问题、结构、特征、质量的新技术手段。基于动态大数据的数据增强设计改变了我们认知城市空间的传统视角，通过分析城市动态大数据深刻理解城市空间演替发展的内在逻辑和深层结构，揭示城市复杂形态背后的动态演化规律和结构模式。同时，在一定程度上规避城市设计中不切实际的设想，保证城市规划实践结果的科学合理性和可操作性。

数据增强设计方法论，是在人机交互的数字化城市设计理念基础上，进一步认知数据内涵，掌控数据环境，以定量化的数据支撑和智能化的数据管理，精细化空间的使用特征和人们的行动轨迹，通过定量模型充分整合利用传统数据和新数据，依靠强大的计算机运算能力，建立城市实体认知及复杂效应之间的数据关联，实现大量异构数据源的提取、分析、可视化以及预测，从而实现对城市设计的各个环节进行数据支持和动态监管。数据增强设计的技术特点包括两个方面：

第一，数据增强设计可以应用于城市形态空间设计整个流程的各个阶段，在空间形态分析层面，数据和城市空间模型的精确对应，避免了大尺度环境下分析结果失真：

① 在空间形态设计层面，通过设计要素提取及评价指数算法，增强了对规划成果的评估、比对，最终指导方案优化；

② 在空间形态成果层面，在传统成果之外增加了空间数据报告和效应评估，使规划成果更加科学可行。

第二，数据增强设计对城市设计成果的定量化、可视化、可编辑增强，城市空间形态设计已逐渐由方案设计转变为人机互动的空间形态数据平台设计：

① 定量化设计：深刻地改变了规划设计师看待城市的视角和方法，提供了一种超越个体空间感知的城市空间认知方法；

② 可视化表达：使规划成果更加公开透明，更容易被设计方、决策方、使用方所接受，增强了公众参与，有利于设计方案的沟通和落实，促进公众参与决策的协调，以达到多元主体利益均衡与社会、经济和环境的长期可持续；

③ 可编辑性强：有助于城市空间形态的进一步分析和动态更新优化，其建立的数据库可充分地对接下层次规划设计和管理。

另一方面，数据增强设计是对城市设计全过程的增强设计。数据增强设计的设计流程与动态城市设计过程有机融合，包括前期分析、评价、成果要求以及决策参与和管理实施的整个流程（图 3-101），并且建构一个动态的城市定量分析框架和一个定量的持续发展战略。数据增强设计作为基于定量城市分析的实证性空间干预，通过实时的动态数据分析、

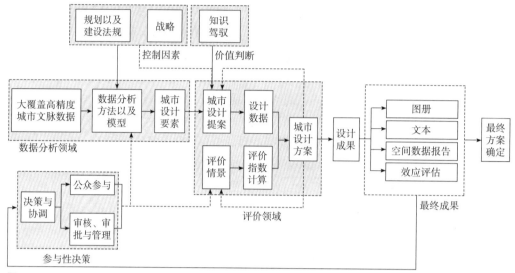

图 3-101　DAD 的一般流程

建模、动态情景模拟与预测，为动态城市设计的全过程提供调研、分析、方案设计、评价、决策、追踪等即时的数据支持和反馈信息，不断增强设计过程和结果的科学性和可预测性。在多阶段连续优化与多主体联合决策的过程中，提炼出最合适且有效的空间干预决策，达到科学性、可行性、时效性以及美学性的复合要求，最终提高设计方案的合理性、创新性以及弹性。

数据增强设计作为一种新的规划设计支持形式，致力于通过新的数据和算法支持，其技术优势在于对人的关注（Human Oriented）、大覆盖高精度（Fine-resolution with Large Coverage）和动态性（Dynamic）这三个维度，更深入认识规划设计场地的物质空间和社会空间（或建成环境与行为环境）的多维关系，常用的方法与工具主要包括：

①空间抽象模型：如空间句法（认知和环境心理）、格网划分法、节点法等，用以明确和适当地抽象空间设计；

②空间分析与统计：用以明确空间的统计学效应，比如常用的空间统计方法和密度法、插值法等；

③数据挖掘与可视化：如机器学习、社区发现、海量数据可视化；

④自然语言处理（针对社交网络数据）：如针对文本、关键词的趋势分析，对于事件、城市实体的即时评价等；

⑤城市预测模型：如元胞自动机、多主体模型等等，用以预测城市发展以及规划设计的近远期效应，城市的过程建模；

⑥参数化设计工具：常用工具有 ESRI CityEngine、UrbanSim、UrbanCanvas、GeoCanvas、NetLogo、Python、Rhino、Space Syntax 、Urban

Network Analysis Toolbox、ENERGY PERFORMA、BUDEM、Big Models、Grasshopper，北京城市试验室（BCL）正在研发的 DAD 工具。

2019 年，龙瀛和张恩嘉及其研究团队在数据增强设计方法框架基础上，从数据来源补充、城市生活与空间变化认知、规划设计响应等视角，提出智慧规划的流程方案，推动数据增强设计在经典城市规划与设计中的应用，开拓更新视角的规划设计方法（图 3-102）。数据增强设计可以全过程介入动态城市设计，在设计之初就搭建空间形态数据平台，辅助各个尺度城市空间形态的分析、设计及成果转化。在数据环境日趋成熟，技术发展飞速革新的今天，不断落实数据增强设计的研究框架，将有助于我们动态地理解未来城镇化发展的可能方向。

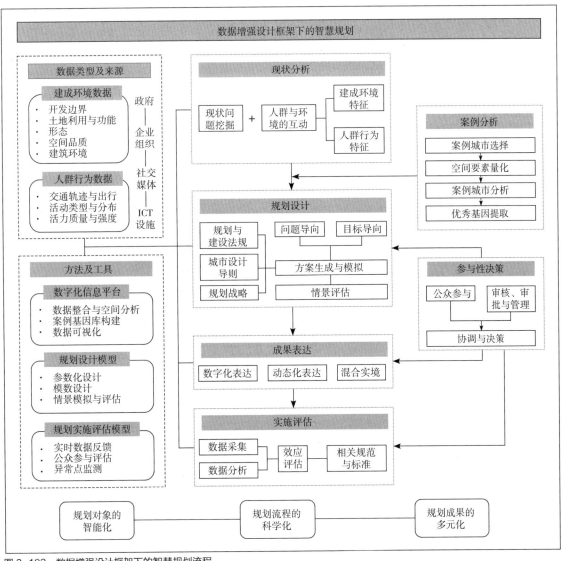

图 3-102　数据增强设计框架下的智慧规划流程

2. 数据自适应设计

数据自适应设计建立在数据增强设计的方法框架之上，是存量规划的背景下数据增强设计技术理念的一种应用形式（图3-103），其主要思想是将长周期的规划设计评估转化为短周期的空间反馈与空间干预，并在未来的城市建设中落实数据测度基础设施的建设，搭建以人为本的精细化订制大数据空间测度平台。通过精细化的数据反馈来实现设计方案和空间使用的可持续良性互动，形成"前期数据分析——方案生成——空间干预——空间测度——方案修正"的动态循环模式和自我修正机制。因此，数据自适应设计侧重于后置式数据的周期性反馈与全过程的螺旋式推进，并且每个阶段需要匹配不同频率的空间测度周期，以中短期的空间干预为主，通过短周期和高强度的空间反馈提高空间干预的效率；针对不同可变性和可塑性的空间采取不同的空间干预手段（图3-104）。

数据自适应是一个正在发展中的技术理念，其方法论体系构建与实践应用需要不断完善。理论层面，不断完善不同模式城市设计的空间测度数据类型库，探索数据反馈周期的机制；实践层面，现阶段数据自适应的技术方法主要适用于存量规划，相关典型案例较少，目前还处于初步探索阶段。未来将数据自适应理论不断落实到规划设计中，通过在城市空间实际搭建传感器和数据测度平台，得到人群使用数据和空间品质数据的反馈，从而动态修正或调整空间干预手段，也在更多的实践探索中检验该方法的科学性和实用性。

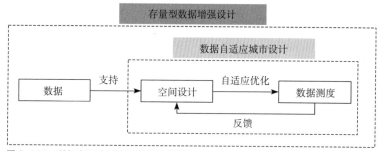

图3-103　数据自适应城市设计的基本概念

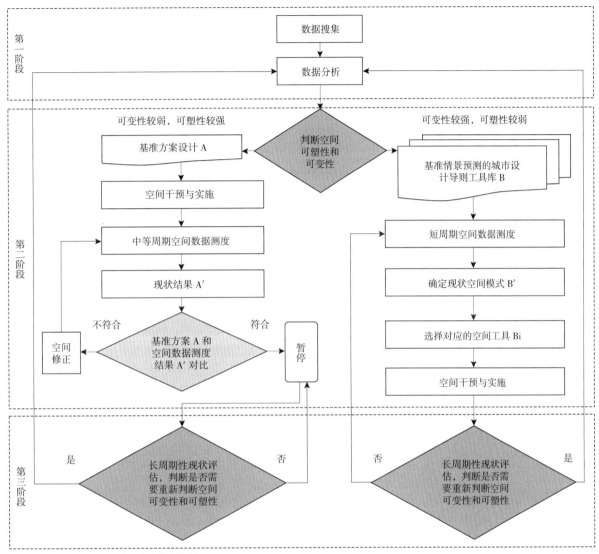

图 3-104 数据自适应城市设计的基本流程

参考文献

[1] 谷凯. 城市形态的理论与方法——探索全面与理性的研究框架 [J]. 城市规划，2001（12）：36-42.

[2] 段进，邵润青，兰文龙，等. 空间基因 [J]. 城市规划，2019，43（2）：14-21.

[3] 丁沃沃. 城市设计：理论？研究？[J]. 城市设计，2015（1）：68-79.

[4] Carmona M, Heath T, Oct, et al. Public Places Urban Spaces [M]. London: Routledge, 2012.

[5] Karimi K. A Configurational Approach to Analytical Urban Design:'Space Syntax' Methodology [J]. Urban Design International, 2012(4): 297–318.

[6] Mahmoud A, Omar R. Planting Design for Urban Parks: Space Syntax as A Landscape Design Assessment Tool[J]. Frontiers of Architectural Research, 2015(1): 35–45.

[7] S. Salat, F. Labbe, C. Nowacki, et al. Cities and Forms: On Sustainable Urbanism[M]. Paris: CSTB Urban Morphology Laboratory, 2011.

[8] C. S. Holling Resilience and Stability of Ecological Systems[J]. Annual Review of Ecological Systems, 1973, 4: 1–23.

[9] L. Mchargi, L. Mumford Design with nature[M]. New York: American Museum of Natural History, 1969.

[10] Hough M. City Form and Natural Process: Towards a New Urban Vernacular[M]. London: Croom Helm, 1984.

[11] Simonds J O. Garden Cities 21: Creating a Livable Urban Envi–ronment[M]. New York: McGraw–Hill Education Publishing Company, 1994.

[12] 杨一帆. 以"以流定形"为逻辑主线的城市设计方法论 [J]. 科技导报, 2019, 37（8）: 13–19.

[13] Batty M. The New Science of Cities[M]. Cambridge: The MIT Press, 2013.

[14] 张晓云, 谭兴业, 殷健, 等. 基于"形"和"流"的城市多中心体系实证研究——以沈阳市中心城区为例 [J]. 城市规划, 2016, 40（S1）: 50–56.

[15] 杨一帆. 为城市而设计——城市设计的十二条认知及其实践 [M]. 北京: 中国建筑工业出版社, 2016.

[16] 彼得·霍尔. 城市和区域规划 [M]. 邹德慈, 金经元, 译. 北京: 中国建筑工业出版社, 1985.

[17] 麦克哈格. 设计结合自然 [M]. 芮经纬, 译. 天津: 天津大学出版社, 2006.

[18] 瓦尔德海姆. 景观都市主义 [M]. 刘海龙, 刘东云, 孙璐, 译. 北京: 中国建筑工业出版社, 2011.

第 4 章
动态城市设计的
组织与操作

　　动态城市设计过程的组织既包括面向物质空间形态的专业价值操作，也包括面向社会过程的多元决策参与，两者的交互协作共同构成了从目标策划到完整实施运营的城市设计框架，全过程的动态评估为动态城市设计提供可持续的动力和优化实施的依据。

4.1　动态城市设计的组织过程

4.1.1　一般程序

　　动态城市设计的一般程序，既涉及设计方法，又与设计灵感有关。一个好的城市设计带来的挑战和内涵，需要它不仅能面对未知的未来，而且要预示设计过程中可能产生的变化和影响并且加以应对。设计之初的首要任务是去认识现状，分析现有条件，评估改善潜力，以此作为目标引导，提出有可能的改进策略，同时建立衡量改进的标准，将它们结合起来就会得到一套满足需求和设计标准的方案。

　　不同的专业背景和经历影响了人们对于客观事物的理解和判断，城市设计师必须能够同时驾驭专业价值取向引导的设计技术过程与多维组织保障的参与决策过程两种干预设计方案的方式，并且借助于管理政策、行政机制、程序设置等手段将二者的共识贯穿于城市设计全过程。动态城市设计过程的关键就在于这一理性过程的动态交互，对于任何一项具体的城市设计任务而言，都必须经过一个不断选择和交互的整体过程（图4-1）。并通过过程中各阶段的信息循环和反馈调节，形成评价和决策来策动两者综合协调的相互作用和相互影响，构建出从目标到实施完整的城市设计框架（图4-2）。

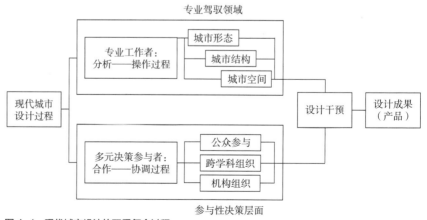

图4-1　现代城市设计的双重复合过程

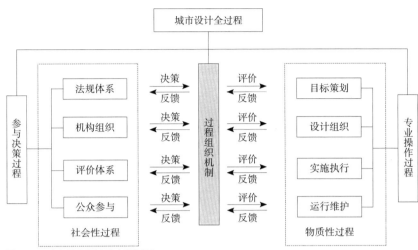

图 4-2 动态城市设计的完整过程

表 4-1 总结了理想状态下城市设计技术成果转化的操作过程，共分为四个阶段：目标策划阶段、方案设计阶段、实施执行阶段和运营维护阶段。在实际操作中，根据每个项目的实际情况不同，设计师对于每个阶段的工作安排侧重点会有所不同。

表 4-1　城市设计过程的四个阶段

阶段	子阶段	内容	成果
（1）目标策划	① 调研分析	• 项目解读，了解对象现状，收集信息，明确立项的背景和动机，发现关键问题 • 背景分析，包括宏观政策、历史沿革、特色分析、设计目标、限制性条件等 • 场地分析：包括自然资源环境、地理地貌、气候、道路交通和市政基础设施等	围绕战略目标的确定，考虑自然、社会、经济、文化、地理等多方面因素，对整个项目进行全面、具体的现状调查分析和全过程的总体策划
	② 整合思考	• 整合分析结果 • 可行性分析	
	③ 确立目标，制定计划	• 明确战略目标，建立目标价值系统 • 明确设计内容，制定工作计划	
（2）方案设计	④ 方案构思	• 以既定目标为引导，形成初步设计 • 将社会、经济、文化、生态等多维要素进行整体价值考虑	通过组织恰当的设计过程，全面考虑地段特色、市民需求、管理体制、形态审美等因素，在战略目标引领下将以空间意愿为主的设计理念具体化为一系列可操作的设计意图
	⑤ 方案创作	• 提出城市设计理念 • 进行形体环境的系统性设计 • 制定城市开发政策 • 明确技术方法	
	⑥ 方案比选	• 多主体参与决策 • 多情景动态模拟 • 多方案演进评价	
	⑦ 方案确定	• 综合比选，对方案本身的合理性、经济性、可行性的综合考虑，作出影响评估以整体效益最优为原则，选择最佳方案 • 制定可生长的"动态蓝图"	

续表

阶段	子阶段	内容	成果
（3）实施执行	⑧ 方案审批	• 组织专家评审、管理机构审查、批复 • 确定设计成果，并且以导则的形式纳入法定规划体系	以上述设计蓝本或政策为指导，通过严谨科学的管理运营机制，将设计意图转化为一系列具体而有效的行动规划，建立健全过程保障体系
	⑨ 实施策略	• 将"技术语言"转变为"制度语言"，将城市设计目标、理念和构想融入实施策略中，制定实施管理方案 • 制订行动计划 • 市场化运营	
（4）运营维护	⑩ 实施评估	• 制定评估方案，多主体联合、多方法运用、多绩效评价与反馈，综合评估实施程度，优化和调整实施策略，尽量减少项目对城市综合环境引起的不良影响	对建成的物质环境进行常态化和制度化的维护；同时，基于使用者空间行为和空间感知的观察分析，对建成环境做出必要的合理化修缮；同时，在运营中考虑经济成本的投入和运转
	⑪ 意见反馈	• 管理审核意见 • 公众意见征集	
	⑫ 后续设计	• 根据各方意见反馈进行方案调整	
	⑬ 成果维护和更新	• 建立城市设计项目数据库和城市设计综合信息平台，提供可持续的项目管理和成果维护 • 制定维护管理的协定条款 • 明确维护管理的主体 • 完善社区的公众参与	

　　一个完整的城市设计过程是一个多阶段的动态过程，每一个步骤都包括承上启下的反馈，每一个阶段也都会得出结论、产出成果，使这一阶段保持完整并且在整体过程中有效。处理好多重过程及其多个阶段的相互关系，是成就一个好的城市设计的前提和基础。因此，设计程序是一个螺旋反复上升的连续过程（图4-3），是动态的、灵活的，是经得起推敲且逐渐接近目标的解决方案。

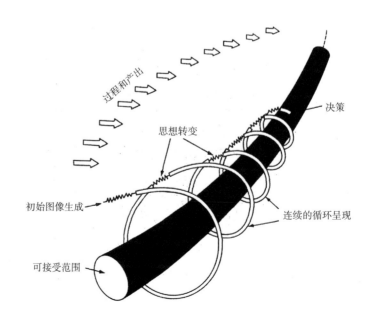

图4-3　设计发展的螺旋线

城市设计项目从最初策划分析、方案构思到方案输出、实施管理以及后期运营维护的整个过程，是一个围绕终极目标而展开的循序渐进过程，在不同阶段、不同层次、不同维度之间建立广泛关联并形成循环往复。每一设计阶段的成果都作为下一设计阶段的依据，反过来也要受到下一阶段的影响和反馈。同时，各个阶段的关系又是螺旋递进的，在不同空间规模的层次上不断地循环，上一个层次实践的产物是下一层次决策的基础。在这种循环往复之中，每一个层次都有着相似的特征，遵循着相同的步骤：目标、设计、评价、决策、实施、维护，城市建设就沿着这样的序列螺旋前进。城市设计成果的动态维护与循环反馈一直是城市设计过程管理最容易忽视的事项，基于时间的检验，建立起定期的动态评估与维护机制，形成理论性的总结研究成果，对动态城市设计的组织过程来说至关重要。

4.1.2　参与设计

20 世纪 50 年代以后世界范围内民主思潮的高潮以及以人为主体的思想意识的觉醒，以 Team 10 倡导的 "参与性设计" 为起点，公众参与的主题便在建筑及城市设计领域中兴起，并推广到城市设计的方法及实施手段上。传统意义的公众参与（Public Participation），是一种让群体参与决策过程的设计，社会群众真正成为工程的设计者和使用者。1977 年的《马丘比丘宪章》提出：城市规划必须建立在各专业设计人、城市居民以及公众和政治领导人之间系统地、不断地互相协作配合的基础上。

我国城市规划体系中的公众参与发展相对滞后于西方发达国家，自 20 世纪 90 年代以来才逐渐得到稳步推进。例如，《中华人民共和国城乡规划法》构建了我国目前城市规划中公众参与的基本框架，强化了城市规划的公共政策属性；1991 年颁布的《城市规划编制办法》开始重视吸引公众参与到城市规划过程；深圳市 1998 年颁布实施的《深圳市城市规划条例》首次将公众参与以制度的形式加以明确。

现代城市设计并不是显示设计师或建设决策者对于城市空间经营和开发政策的绝对权力表现，而是需要在社会协作条件下平衡协调来自政府各个部门对城市公共环境建设的期望，吸纳来自不同利益团体的看法，在循序渐进的专业设计过程中探寻包容多元价值取向的最优解决方案。在这个过程中，不同专业背景、不同社会力量和不同利益群体之间的协调，是一个核心问题。城市建设中不同的角色，如政府官员、城市设计师、相关专业管理者、开发商和市民大众对于城市建设理想不尽相同。城市建设的多元主体和社会利益集团都要求参与城市设计实施过程的决策与实施，以维护和争取本集团利益，社会各种层次的法律、政治、经济、管理需求都体现在城市设计过程中。

动态城市设计是一个不断权衡和实现城市设计价值的实践过程，关系到诸多的利益相关者，即城市设计价值关系中的价值主体（图4-4）。城市设计价值主体的构成是多元的，主要包括城市设计师团队、投资者、开发商、使用者（业主）、政府决策者以及相关部门管理者，不同价值主体对城市设计有不同的利益诉求，且都企盼从城市设计中获得最大受益。价值主体的多元会导致其利益在城市设计实践过程中的冲突，如公众作为城市设计的使用者，较投资者与开发商处于弱势的地位，因此其意愿往往很难得到有效表达。城市设计作为一种价值实践活动，其价值客观地体现在城市设计的整个过程，但是其价值在实践过程中能否得到均衡而又充分的发挥，却受到主体价值观的影响。城市设计的社会属性决定了其必须要充分代表价值主体的各方利益，任何一种独立的个体价值都不会使城市设计的价值得以充分实现。城市设计师必须通过自己的专业技能创造一个城市空间，既能满足雇主的利益需求，又能兼顾政府期待，同时不牺牲使用者的公共利益，不断均衡着城市设计其他各价值主体的利益并直接指导着城市设计的最终实践。

公众参与是团队协作方式对公共利益实现程度的有效补充。由于设计人员自身思维方式与方法的局限，单方面的决策必然会造成决策结果与社会现实环境的不协调与不适应。这一设计过程是一个互相学习、逐步深入的教育过程，不管是对设计者还是其他参与主体，都存在不可替代的真实体验。来自不同专业领域的人们根据各自的专业兴趣不断地对建筑环境进行广泛监测，互相汲取并综合运用相关学科的知识，或者组成由跨学科人员组成的城市设计团队，在参与设计的过程中不断学习和

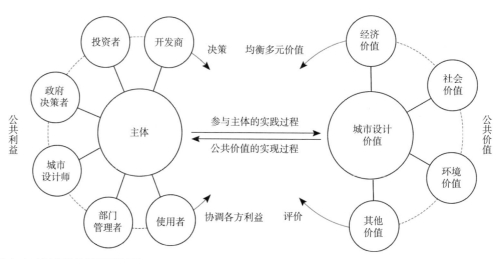

图4-4 城市设计价值关系示意图

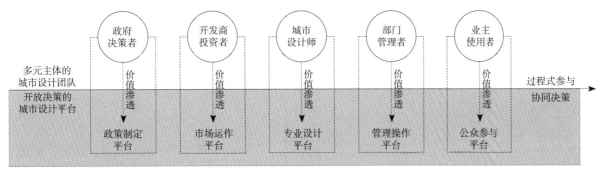

图 4-5　城市设计主体的参与平台

增长设计技术和管理知识，这种方式已经在实践中得到成功的验证。在参与式设计中，建立学科融合、沟通协作的参与平台，运用多种学科成果、多种技术手段来丰富和深化具体的城市设计研究与实践。多元设计团队共同参与设计与决策过程，集中式的参与智慧，渐进式和共享性的公众参与模式和合作协商平台（图 4-5），保证了决策的科学性、有效性与可操作性，是动态城市设计决策的有效途径。

大数据技术的运用促进了城市规划对公众参与社会经济生活的再理解、再思考和再响应，把社会、经济、生活数据运用到城市设计中，通过大数据分析推进城市设计的人本化进程，在技术手段上更加灵活多样，多渠道、多平台的公众参与方式会更加及时、有效地参与到设计组织中，新的技术手段也将促进公众参与城市设计，如互联网技术给公众提供了更多的建议机制，VR 模拟城市设计过程将鼓励公众亲身体验城市设计方案，及时提出反馈意见，这些都有助于动态城市设计的跟踪和修订。

4.1.3　设计决策

城市设计作为现代城镇化建设中一项有效的公共政策，参与决策是动态城市设计组织过程中一项极其重要的内容。思想与决策之间相互作用，相互影响。动态城市设计项目的运作强调思想与决策的交互循环反馈，多元主体通过各种可能的参与和协商方式，来寻求实施城市环境开发与建设的基本决策，以协调城市环境经营体系中的各方利益和对城市环境实质形式的期望和要求，在不同解决方案之间衡量权重并且做出符合整体最优的方案选择（图 4-6）。

动态城市设计的参与决策过程强调多因子过程式互动，即各学科、各参与者之间以及各要素之间相互影响和相互渗透，最终反映为城市设计成果的多元价值取向，也揭示了多因子参与互动的内在关联机制。学科之间的集聚和互动大大拓展了城市设计的研究视角和方法路径，专业

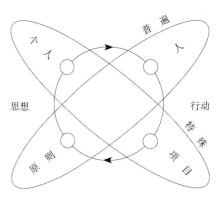

图 4-6　思想与决策的相互作用

化分工越来越细致，信息化运营越来越高效，数字化平台优势已经充分显现。从前期的调研、分析、准备到方案设计、实施、决策等过程中会不断地遇到一些政策、财政、法律、技术、组织以及艺术创造方面的困难，每个项目的参与者都会依据法律法规、政策规定、规划管理、专业技术，以及开发商意志和社会参与等权力职责而承担不同的角色。集群化的设计师团队建设，包括城市各个行政部门的管理者、各专业设计人员、不同利益集团和市民，分别作为城市设计的决策者、参与者和设计实践者，共同面对和解决多方价值取向和利益冲突，经过过程式交流、协作、妥协和让步等一系列公共博弈过程，最终达成理性而综合的设计方案并付诸实践，以满足整体利益最大化，实现"参与性的集约智慧"。动态城市设计的广延性、城市环境的多样性、主体诉求的分散性以及设计实施的动态性，都增加了参与决策的必要性和复杂性。

　　动态城市设计的参与决策机制是系统交互的。参考霍尔系统分析的三个维度（图4-7），建立动态城市设计三维交互的系统决策框架（图4-8），分别从时间维、逻辑维和专业维来深化系统决策机制，以期对城市设计过程的复杂性有更深入的系统思考。城市设计与相关学科之间是知识互涉、互融，是动态城市设计决策所强调跨专业统筹的综合行为，科学决策的制定必然需要城乡规划、风景园林、社会、管理、工程等多个学科知识的交叉运用。动态城市设计采用系统交互的决策机制，有序地组织架构跨专业、跨领域、长周期的专业技术实践，进行科学、系统地规划城市、设计城市和管理城市，融合与城市建成环境相关的多种学

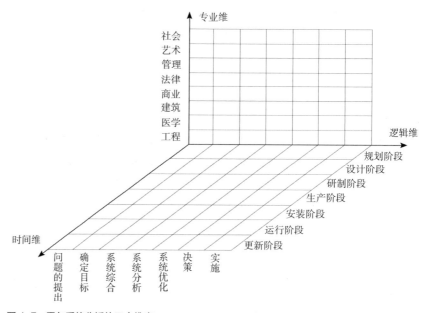

图4-7　霍尔系统分析的三个维度

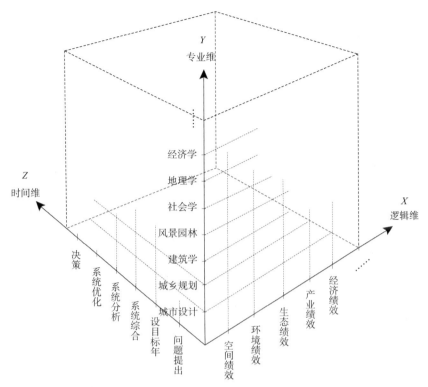

图 4-8　多维交互的系统决策框架

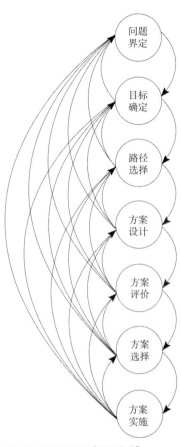

图 4-9　决策循环的"增强模式"

科的专业规范和技术要求，既包含各个专业相对独立的基本原理和理论方法，又能实现对城市发展的整体研究和综合判断，保障城市设计决策的科学性和城市设计实施的可行性。

　　动态城市设计的决策是循环迭代且互馈增强的。一个完整的决策过程经历了问题界定、目标确定、路径选择、方案设计、方案评价、方案选择、方案实施等一系列通用程序。每一个环节之间的反馈，都需要以上一个环节的结论为依据，同时作为下一个环节的基础。因此，从历时性角度，动态城市设计的每一个决策制定都经历一个不断平衡、连续评价、决策到再评价、再决策的互馈增强过程，评价是决策循环的驱动（图 4-9）；从共时性角度，动态城市设计的全过程都在经历一个从设计、评价、选择、决策、优化再到设计、评价……决策的整体迭代的过程框架，整体最优是这一连续选择的目标（图 4-10）。

　　搭建一个开放的设计决策平台，是动态城市设计最重要的活动之一。通过一个开放共享的城市设计平台，创造各种机会吸引并规范多元主体有序参与城市设计各个阶段。这是一个不断进行利益权衡的价值判断过程，每个环节城市设计者都必须至少面对政府、公众、投资者、使用者和管理者等不同利益代表的参与主体，基于社会、艺术和技术的审

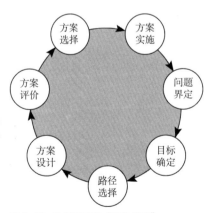

图 4-10　决策循环的"迭代模式"

美价值考虑，依托专业化的专家团队与行政部门审时度势地做出综合判断，既符合城镇化建设的可持续发展需求，又能满足多元参与主体的利益诉求。

4.1.4 总规划师制

机构组织是动态城市设计社会过程保障的主体，寻求一种能够统一和均衡各种社会要素的机构及其组织形式，促进城市设计的领导者、设计者、实施者、管理者和使用者的协调工作，平衡政府、开发商、社区居民、公众等各个利益集团的利益诉求，吸纳和统一政治、经济、文化、法律等多种社会因素影响并反映到城市设计运行过程的组织机制中来，保障城市设计的动态高效运行。

在国外的实践中，培根在城市设计与地方政府结合方面取得了杰出成就，巴奈特与纽约市政府在纽约城市设计的机构组织和合作经验也是比较成功的案例（图 4-11），日本横滨和新加坡的经验也比较瞩目（图 4-12）。简而言之，机构组织有两层含义：一是指参与城市设计运行各个过程的具体机构集合，包括政府机构和非政府机构；二是指各个机构之间的逻辑关系以及在此基础上形成的对城市设计全过程的组织机制。

适用案由与申请案	审　议　流　程					
· 城市规划图变更 · 依土地细分规划 · 进行开发之申请案，土地使用分区变更申请 · 重大公共工程计划基地选择评定 · 特殊许可建筑开发申请案 · 市区公共景观、公共工程，改善计划与工程执行 · 国宅计划及城市更新 · 新生地开发市有土地租用或标售与开发利用 · 分区管制规划之市民上诉申请案件	城市规划局与都会计划委员会	城市规划局	社区委员会	社区委员会	城市规划委员会	城市规划委员会
	· 受理收件，并于受理后 7 日内，通知社区委员会 · 检查申请之必要资料	· 申请案件提交社区委员会	· 举办公听会 · 提出公听会结论及建议事项	· 举办公听会 · 提出公听会结论及建议事项	· 举办公听会 · 整理提案报告书	· 举办公听会 · 裁决
		5 天	60 天	30 天	60 天	60 天

图 4-11 纽约城市设计审议过程

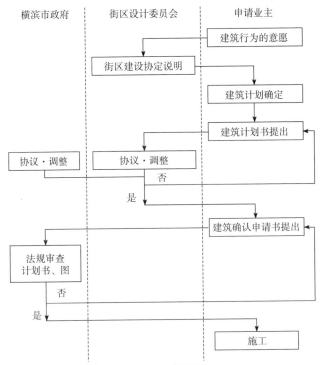

横滨市政府　　街区设计委员会　　申请业主

建筑行为的意愿

街区建设协定说明

建筑计划确定

建筑计划书提出

协议·调整　　协议·调整

否

是

建筑确认申请书提出

法规审查
计划书、图

否

是

施工

图 4-12　横滨伊势佐木町建设审议、管理程序

动态城市设计坚持从整体出发的原则，提倡总设计师制。总设计师
（团队）旨在一个相当长的周期内为设计项目提供持续跟踪的设计引领与
技术服务，注重特色风貌的整体塑造和实施建设的综合调度，从整体平
面和立体空间上统筹城市建筑布局，协调城市景观风貌，体现城市地域
文化特征。同时，综合完善传统垂直式的行政架构，协调包含参与性意
见和参与式过程的水平式机构组织，使众多参与者在设计师的统筹下直
接介入到设计决策的全过程，并与这种机构组织有机结合。实际上，总
设计师制并不是近年来才有的实践形式，法国奥斯曼主持的巴黎城市改
造方案，柯布西耶接手昌迪加尔总设计师的角色都是类似的例子。

就我国目前的状况来说，对于那些专业设计力量较强的城市，较为
理想的组织形式在宏观层面应以集中式为基础，在国土空间规划的大背
景下由城市设计专业统筹，以城市设计领域和其他相关专业背景，并具
有相当造诣的专家学者组成设计团队来开展工作，每一位专家都具有较
强的专业素养和综合组织能力，体现了参与决策过程中自上而下的集体
智慧。在更具体的工作中，各个专业领域、职能部门等发挥各自的专业
特长和技术优势，实现自下而上的协同作业。需要强调的是，城市设计
团队并不具有绝对的决策权，它们直接向政府领导部门负责，由相关管
理机构协调运作。

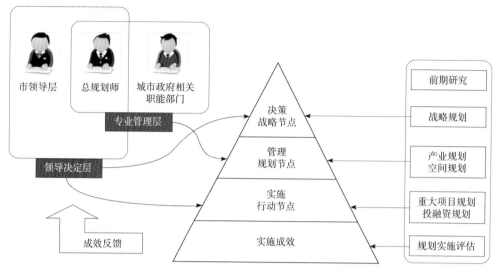

图 4-13　双层决策管理机制

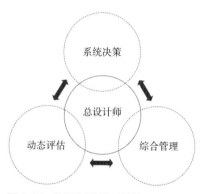

图 4-14　总设计师制的系统管理

动态城市设计在决策层架构和技术含量上直接关系到设计决策的科学性、统一性和连贯性，采用集中式主导、分散式协同的决策思路，以整体协同的系统决策代替层层递进管控机制，坚持外部控制制约与内部自适应及自修复相结合，提高系统决策的整体效益和可持续性。随着空间规划的推进和城市设计编制的法制化进程，总设计师制逐渐介入决策层和管理层扮演专业引领和技术支持的角色（图 4-13）。以总设计师统领城市空间开发计划，以城市设计作为统筹，跨学科综合、多规划衔接，搭建交互式设计平台，组织多规划协同无缝链接和全过程跟踪设计反馈，对城市发展进行整体的研究、决策和管理。通过战略规划先行，规划区域衔接和景观风貌协调的组织路径，保证城市整体、协调、有序发展进一步形成完整的城市面貌（图 4-14）。

4.2　动态评估

4.2.1　评估主体

动态城市设计评估的主体是指直接或间接地参与评估过程的个人、团体或组织，在评估活动中发挥着主导性的作用，决定着评估标准的制定、评估范围以及评估方法的选择。

动态城市设计采用多主体联合评估的方式，包括与设计实施密切相关的利益相关者、政府管理者与规划部门、投资者与开发商、使用者与相关社会公众、设计单位、城市设计师及各领域专家学者等，特别是受到影响的相关利益群体代表等组成评估团队（图 4-15）。其中，城市设计师的角色应是建立一种聆听意见、促进沟通与交流的平台，以及设计一个包括综合分析、反馈、决策到实施等阶段的组织程序。

城市设计领域的价值关系集中表现在城市设计主体与客体的关系。一方面，城市设计作为一种社会产品，表现为其经济、社会及环境等方面的价值体现不断地满足社会及个体的诸多利益需求；另一方面，城市设计作为一种价值实践活动，多元的城市设计参与者依靠操作的完整过程层面和技术层面，最终实现某一城市设计成果通过公众参与以及反馈，不断协调和均衡各个利益主体诉诸在经济、社会和环境等各方面利益，影响城市设计不同价值体现的实践。城市设计在其实践的每一个环节都能表现出多元的价值，而一个好的城市设计，其价值往往通过增加城市经济增长的可能性、扩大社会和环境收益来实现。

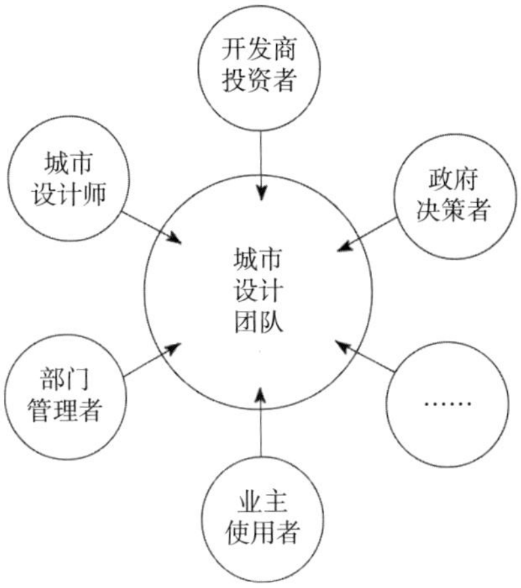

图 4-15　评估主体

4.2.2　评价标准

动态城市设计的目标体系是由一个理想目标和一系列阶段性目标共同构成的，是一切城市设计行为活动的指南，一方面，提高城市空间环境的质量和人们生活质量；另一方面，增强城市设计机制对于空间环境质量设计的积极响应和有效反馈，从而保证社会生产、人民生活和环境生态持续、高效、优质地运行，促进城市的发展与振兴的长远目标。不同的城市和城市设计项目可以根据其各自类型、特点、要求及要解决的城市问题制定不同的具体目标。

动态城市设计的具体目标包括定性与定量相结合的目标内容和评价标准。在城市设计开展得比较普遍的国家，特别是美国，对定性标准进行了较深入的研究，成果显著。凯文·林奇在 1981 年出版的《关于美好城市形态的理论》中定义了城市设计的五个功能维度作为设计评价标准，即活力、感觉、适合、可达性和控制，提出两项衍生准则（Meta-Criteria）——效率（Efficiency）和公正（Justice）。在由凯文·林奇主持完成的"明天的波士顿"这一城市设计研究中，将此标准作为项目的理论基础，每一个基本价值相应建立一套基本政策，而每一条政策都依据其意义和相关分析及其实施规划加以讨论确定。

动态城市设计评价是指评价主体依据城市设计目标标准对城市设计过程、结果所作出的比较和判断，评定城市设计活动满足主体需求和目标实现的程度，对设计项目建构、方案的优劣程度及实施可行性这一过程的综合判断，对开发方案提出指导性的设计和科学的评价。当代城市设计早已超越了对空间形体、形态表层美感的追求，也并非只是在感性审美角度对理性规划的补充，而是要探寻城市环境中物质空间元素在复杂结构关系中形成的广泛关联，从而促进城市公共性空间和公共性服务的形成，鼓励人们多种活动的交织和场所活力的显现。公正、效率和舒适构成了当代城市设计的基本评价标准，面对多方利益群体的具体追求和城市设计学科本身的综合特点，城市设计师在对城市土地和空间资源进行再分配的全过程中，无论城市设计项目的推动力是政策驱动、目标驱动还是需求驱动，都必须坚持以人为本、以公共利益为核心的价值观和价值体系，以科学的行动计划、引导策略、决策机制创作出符合空间意识和公共意愿且多方利益协调平衡的城市设计方案，塑造出公平的、正义的、宜居的人性化城市。

动态城市设计以社会公平、经济发展、空间高效、生态永续、文化传承的协同发展为基本价值准则，伴随城市社会的可持续发展实现人们对美好宜居的城市生活的理想追求。一般而言，对技术取向的设计者趋向于把功能和效率这类相对可以定量的标准作为城市设计评价的基础，例如特定项目范围内的建筑容积率、建筑密度、日照控制；另外有一些艺术取向的设计者在设计中，多强调定性的评价标准，例如格局清晰、活动方便、丰富多样、可达性及环境特色、场所内涵等则显然属于对一个好的城市设计的定性评价标准；还有一些设计者强调社会公正或平等的设计标准，其性质也属于定性的标准。除此之外，定量的城市设计标准还包括某些自然因素，如气候、阳光、地理、水资源以及具体描述三维形体的量度，通常以条例法规形式表达。如纽约市城市设计就建立了一套综合性的城市设计导则，包括容积率、建筑物后退、高度、体量和基地覆盖率等一系列城市设计相关的形体建议。

尽管城市设计所涉及的学科专业众多，但是关于物质空间环境形态的理解和设计始终是城市设计专业操作的内核，由其自身的基本目标所决定。动态城市设计目标的设定需要综合协同各种社会、经济、生态、文化等因素而确立，既要针对城市空间发展所急需解决的问题提出现实目标，又要对未来城市空间发展产生重大影响的长远目标作出宏观整体的判断。因此，动态城市设计将城市建设的总体目标转化成为多阶段的动态过程，并且重视这一动态过程的灵活操作和适应机制，较好地迎合了城市设计的弹性控制原则，体现了城市设计实施的连续性与过程性特点。这一过程包括实质性的定性和定量要素分析，对可持续的三个要素——社会、经济、生态——提出了检验要求，这些要素超越了城市设计通常意义的物质环境分析，而且探索了可持续发展的维度。交往和交互的公共过程，作为过程的结果平行于空间技术分析的过程，为城市设计的不同阶段提供一个分析和综合复杂性的精细化管理框架（表4-2）。动态城市设计将建立全局性、整体性的系统发展目标，统筹协调城市设计所涉及的各种利益博弈关系，促进各种城市空间资源要素的优化配置，

表 4-2　社会、生态、经济要素的管控指标组合

清单：数据，集成	分析：策略，选择	综合：选择，挑选	结果：规划，变化
社会			
人们的价值； 需要； 历史； 未来愿景；可持续性； （包括政府管理）	数据的含义； 趋势线； 文化／公众需要； 价值； 重要因素	公共要素； 保留什么； 增加什么； 主题	公共系统：舒适性，基础设施和服务； 社会性住宅和公共设施； 活动计划： 节日，事件，公平待遇； 政府管理
生态			
土壤； 水体； 植被； 野生动物； 空气； 系统／个体； 可持续性	分类； 景观单元； 发展潜力／容量； 土地利用	转化； 修复； 增强； 保护	地段规划与设计； 建筑形态与体系； 绿道与蓝道； 生态管理职责； 树木管理； 野生动物蓄水层、溪流等保护； 管理职责
经济			
市场； 消费； 财政； 可持续性	供给／需求； 人口统计／花费； 资金来源	使用计划； 收益分析； 伙伴关系	土地利用的可行性； 成本核算／选择权； 筹集资金； 伙伴关系； 资助策略
城市设计成果			
建筑群； 土地利用； 流动性； 节点； 特性地区； 选择权； 可持续性	建筑布局／土地利用 建筑高度／密度； 日照分析； 朝向与坡度； 特性地区； 移动； 硬性／软性分析； 什么应该保留、什么应该去除？ 高性能的建筑群	建筑形态和体量／土地利用； 密度及分布； 交通系统规划； 公共领域规划； 分段和实施； 可持续性的组成	城市设计的主要内容：原则、目标、土地利用、特性、特征； 可持续设计的导则； 历史修复和管理； 公共领域：街道、花园、开敞空间、广场花园； 交通：四个层次（人行、自行车、公共交通、货运交通及小汽车）； 履行与"生活可持续"原则

组织营造富有特色的城市空间，从而实现城市空间环境建设的最佳品质。

　　动态城市设计遵循多元统一和可持续发展的价值取向，通过实践过程中对价值关系的积极协调与综合判断，均衡各方利益，逐步推进设计主体或客体价值实现与需求满足的价值转化，具体包括：

　　1）经济价值

　　在市场经济的环境下，城市设计作为一种社会产品，一方面，体现在对土地价值的提升，通过城市更新以及对城市空间品质的不断提升从而带动设计地区及周边的城市发展和土地升值；另一方面，体现在增加就业，城市设计作为一项长期的城市建设行为，其本身提供了一定的城市就业岗位；同时，城市设计强调的城市功能混合在区域内会一定程度

地提升城市活力，增加企业的成活机会，进而为城市提供更多的就业岗位。此外，良好的城市形象也能够吸引外来资金，增加设计区域的市场竞争力。

2）社会价值

城市公共空间的营造与公共利益的维护是城市设计的一项重要原则，是其社会价值的主要体现。比如，城市设计通过平衡不同职业、种族、宗教、文化等利益团体的诉求，在各方的差异中寻求交集，以创造公平的城市空间进而增强社会理解与包容；又如，城市设计通过关注于建筑、环境与空间尺度的综合把握，力求以人为本的空间塑造，进而指引或暗示人的行为，提升城市空间的社会活力。此外，公共空间的共享性最直接地体现了城市设计中的公共利益；一方面，丰富的社会文化资源是吸引公众的前提条件；另一方面，资源的共享和交通设施的便利也是体现社会价值的必要条件。

3）环境价值

城市设计的环境价值主要体现在其对可持续环境理念的实践上。城市设计在其自身的发展过程中，越来越注重对城市环境的考虑。现在所倡导的绿色、低碳、环保理念也都深深地根植于城市设计过程的每一个环节之中。从城市的低碳建筑，到城市的绿色交通，再到生态城市的创建，处处都体现出城市设计在追寻其环境价值所做出的积极探索。

4）空间价值

一方面，体现在功能价值上，即功能的多样性和文化的多元性；另一方面，体现在审美价值上，强化地域风貌特色，塑造城市多样性与活力。在保证人居环境质量的同时，完善城市公共服务与市政基础设施，提升公共空间品质，保护城市历史文脉，维护城乡生态格局平衡与稳定等。

迄今为止，城市设计的评价标准和参量尚无唯一的结论。多层次的设计目标和多元复合的价值取向会作为一种设计的内驱力一直作用于动态城市设计的整个过程，城市设计成果的评价、检验以及城市设计实施都离不开预定的设计目标和评价标准。动态城市设计将静态蓝图的理想目标模式向动态蓝图转变，通过设计目标的多层次分解和多阶段动态过程，形成渐次趋近期望的路径来实现城市设计的持续管理和弹性控制。

西方城市设计中相对完整的评价体系已经建立，如《美国城市设计评价准则》。在我国改革开放和融入全球一体化格局的背景下，应客观、理性地分析与借鉴国外的城市设计技术环境，对其进行目的明确的选择，以建立和完善我国的城市设计评价体系。评价体系作为城市设计运行保障体系的重要内容，应建立相应的定性与定量相结合的科学方法体系。这一体系应由机构设置、评价方式、指标体系三部分组成，对城市设计方案的编制行为、城市设计运行的实施行为和城市设计作用的实施效果进行科学分析与评估。

4.2.3 评估内容

动态城市设计评估可以分为：方案评估和实施评估。其中，方案评估是伴随着城市设计的过程不断评价和优化，从而获得最终的城市设计实施方案。实施评估是城市设计评估的主要内容，包括实施过程评估和实施效果评估。

实施过程评估主要针对城市设计运作的全过程，对技术编制、实施执行和维护管理各环节进行分析，对管理模式、实施效率、公平维度等进行评判，通过在城市设计时间过程中反复的评价帮助决策者把握方向，保证城市设计的实践质量。城市设计从编制到实施，除了考量技术层面是否合理（技术理性），还涉及对开发相关利益群体的权衡和偏向（价值理性），从以往侧重单一的"结果评判"转向关注多元的"过程检测"，综合评价路线的演化，有助于完善城市设计实践的综合评价体系。因此，实施过程评估不仅是技术上的评估，还涉及管理模式、决策模式等诸多因素。考虑到规划实施中的不确定性，对实施过程的关注有利于增加对规划运行机制的深层次理解，从而对规划实施效果作出客观、公正、全面的评价。

实施效果评估，是对城市设计是否达到预设目标进行跟踪评估。通过执行的效果来检验城市设计的实践机制和过程中的问题影响，对城市设计的连续决策过程作出及时地调整和改进。积极开展城市设计实施过程和实施效果评估，可以全面有效地检测和监督既定规划的实施过程和实施效果，形成相关信息反馈到前端的城市设计编制及管控中，建立长效的动态评估机制和维护机制，从而为城市设计的内容、政策、设计以及规划运作制度的架构提出修正、调整的建议，使城市设计的运作进入良性循环，保证设计实践的整体健康方向。实施效果评估不局限于城市设计运行机制层面的技术性评价，更强调价值评判，主要采用定性与定量结合的研究方法，即定性分析建成环境的公共价值，定量评价经由城市设计实践改造的建成环境能否或多大程度符合社会公众生存、发展的正义性需求并对可持续发展产生积极的影响效益。

从广义上讲，动态城市设计评估的工作内容可以概括为城市设计全过程的影响评估，包括前期的方案评估、中期的实施评估以及后期实施效果和影响评估。动态城市设计的影响评估强调在城市设计全过程开展对项目产生的影响进行调控，它不只注重对实施过程和实施效果的评价，而在项目初始阶段就引入影响评估的环节，通过多元主体有计划、有步骤地对城市设计项目本身以及可能产生的影响进行全面地判断和评价等一系列评估活动。

随着开发建设活动的不断发展，城市规划领域的专家们已经开始意识到影响评估的重要性，伴随社会文化的进步和科学技术的发展，基于影响评估的决策活动正在逐步走向科学化，强调定性与定量结合的分析和评价。在这个意义上，建立一种科学的评估方法，对城市设计项目在各个阶段所产生的影响进行判断与分析，对方案进行选择，对各种关系和价值取向进行权衡，有助于使城市设计的决策更加科学化和民主化。动态城市设计作为一项开放的公共政策，只有通过全过程的科学评价，才能判定其是否达到了预期的目标。动态城市设计的评价内容是全面而综合的，通过动态评估有效地监控和评价城市设计的实施过程和效果，并在此基础上形成相关信息的反馈，及时认识到城市设计在实施中所存在的问题，从而为设计内容和政策以及运作制度的架构提出修正、调整的优化建议，使城市设计的运作过程进入良性而高效的循环。因此，在城市设计运行中，评估是一个重要且不可或缺的组成部分贯穿于城市设计运行的全过程。

4.2.4　评估流程

有关城市设计的评价从最初单纯应用数理统计方法对设计内容及其要素分布的合理性进行研究分析，逐步转变到对影响和决定规划成效的城市设计运行实施的评价，表明了城市设计从以规划编制为核心的框架体系逐步地转移到对设计实施的关注，强化了城市设计作为一个完整过程的理念。同时，伴随着此过程中价值观从技术理性向经验理性、人本理性的演化路线，城市设计评价的方法论也不断完善。

E. 塔伦（E. Talen）于 1996 年对城市规划实施评价作了全面的阐述，为人们全面认识规划实施评价及不同类型评价中可运用的方法提供了一个基本框架和过程性范本：① 规划实施之前的评价，包括备选方案的评价和规划政策的分析；② 规划实施过程的评价，包括对规划行为的研究、规划过程和规划方案的影响、政策实施分析和程序评价；③ 规划实施结果的评价，包括定性和定量的分析研究方法。这一动态评估过程准确而深刻地认知和掌握规划实施、运作规律，来获得对于规划实施效果的准确评价，从而作出对规划实施的科学判断与决策。

要保证城市设计项目能够产生正面的、适宜的、可预测的影响，在项目设计的初期阶段，对其实施可能产生的诸多影响因素进行系统而综合的分析，对其未来趋势作出判断，对变化过程做出控制，能够保证城市设计产生正面的、适宜的、可预测的影响，是非常必要的。对此，实施影响评估可以帮助我们揭示城市设计实践活动在建成环境所产生的影响，在多维价值冲突管理的过程中进一步实现对影响因素与程度的分析与评价、预测与判断，以及对多方案的比较和选择，从而作出科学而客观的综合决策，实现综合效益的平衡，使城市设计的导控机制真正发挥作用。虽然不同类型影响评估的内容与所选择的具体评估技术不同，但无论何种类型，其工作内容一般都可分为两部分。第一，对开发行动的影响进行预测与分析，即对开发活动可能产生的影响的类型、程度、范围和过程进行分析和评价；第二，提出对策建议，即在影响预测和评价的基础上，提出改进措施，并权衡得失（图 4-16）。[1]

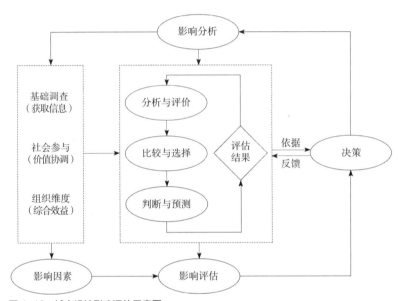

图 4-16　城市设计影响评估示意图

　　基于这种评估思路，动态城市设计的评估主要围绕三方面工作展开：预测与控制、沟通与协调、选择与导向，主要环节涉及对设计前期环境信息的收集、分析和解释，对设计方案将产生的各种影响预测、判断和选择，对决策的导向以及对多方利益群体的沟通与协调的一系列过程。

　　（1）影响预测与过程控制：对城市设计实践的作用重点体现在对结果的预测和对过程的控制两个方面。实际上，大部分的城市设计活动都是针对未来的开发行为。无论是在设计前期还是在实施过程中，城市设计师和设计程序的预见性都是必不可少的，预先的考虑可以有效减少项目对于社会和自然环境的负面影响，及时控制和校正城市的发展方向，促进和维护城市社会空间和物质空间的健康发展。

　　（2）价值沟通与利益协调：在市场机制下，作为公共政策的城市设计，一般涉及开发者、管理者、使用者、专业设计师和城市设计师等多元的利益团体。他们具有不同的价值取向和利益需求，有时甚至是相抵触的，分别代表不同的利益主体（表4-3）。

表4-3   城市设计所涉及的相关群体的利益需求

利益群体	代表利益	利益需求
开发者	市场利益	以市场需求为导向，以经济效益为主导，关注投资收益前景，争取最大化的经济利益
管理者	国家利益 社会利益	以城市发展需求为前提，以满足规范为准则，关注地方经济与社会的共同发展，期望达到最佳综合效益
使用者	公众利益	以满足个人的生存、使用、享受和发展的需求为基础，寻求功能多样，使用便利，形成良好的空间环境，并强烈抵触损害其生活环境质量的行为
专业设计师	私人利益	以符合任务书、达到客户满意为基础，同时发挥设计师个人理想和专业技能，创造社会价值
城市设计师	公共利益	平衡矛盾，冲突管理，满足各方面需求

在城市设计实施评估工作中，需要研究的不仅是设计目标如何实现，更重要的是设计实施后对不同利益群体产生的影响。对此，城市设计影响评估的一个重要作用就是建立一个对话平台，目的在于通过沟通和协调的方式平衡多元群体之间利益关系。对话平台的建立，不仅可以帮助公众更好地理解设计方案，也更能够帮助设计师在设计过程中协调各个利益主体之间的关系，便于城市设计实践活动更好地满足各方利益群体的需求，使实践活动更具有可接受性。

（3）方案选择与决策导向：城市设计作为一个三维空间环境的设计，必然存在多种可能的处理方式，城市设计师们往往会提出多种可能的设计方案。在多方案比选过程中，评审者们可以通过对各个方案的影响进行判断和评价，比较不同方案在各方面的利与弊，从其中优选出经济、社会和环境协调一致的理想方案，为最终决策提供有力的依据。

综上所述，一个具有系统性的动态城市设计评估过程包含一个合理的流程：确定目标——获取信息——预测与分析——评价与反馈——方案优化与选择——连续决策——结果反馈等步骤，系统地对项目进行全程影响评估和预测，通过重复性和循环性来保证这一过程逐渐接近目标。城市设计影响评估过程的建立，可以借鉴影响评估的一般程序模式，结合动态城市设计过程的特点，建立与设计过程相对应的动态评估程序，从而使影响评估渗透交织在城市设计的各个阶段中，形成完整连续的过程。其过程大体应包括评估的准备阶段、评估方案的设计阶段、评估方案的实施阶段和评估效果总结与反馈阶段（图4-17）。

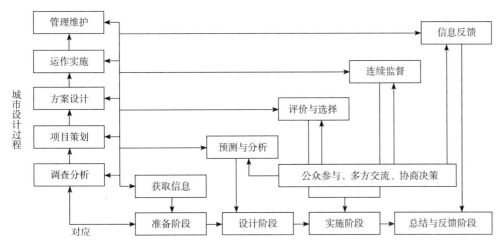

图 4-17 动态城市设计全过程的评估示意图

（1）初始阶段：准备阶段是城市设计评估工作的起点，也是从城市设计的最初阶段开始，调查分析城市设计项目及其周边环境现状，获取基本信息。具体包括：确定评估范围、设计方案、评估目标、潜在的影响因素、各种规范要求以及各种利益团体的利益诉求。

（2）设计阶段：评估主体根据初始阶段获取的基本信息，建立一套动态评估方案，即为实现目标所采用的具体途径、方式和手段，针对项目潜在影响因素展开相关的影响分析与预测，该方案设计得是否科学合理，直接关系到评估工作的成败。一个完整系统的评估方案主要包括：评估对象和主体、评估目的和目标、评估标准和方法、评估程序和机制等。

（3）执行阶段：评估方案的形成为评估工作的展开提供了宏观的指导思想。在实施阶段，多元评估主体各自的利益考量对城市设计方案的影响进行分析，论证项目在各个阶段对城市社会、经济和生态环境所产生的主要影响，并进行量化的绩效评价，从而实现对影响的控制与引导，增强城市设计的适应性和灵活性。通过城市设计的实施评价，可以检验城市设计实施是否达到了预设的目标、评估城市设计方案是否符合当前的社会、经济、环境和市场需求，从而对方案的合理性、实施的有效性以及管理政策的科学性做出准确的判断和相应的调整，为后续的城市设计整体运营和维护提供基础。

（4）总结阶段：影响评估报告应包括三方面的内容：客观地陈述项目的实施影响、作出价值判断及提出对策建议。能否将整个过程的价值最大化地体现出来，取决于对结果的处理是否得当，将直接影响到下一阶段项目的决策。

总体上讲，城市设计评估是动态城市设计工作中的一个重要组成部分，不仅涉及实施结果的评估，更多的是评估主体对客体进行分析、比

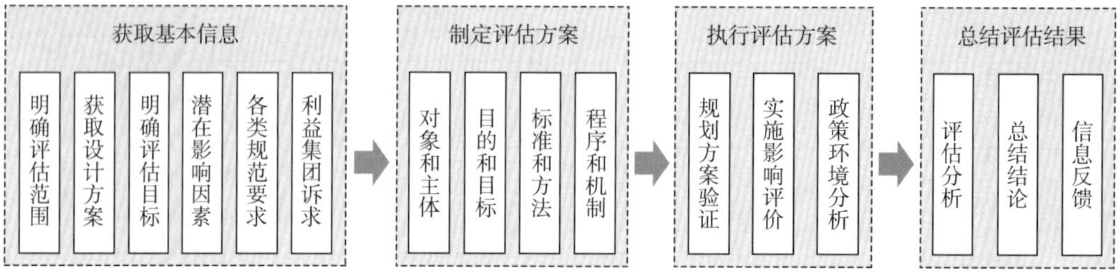

获取基本信息
明确评估范围
获取设计方案
明确评估目标
潜在影响因素
各类规范要求
利益集团诉求
制定评估方案
对象和主体
目的和目标
标准和方法
程序和机制
执行评估方案
规划方案验证
实施影响评价
政策环境分析
总结评估结果
评估分析
总结结论
信息反馈
图 4-18 评估流程框架图

较和估量的过程，从确定评估对象、制定评估方案到执行评估方案，得出评估结论，并进行反馈的整个流程（图 4-18）。动态反馈是这一过程区别于传统设计过程的关键，随着时间和环境条件的不断改变，评估方案和结果可能会产生变化。因此，评估工作必须是随着城市设计工作的推进而形成的一个持续而渐进的过程。动态城市设计的评估工作采用集成化方法，针对每个阶段不同的设计任务、设计目标和设计条件，制定相应的评估方案，通过多情景模拟、多绩效评价和全周期动态反馈完成多方案比选和连续的决策选择（图 4-19）。将评估工作渗透于城市设计全过程的各个环节，利用科学有效的方法，从主、客观两方面共同研究城市设计实践的影响规律，对城市设计项目方案设计和实施运营阶段的经济效益、社会效益和环境效益的动态监控、综合评估和信息反馈，强调对开发项目结果的预测与评判，以确保城市设计的动态实施过程和结果都具有科学性，最大限度地减少决策的盲目性或随意性，最大化地实现综

研究范围
目标导向机制
目标集合
动态反馈过程
目标导向过程
图 4-19 动态反馈和循环模式

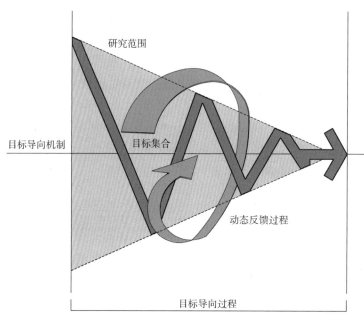

合效益，成为城市设计决策引导的重要依据，是提高城市设计项目可持续性的重要途径。

4.2.5　评估方法

由于不同类型的城市设计实践项目所产生的影响不同，导致影响评估采用的具体指标甚至分析思路均不同，而项目在空间尺度上的差异，也将使评估方法运用的条件发生改变。同时，评估方法的选择还与评估主体的主观因素有关，不存在特定的模式。因此，在具体的评估过程中，应根据项目的实际特点和影响的性质，选择适合的方法或方法组合，才能使评估的结果更科学。

动态城市设计从以往的单纯追求构图、形态发展到关注城市社会结构、环境生态平衡，从过去的单纯美学标准到关注经济、社会、人口等多重标准。经济、效率和生态成为城镇化建设可持续发展的综合评价范畴。任何一个城市设计设想如果要得到实现，都需要将其在一个社会、经济和物质的背景环境中运行，设计要成为一个有效的工具，需要与城市发展的进程紧密联系，即与自然、社会、经济、环境等维度以及这些维度背后的数字进程联系起来，从而创造条件使这些横向联系足以成为设计过程的组成部分，即城市设计评价体系，既包括定性指标，又包括定量指标。

我国对城市规划与设计评估的研究充分吸收了西方规划理论与实践的系列成果，已经与其运行机制结合起来，不仅注重对结果的监控，也注意到实施过程的效率和公平，不仅关注物质形态和环境品质，也重视社会经济的动因对城市设计实施的影响。城市设计实施所产生的影响往往涉及城市的社会经济维度、生态环境维度和形态美学维度三个方面。

（1）社会经济维度的评估，主要是从社会人文、生产、生活等方面，在满足生态承载力的前提下，将城市设计项目的社会经济效益最大化。社会效益偏重空间环境所引起的公众在精神方面、社会道德秩序方面、社会安定与安全方面、城市文化和文脉程度方面的效益；经济效益偏重用经济杠杆来衡量城市空间环境所带来的经济价值高低、投资、维护、再开发、改造、土地利用、经济收益等方面的效益；

（2）生态环境维度的评估，主要是从土壤条件、植被类型、气候环境、土地承载力和生态承载力等方面进行评估，以保证城市设计遵循自然，人与自然和谐共处。生态环境效益的评价偏重城市设计对于生态环境的影响、局部小气候的改善、生态廊道的保护和创造优美客观环境等方面的效益；

（3）形态美学维度的评估，主要从城市建筑空间、公共空间、景观风貌等方面的形态塑造和艺术设计的审美体验出发进行评估，以达到城市美好生活的目标。

多个维度之间互为条件、互为因果、动态关联，多维联合的动态评估实现了对城市设计项目影响的综合评价，最终得出客观而综合的结果。动态城市设计的评估方法建构在多学科交叉、互动的基础上，得益于多种技术方法的综合运用或集成，注重每个环节的评价并建立动态适应和及时反馈的有效机制，保持城市空间系统秩序、外部设计环境、公众价值取向的高度协同，使整个过程都充分的体现城市设计之于城市空间的经济效益、社会效益和环境效益，保证城市设计实施的连续性和有效性。

近年来，越来越多的学者开始借鉴管理学的概念，利用城市空间绩效来定义和衡量城市整体空间资源配置的动态变化情况，同时作为城市设计影响评估的量化考核指标。在实际应用中，对于绩效概念的理解，可分为以下几种：① 绩效是工作结果或产出；② 绩效是过程；③ 绩效是结果与过程的统一。城市设计的空间绩效是指通过城市设计的手段对城市空间资源在社会、经济、生态、政治以及其他物理形态维度的分配效果及其所产生的效益。空间绩效的内容整合了不同空间的利益需求与空间资源供给关系，探索了城市空间发展评价的全新模式，不断寻求环境绩效、社会绩效和经济绩效等多目标平衡和联合优化的过程，最终实现平衡目标利益下绩效最优的可持续评估。在不同空间尺度下，建立绩效评价的标准不尽相同；在不同的时间尺度上，建立绩效评价的标准也不尽相同。城市空间绩效本身存在多维性、多因性和动态性。在城市空间发展进程中，特定的时间节点要素对于结果绩效的描述需与一定周期内动态演变特征耦合，才能有效反映城市的空间绩效。

动态城市设计的评估工作能否发挥其最大的效用，取决于评估方法的选择和评估反馈机制。城市空间绩效评估的作用过程借鉴"驱动力—状态—响应"（DFSR）模式（图4-20），评价与反馈结果直接作用于设计过程和决策过程，其量化评价有助于实时监控城市空间形态的发展绩效和对社会经济、环境综合效益的影响，测评设计方案在各个方面的优势及不足，有助于方案推导与多方案比选，为综合决策提供科学依据；通过绩效结果的量化评价与愿景蓝图的动态响应，及时准确地预测和校正城市空间发展路径；对于已有的城市存量修复以及未来的增量设计做出更加科学的判断和决策，是动态城市设计评估工作的有益探索。动态城市

图4-20　动态绩效评估的作用过程

设计评估，经历"设计—评估—优化—再设计—再评估—再优化……"的循环过程，将初期的理性评估体系转变成开放式、交互式评估模式，空间绩效的动态评估与反馈在这一良性循环中扮演着"成长引擎"的角色，最大限度地提高城镇建设效率，形成良性循环的绩效管理机制。目前，城市空间绩效的理论内涵和评价方法仍处于研究的初级阶段，国内外学者还没有建立一个明确统一的城市空间绩效评价体系。

相关学科领域中已有的技术和方法也是建构城市设计评估方法体系的重要基础。目前，六种最广泛使用的城市可持续性评估工具，即英国建筑研究院的社区环境评估方法（BREEAM），日本的城市综合能效评价方法（CASBEE），城镇绿色建筑指数（GBI），美国的绿色能源与环境设计社区先锋评价方法（LEED），以及在印度使用的用于绿色城镇建设的印度绿色建筑委员会工具（IGBC）和用于城市大规模开发的综合环境评估绿色评级体系（GRIHA）。在评价的环节里，可以根据城市设计项目的目标、类型及其进程阶段确定每个阶段不同的评估方案，包括不同评估工具的组合运用和评价体系的综合构建。

动态城市设计实践沿着现代城市设计范型代际发展足迹，正在积极探索和建立综合的目标体系和科学的评价标准，从城市功能效用、文化艺术效果、社会经济环境的影响效益等层面进行分析、分解，通过模拟仿真和实时评价可以量化的和不可量化的衡量指标，通过多专业参与的设计策略和技术的整合优化，提升城市设计的风貌管理能力和城市发展的可持续性。根据所处阶段的不同，可以分为系统分析法、全程控制法和后评估法；根据分析手段的性质不同，可以分为定性法（如价值分析方法、因果分析、专家咨询、主观概率预测等）和定量法（如回归分析、成本收益分析、马尔科夫分析、随机分析等，表 4-4）。

动态城市设计转变了固有的规划评估理念（表 4-5），从静态到动态，从定性评价到定量评价，从"单纯的工具理性、单一目标评估"到"价值多元、交互式评估"，将动态评估贯穿城市设计整个过程的各个阶段。

表 4-4　多元主义的城市设计影响评估方法体系

理论方法		系统分析法、全程评估法、后评估方法、利益协调法、多方案选择法、绩效评估法		
具体评估技术方法		信息获取	影响识别与预测	综合分析与评价
	定性	文献资料法、专家访谈法、实地观察法	因果分析法、目标分析法、情景分析法、条件过滤法、价值分析法、专家咨询法、类比法、主观概率预测法	叠置法、列表法、网络法、逻辑推理法、对比分析法、德尔菲法、公众参与法、SWOT分析法
	定量	问卷调查法、图像测验法、量表法、GIS 法、大数据法	关联性分析、成本收益分析、风险分析法、随机分析法、马尔科夫分析法、核查表法	层次分析法、指数法、数学模型法、回归分析法、权重法、比较分析法、矩阵分析法、绩效分析法、计算机分析技术

表 4-5　静态规划评估与动态规划评估对比

项目	静态规划评估	动态规划评估
含义	规划修编时如出现现实问题时必要的规划评估程序	贯穿城市规划编制，审批和实施管理整个过程，进行持续的动态监测并开展阶段性评估的系统
特征	静态的、被动的、偶发的、后置的	主动的、动态的、过程的、弹性的、循环反馈的
评估对象	规划方案本身或规划实施结果	城市设计的全过程，包括城市设计项目前期的调查策划、方案设计、后续实施管理及运营维护的整个过程
评估手段	以定性评价为主；单一目标；单一的工具理性	以数字化和数据化技术为依托，以定量评价为主；多元价值的数据理性；非线性交互反馈
公众参与	少	多
评估结果	作用因素难以分离，违法进行预见性和针对性的规划调整	明确各环节出现的"偏差"，及时有效地进行调整
可能影响	重复规划，规划浪费	提高城市设计的科学性、可持续性

动态城市设计把城市看作受到多种因素影响而不断变化的动态系统，而城市设计就是对这一动态系统所进行的不断变化的动态控制和干预，这一种控制和干预是积极和全面的，保证城市发展维持在规划允许的限度之内。一个完整的动态城市设计评估框架是包括指标系统、技术系统和控制系统在内的动态系统。其中，指标系统是以可持续发展为基本目标，寻求符合实际的定量化绩效评价指标，针对不同类型不同层次的城市设计项目，确定用于监测与评估的城市发展相关要素，构建适用于科学监测的定量化的指标体系，为监测指标的客观数据提供结构性框架；技术系统是建立监测与评估的操作平台，包括目标量化、数据监测、数据库建立与处理、量算评估以及反馈机制等系统化工作流程（图 4-21）；控制系统包括目标控制和容错控制，分别对城市偏离发展目标的错误进行及时的修正与优化，以及在发展阶段通过监测数据的统计预测城市发展趋势，通过多阶段的评估反馈对目标系统进行合理化调整（图 4-22）。

　　动态城市设计的评估工作围绕明确评估的对象、原则和目标，开展连贯完整的技术操作和积极持续的动态监测工作，形成动态评估与循环反馈的控制机制，并对评估环节出现的"偏差"进行实时反馈，及时调整规划设计方案，提高城市设计的科学性和有效性，以及城市设计与规划体系的精准对接（图 4-23）。

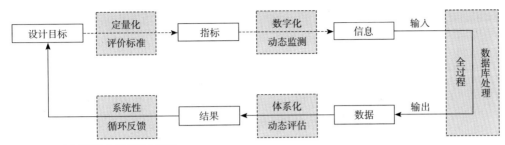

图 4-21 动态监测与评估的技术流程

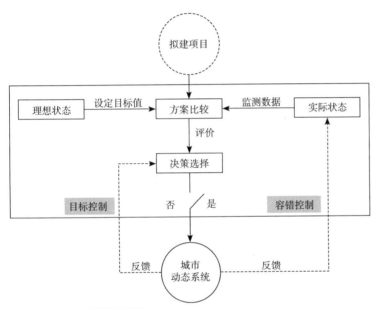

图 4-22 动态评估的控制系统

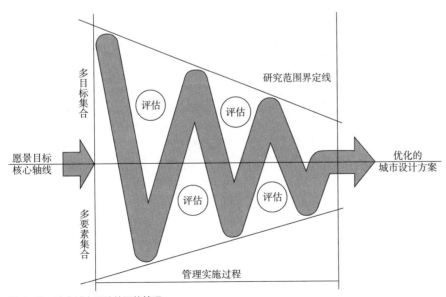

图 4-23 动态城市设计的评估管理

4.3 动态管控

城市从建设之初便一直处于被控制的状态，从增量扩张向存量治理的转变，城市设计一直作为城市建设和风貌管控的重要手段，确立科学管控和实施的动态思想是实现城市可持续目标的重要保障措施。动态城市设计的管控与实施在可持续的价值理念下，基于多年来城市设计在法定地位、标准规范、实施程序等方面的缺失，坚持多元价值导向、多规融合思路和智能优化手段于一体的动态管控思路，建立与法定规划充分衔接的科学管控体系和动态反馈机制，底线原则与理性约束协同，刚性控制与弹性引导结合，科学管控类生长的"动态蓝图"，实现城镇空间设计与开发建设一体化管控与实施。

4.3.1 管控的内涵

城市规划是典型的控制行为。人类通过对物质空间载体展现城市自然、经济、社会、文化、政治等发展特点并进行有计划的动态控制，包括对城市设计方案形成过程中的科学引导和控制、城市设计运作过程中的自我调整和控制以及后续各阶段工作的持续管理和控制。同时，城市自然法则、社会经济规律等又反过来影响物质空间发展秩序，并对其加以约束。中世纪的巴黎改造是一种自发式的弱控制状态，而到了奥斯曼的巴黎改建则是一种自为式的强控制，旨在缓解城市迅速发展与其相对滞后的功能结构之间的矛盾（图4-24）。

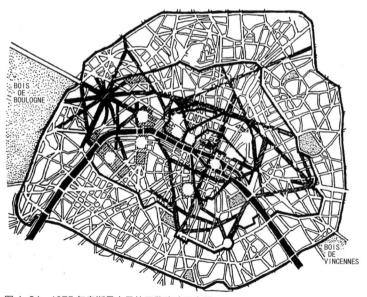

图4-24　1875年奥斯曼主导的巴黎改建示意图

动态城市设计不仅强调对城市发展施加一系列控制行为，更加注重这一控制过程中如何使目标偏离度最小化的施加方式，控制方式的不同，产生的效果也会不同。

作为对土地利用规划的补充，60 多年的城市设计发展并未改变它的两个基本出发点——城市文化脉络和城市空间美学。城市设计的最终目标在于创造宜人的、具有特定景观及文化内涵的城市空间。在这一目标之下，以建筑学和城乡规划为主要学科背景的城市设计理论发展有两个基本的走向：其一是物质空间的设计创作，通过不断探寻现代城市物质空间发展的基本原理和规律，不断改进自身的设计方法，并呈现数字化和数据化趋势；其二是空间风貌的管理工具，在物质空间设计创作的基础上深化城市设计的公共政策性，科学管控城市空间开发和风貌塑造，并呈现独立化和精细化趋势。物质空间的专业化设计和空间风貌的特色化管控交织融合一体为主导动态城市设计阶段性工作的核心技能，持续作用于动态城市设计的全过程，成为城市设计特有的技术优势，承接城市设计垂直运作过程的必要环节。

动态城市设计的工作方法由单向控制的执行向多阶多向循环的调节模式转变，设计内涵逐渐走向公共领域，制定公共政策，提供公共服务。动态城市设计的成果并非直接作用于客体对象，而是通过阶段性成果管理间接地实现对操作过程与客体对象的设计控制。具体的工作包括两个方面：一方面，是形体设计，如何把城市设计成果转译成设计语言运用于设计控制，实现设计成果的空间控制与规划管理的有效对接；另一方面，是管控设计，如何根据实施城市设计概念的方法和手段，在城市设计的控制与实施之间建立可行的操作方案。动态城市设计管控在形体设计和设计管理的双重维度中推进：在设计维度中，形体的设计在于对空间形态的强调和以静态蓝图为特征的设计成果的追求；而设计的控制更强调城市空间发展是一个动态的、历史的、可控的干预过程，追求设计成果的产品属性在城镇化历史进程和市场经济环境中刚性与弹性的平衡。在管理维度中，设计的管理倾向依托法律规范和社会规则制度，强调设计成果的法定性和有效限定性；管理的设计则倾向对城市开发中的设计行为、行政行为、市场行为等进行约束性干预公共政策的设计，强调设计成果的可操作性、可适应性以及反馈和协调机制的运用。动态城市设计管控通过维持一个动态持续的交互过程循序渐进地实现最终目标（图 4-25），作为城市设计的技术优势，注重设计与管理相结合，控制与实施相结合。

1）设计与管理相结合

动态城市设计经由设计引导到治理管控、从创作设计向创建机制的技术形态发展，发挥了专业的技术优势和独特的机制手段，以实现提升

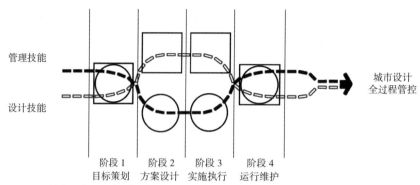

图4-25　城市设计不同阶段管理与设计技能的交互使用

城镇风貌建设水平的最终目标，构建多阶段联合优化的设计管理框架，通过构筑与山水格局相呼应的空间形态，创造展示诗情画意的城市景观，建设体现地域特征、民族文化和时代精神的城市风貌，塑造以人为本、多元包容的魅力场所来构建具有中国特色的人居环境。

　　在创建机制手段方面，一是需要完善城市规划技术体系；虽然在法定规划——设计体系中，城市设计并不是一个独立环节。但城市设计作为我国城市规划体系的重要组成部分，其设计思想和内容应融入于城市总体规划、分区规划、详细规划等各法定规划中，贯穿于城乡规划建设的全过程；二是创建城市设计管控机制（图4-26）；从土地出让、建设许可、竣工验收三个阶段分别实施城市设计管控。城市设计与城市规划建设管理的结合，主要体现在两个方面：一方面，体现在参与审批决策，结合本地的城市建设管理审批程序与机制，在审批管理的各个环节均加入城市设计的内容要求，设计相应的表格文件，以正式公文的形式参与城市建设管理；另一方面，体现在参与技术管理，宏观层面的城市设计

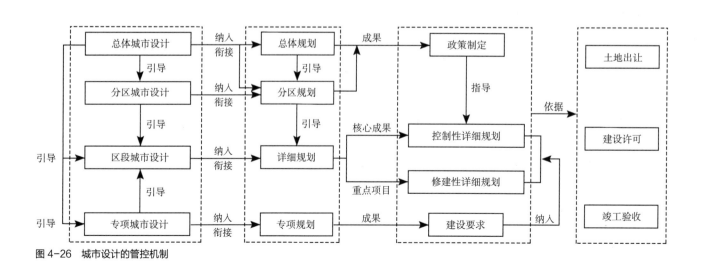

图4-26　城市设计的管控机制

总体要求与微观层面的城市设计控制标准均可作为地方规划建设管理规定或条例的内容，从而以地方法规的形式明确城市设计的要求，从源头上保证城市设计的实施与应用。

近 30 年来，在中国城市设计演进过程中，除了吸收国际城市设计的传统特点和实施成功经验之外，也发展出具有中国自身特点的城市设计专业内涵和社会实践方式，这就是城市设计与法定城市规划体系的多层次、多向度和多方式的结合和融贯。事实上，基于中国特定的城市规划编制、管理和实施制度，城市设计是城市规划工作的一部分，乃至贯穿城市规划全过程的重要线索，抑或称为缩小了的城市规划。这和中国城市设计项目存在较多中大尺度，乃至城市尺度的项目需求相关。因而，城市设计在控制和管理层面的工作要点体现在制度建设和技术支撑。

2）控制与实施相结合

在总体规划层面的结合：与城市总体规划层面相对应的总体城市设计的目标，是为城市规划各项内容的决策和实施提供一个基于公众利益的形体设计准则，成果具有政策取向的特点。总体城市设计的研究范围应与总体规划相一致，工作范围是城市的建成区，重点研究范围应是城市的主城区，可以根据特定的城市问题和需求对周边范围进行调整性设计。

总体城市设计的基本技术原则是将城市总体规划与城市的开发控制实践相结合，以对城市风貌的组织、引导和控制为契合点，将城市美学问题转化为量化标准体系，进而将这些原则落实到控制性详细规划，并实现城市管理的科学化和规范化。同时，也要考虑到下列原则：① 公共利益优先原则，② 整体性与系统性原则，③ 多样性与丰富性原则，④ 现实性与可操作性原则，⑤ 可持续性原则。在规划的编制中，通过一系列设计导则的原则性纲领和专项管理的技术性文件形成独立的实施办法，并与详细规划层面的管控工作有效衔接。

在控制性详细规划层面的结合：当代城市设计的实践多是与控制性详细规划并行相伴的探索。城市设计以控制和引导城市形态的风貌意象为核心，以图则的形式与控制性详细规划结合，成为法定规划文件，直接形成地块的设计条件与控制指标，有效保证了城市整体与局部空间的设计延续，也极大地增强了控制性详细规划指标的合理性。

控制性详细规划层面城市设计的设计方法是在原有的技术范畴基础上，更借鉴了控制性详细规划的技术优势，设计的创新性与管理的控制性相协调，城市空间规划的刚性底线和城市形态设计的弹性处理相结合，使城市设计逐渐成为当前引导城市空间发展和城镇化建设的有效工具。

4.3.2　管控的思路

　　当然，塑造城镇风貌是城市设计的重要内容之一，而城市设计是城市风貌管控的重要工具，应贯穿于城乡规划建设的全过程。全国城市工作会议明确提出将城市设计作为重要抓手，加强对城市的空间立体性、平面协调性、风貌整体性、文脉延续性等方面的规划和管控。城市设计工作是城乡规划工作的重要组成部分，在城市总体规划和详细规划等法定规划中相应地纳入城市设计的管控内容，引导和管控建筑、景观、市政工程等设计编制。重点区段的城市设计，还应作为规划建设管控的重要依据。作为空间深度刻画的有力工具和管控精细化延伸的重要手段，城市设计是提升城市规划工程精度、提升城镇风貌管控能力的最有效途径。

　　在城镇化转型和现实资源约束的背景下，我国城镇化建设亟须转变传统的设计理念和粗放扩张的发展模式，从快速增量扩张向存量精细提升转型，脱离终极蓝图的思想禁锢，树立"创新、协调、绿色、弹性、开放、共享"的整体价值理念，使城市设计承载以人为本、经济增长、宜居就业、公共服务、生态永续等多元价值理想。同时，强化对地方文脉的延续、地域特色的塑造和场所意境的营造，重视自然、文化和场所相融合的专业性设计实践，坚持上下统筹、整体关联的理念，综合多专业团队协同的工作方法和技术手段，进一步提升城市空间环境品质和公共服务水平。基于这样的设计观念和价值取向，动态城市设计的管控工作应具有以下三个原则：

　　（1）多元——融合价值导向，响应多级建设管控需求、涵盖多维城市运营领域、体现多元空间价值导向；

　　（2）科学——实现校核贯通，尝试多元价值自动校核统筹和刚性要素贯通规划管理的全过程，对城市品质进行分级量化管控；

　　（3）智能——探索辅助优化，建立定量统计的宏观决策和运行反馈的管控优化。

　　相对于法定规划，城市设计更具有开放性。城市发展的不确定性造就了城市设计本身具有丰富性、可能性和探索性。动态城市设计的管控体系要及时有效地传递城市设计的关键意图，并且将管控意图转换成空间语言有效地引导城市良性发展。

　　同时，动态城市设计的科学管控体系需要与法定规划规范化协作，具体的落脚点集中在四个方面：第一，整合法定规划编制中的管控要求以及涉及三维空间管控的指标要素；第二，在刚性管控需求的规划层面做到多规融合，在弹性管控需求的设计层面实现多元适应；第三，在精细化管控需求的实施层面推行分层管控；第四，在创新技术层面综合运用定性分析、定量评价、智能决策等多种需求层面的尝试。在具体的城市设计实践中，应当坚持刚性控制与弹性引导、底线原则与理性约束相协同，建立充分衔接管理评价的动态反馈机制，科学引导动态蓝图的类生长管理，实现城镇空间设计与开发建设一体化管控。

总体而言，要实现动态城市设计的管控目标和要求，需要从以下九个方面建立和完善方法论框架。

第一，价值导向的多元化，体现以人为本、宜居乐业、公平效率、空间美学、文化传承、活力创新、生态永续等方面的价值理想；

第二，系统组织的精细化，利用行政的、经济的、法律的程序和手段，制定包含导则、通则、专项指引等在内的综合管控系统，体现分区、分级、分项的管控思想，刚性控制与弹性控制并置的管控要求；

第三，管控范围的全覆盖，既包括城市建设用地，涵盖场地、街道空间、地下空间等建设空间以及公园、绿地、水体等开敞空间，也包含山水格局、生态用地、农业用地等非建设用地；

第四，管控对象的过程化，强调对整个城市设计过程的管控，即对城市设计方案的形成过程到实施运营全过程整体考虑；

第五，指标设计的科学化，兼顾问题导向和目标导向，具有坚实的研究支撑对接绩效关联管理和评价系统，积极引导和控制城镇空间健康发展；

第六，管控语言的标准化，管控语言具有动态性、专业性、可操作、可评价、可转译等标准化特征；

第七，管控手段的信息化，基于 GIS 地理信息平台，结合大数据、BIM 建模、智慧城市等信息化技术，建立规划、建设、管理、评价等多功能全流程一体化数字平台，辅助城市设计决策；

第八，管理事权的匹配化，妥善对接领导决策、行政审批、公众参与、方案评价；

第九，管控机制的迭代化，全周期的监测和评估城市设计方案的运营状态，建立以动态设计、动态评估、动态反馈为基础机制的、动态迭代的设计模式和多循环反馈的决策机制，坚持公众参与和实施的影响评价。

4.3.3　管控的手段

1. 以法定规划体系为保障

动态城市设计坚持以法律规范体系为保障依托，与法定规划体系紧密衔接。目前，我国城市规划的法定体系形成以城镇体系规划、城市总体规划、详细规划为主体的层级式法定规划编制体系和一整套较为健全的规划编制、管理和审批流程，相关的城市规划技术标准与规范，明确了城市规划编制体系的层次与类型的划分，进而区分了城市规划不同标准与技术规范的控制内容，形成城市规划在不同层级和类型上的逻辑对应关系。

然而，我国现在城市设计的理论和方法并未形成完整成熟的规范体系，城市设计的法定地位也尚未确立，在概念、内容、编制单位、审批和管理实施机制等都没有统一的认识，这对制定全国统一的法律法规体系形成障碍。在我国现行的法律规范体系中，大多数城市都有体现自身特点的技术管理文件，这些文件也是地方设计、管理与实施部门需要遵循的地方性法规。伴随着新型城镇化建设与转型，我国已经进入制定城市设计技术性文件的阶段，法律规范体系是城市设计能够规范运用、实施的重要保障。在此背景下，住房和城乡建设部在2014年对城市设计制度建设工作作出了具体部署，决定制定和出台《城市设计管理办法》（下文简称《办法》）并于2017年6月1日正式实施。同时，编制符合实际的城市设计导则（现名《城市设计技术管理基本规定》）（下文简称《规定》）。[2] 中央明确将城市设计作为提高城镇建设水平、塑造城市特色风貌的重要手段，提出全面开展城市设计，要求建立城市设计制度，进行城市规划改革。两个文件作为我国城市设计制度的起步性纲领文件，具有重要意义。《办法》从制度层面出发，以构建多层次的城市设计体系与管控机制为主线：一是明确提出，城市设计是落实城市规划，指导建筑设计、塑造城市特色风貌的有效手段，贯穿于城市规划建设管理全过程，明确了城市设计在我国的规划体系中的技术定位；二是确立城市设计管控地位，完善规划管控机制。把城市设计的管控工作对接到现有的城市规划体系中，建立与法定规划相对应的城市设计编制体系，将城市设计纳入控制性详细规划、纳入规划条件。通过《办法》在城市建设审批管理各个环节加入城市设计的管控内容要求，构建规划设计到建设管理多层次、全过程的城市设计管控机制。《规定》的制定在《城市设计管理办法》相关规定的基础上，以城市设计工作的技术性要求为重点，进一步强化城市设计技术工作的针对性、合法性、系统性、规范性和可操作性。一是，通过城市设计分层编制，衔接城市规划的编制体系；二是，城市设计分区管控，衔接城市管理的行政体系；三是，城市设计分项指引，衔接建设实施的技术体系。当下，我国城市设计的法制化正处于积极探索阶段，已有部分地区已提高了城市设计在城市空间管理中的地位，部分城市已开展了城市设计全覆盖工作（表4-6），将城市设计作为规划整合的平台。[3]

同时，建设项目的用地与选址、规划条件的拟定、设计方案审查、规划验收是我国现行的规划实施管理程序，其核心是"一书两证"（选址意见书、用地规划许可证、建设工程规划许可证）的发放。一般情况下，

表 4-6　我国部分主要城市的城市设计编制情况一览

城市设计层次		南京市	上海市	深圳市	天津市
与规划统一编制的城市设计	总规层面	总体城市设计 片区城市设计	规划 重点地区	整体城市设计	—
	控规层面	地段城市设计	附加图则	详细蓝图 法定规划	—
	修规层面	地块城市设计	—	—	—
单独城市设计	总规层面	片区城市设计	—	—	总体城市设计
	控规层面	地段城市设计	附加图则	重点地区局部 城市设计	重点地区城市 设计导则
	修规层面	地块城市设计	—	—	—
全覆盖情况		地块城市设计 全覆盖	重点地区 全覆盖	法定图则 全覆盖	全覆盖
行政审批依据		地块城市 设计图则	附加图则	法定图则	城市设计导则

只有将通则式的控制性详细规划内容转译到"一书两证"的个案管理之中，城市规划才得以落地。相应地，城市设计也应对接现行的规划实施管理程序，包括规划编制、规划实施和规划监督三个环节，在土地出让、用地规划、建设工程规划等环节就管控要求予以落实，并建立相应的公众参与制度和实施督察机制，使宏观、中观的城市设计内容能够推进至微观的可操作层面（图 4-27）。

为解决我国土地管理部门与城乡规划管理部门缺乏协作的问题，两个部门在土地出让前，结合城市设计的相关意图联手编制城市土地储备规划并予以贯彻执行。一方面，通过城市设计方案模拟动态地价评估进

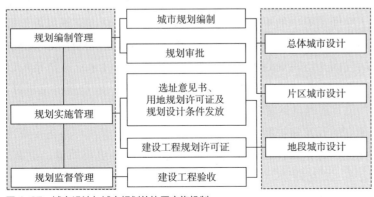

图 4-27　城市设计与城市规划的协同实施机制

行方案优选，尽可能使土地资源的空间规划管理方案与社会经济发展模式下的地价规律相吻合，另一方面，采取严进宽出的土地储备策略，严格控制城市设计项目中确定的地块出让条件。

建设用地规划许可是对具体建设项目获取土地凭证，确保按照规划要求进行建设开发的控制。目前，我国法律已经明确将控制性详细规划作为规划条件制定的依据，纳入国有土地出让合同的正式部分，成为申领建设用地规划许可证的必要凭证，城市设计的相关成果与控制性详细规划成果融合，借助控制性详细规划的成果形式直接引导和约束建筑项目，并且成为具有规定性和引导性的法定规划条件。

建设工程规划许可是在获得建设用地规划许可以后，向符合规划要求的建设工程核发法律凭证，允许申请后续阶段施工许可的管理工作。在融入城市设计意图的基础上借助控制性详细规划成果平台转化为规划条件，确保城市设计意图在建设项目中贯彻，城市设计实施基本实现与我国规划管理程序一体化。

与法定规划的衔接是城市设计一直以来所面临的难题。随着国家空间规划体系改革的推进，国土空间规划总体框架体系逐渐明确，大量与空间管理密切相关的内容和环节都需要衔接与协调，全国各地亟需重塑规划实施体系，充分借助信息化技术，使其具备精准传导空间管控要求、动态监控项目实施进展、充分衔接项目建设的能力。

新时期，国土空间规划作为法定规划，旨在城乡规划体系基础上建立和健全全国统一、责权清晰、科学高效的国土空间规划体系，整体谋划新时代国土空间开发保护格局。国土空间规划是对一定区域国土空间开发保护在空间和时间上作出的安排，将主体功能区规划、土地利用规划、城乡规划等空间规划融合为统一的国土空间规划，实现"多规合一"，是国家空间发展的指南、可持续发展的空间蓝图，是各类开发保护建设活动的基本依据。《中共中央国务院关于建立国土空间规划体系并监督实施的若干意见》提出"充分发挥城市设计、大数据等手段改进国土空间规划方法，提高规划编制水平"，明确了城市设计在国土空间规划编制、提高国土空间品质中的重要作用。城市设计作为"城市空间风貌塑造"和"城市环境品质提升"的有效工具，与原有城乡法定规划体系的衔接关系、在新时代国土空间规划体系中的角色扮演以及与技术标准体系加以规范和引导都是新时期城市设计所要面临的重大挑战。在这样的编制背景下，中华人民共和国自然资源部拟发布了《国土空间规划城市设计指南》，健全国土空间开发保护制度，体现战略性、提高科学性、强化权威性、加强协调性、注重操作性，实现国土空间开发保护更高质量、更有效率、更加公平、更可持续。

在国土空间规划体系的整体框架下，城市设计的指导原则和思想首先还是在生态文明建设的背景下，根据国土空间规划全域全要素综合管控的新要求，应对城市设计的经济、社会、环境等内涵进行更多思考。动态城市设计在价值导向上，以生态系统优化、历史文脉传承、功能组织有序为基本原则，强调人与自然的和谐共生，历史文脉的传承积淀，社会包容的人文关怀，提升发展的空间品质，而不仅仅关注景观风貌与特色。在工作对象上，突破原有的城镇发展区范围，拓展至各类生态保护与控制区、农田保护区、乡村发展区等。在技术途径上，通过公共政策途径和技术管控方法与空间规划、建设管理以及社会实践紧密结合，实现对人类聚落及其环境的相互关系和结构形态进行多层次、系统化和整体性组织安排与空间创造。运用以作为系统方法论的整体思维、操作思维和设计思维，对人居环境多层级特征的系统辨识，多要素特征的统筹协调，以及生态文明和可持续发展理念下城乡一体、自然生态、文化保护与发展的整体认识，形成环境系统的结构优化，生态系统的健康持续，历史文脉的传承发展，功能组织的活力有序，风貌特色的引导控制，公共空间的系统建设，实现美好人居和宜人场所的积极塑造。

其次，依托"一张蓝图"实现空间协同和机制协同，将城市设计内容分层次、分类型融入新时期的国土空间规划体系中，解决现行规划类型过多、内容有所重叠和冲突等问题。在机制协同方面，由自然资源部统一行使所有国土空间用途自上而下的管制和生态保护修复职责；在空间协同方面，基于国土空间基础信息平台同步开展国土空间规划"一张蓝图"建设，"多规合一"、多学科共策、多主体共谋，实现各类空间资源的精准管控、综合整治和动态监测，全信息、全生命周期一体化管理。

动态城市设计注重与"五级三类"国土空间规划相融合（图 4-28），把对城市体形环境的构思和安排积极融入国土空间规划的"一张蓝图"的框架体系内。同时，区别于自然资源空间管控的底线思维，既服务于宏观规划层次大空间格局的构筑，又服务于微观层次的公共空间设计，既可以作为公共政策引领城市发展，又能够深入城市生活设计日常体验。动态城市设计强调在法定规划基础上，把城市设计的主要思想和具体内容有选择性地、渐进式地、层级对应地融入法定规划体系之中（图 4-29），

图 4-28　"五级三类"国土空间规划体系

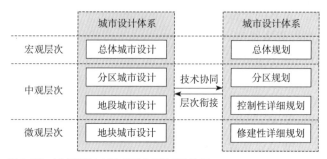

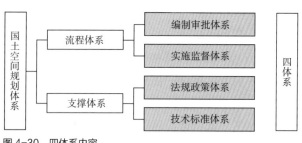

图 4-29 城市设计与城市规划体系的层次协同   图 4-30 四体系内容

形成相互平行、渗透衔接的立体化编制架构，既可以维持法定规划的严谨秩序，又能够有效地发挥城市设计在城乡规划建设中的独特作用，从而推进城市设计的法定化进程。运用城市设计的思维和方法，把动态城市设计倡导的"动态蓝图"和国土空间规划制定的"一张蓝图"全面对位，从空间环境品质的角度逐一对接各个层面的规划编制，形成对接和反馈，提升"一张蓝图"制定的科学性和动态性，并贯穿于国土空间规划的各层级、各阶段，逐步建立"多规合一"的规划编制审批体系、实施监督体系、法规政策体系和技术标准体系四大体系（图 4-30），提高城乡规划编制和管理水平。

动态城市设计的管控工作以新时期法定规划体系为保障，形成与城乡规划相容相协的技术层次框架，使得城市设计技术内容要素能够很好地反映在城乡规划的层次体系中。

一是在总体规划层面编制总体城市设计，一方面，深化城市总体规划；另一方面，促进城市景观风貌总体协调发展。总体城市设计内容，从战略层面指明城市整体空间环境发展的愿景构想，运用城市设计方法构建起富有城市人文活动场所特征与融合自然、历史文化特色的城市三维空间形态总体控制框架。总体城市设计的管控一般是对城市整体风貌特色、空间格局、建筑高度分布、建筑景观、公共开放空间系统、街巷系统、公共活动等内容进行系统综合的设计组织，突出整体性和系统性，以控制和引导城市在整体结构层面上的发展方向，建立总体城市设计项目库，提出下一层次的城市设计项目与行动计划，全周期动态管控总体城市设计项目的开展。

二是深化详细规划层面编制地段城市设计，以总体规划或上一层次的总体城市设计为依据，对一定时期城市局部地区的土地利用、空间环境和各项建设用地所做的具体安排。控制性详细规划是我国具体城市建设活动与实施规划管理的核心依据，把城市设计纳入控制性详细规划和规划条件的思路已经在实践中达成共识。控制性详细规划图则与城市设计导则结合形成成果，为城市设计的实施管理提供了更加直观的、数据化的控制要素和指标阈值，提供较强的可操作性和可行的弹性裁量调控。这种刚性与弹性相结合的管控方式成为规划实践的主要技术手段，被认为是目前最有效的城市设计参与城市建设的方式。在控制性详细规划中纳入城市设计的内容，在二维层面以图则的形式与控制性详细规划结合，融入法定规划文件，直接形成地块的设计条件与控制指标，有效保证了城市整体与局部空间设计的连贯性和一致性；在三维层面有效弥补控制性详细规划在三维空间形体环境效用的不足，更加注重整体、直观、动态地呈现出管控要求，极大地增强了控制性详细规划指标的合理性以及管控过程的可持续性，为规划管理部门提供更加科学有效的依据和意见，为城市开发建设者、投资者提供更加明确的开发要求。

在具体的操作环节，注意区分总体城市设计层面和详细规划层面城市设计的管控需求和要点，使城市设计成果能够精准地对接并纳入法定的规划成果，并在后续的建设施工中保证城市设计实施成果与规划设计意图的及时、准确、持续地对接（图 4-31）。

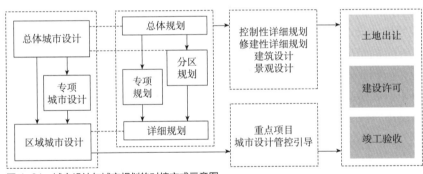

图 4-31 城市设计与城市规划的对接方式示意图

城市设计作为非法定规划，成果形式、内容深度与实施机制均缺少法制保障，难以直接指导城市建设与管理。面对规划制度的缺陷，不同层次、不同地域空间特征和城市职能情况的差异，城市设计的法定化路径不同。国内城市设计的合法性途径主要包含两类：一是整合法定的控制性详细规划，将城市设计作为控制性详细规划的成果形式之一，与建设、审批程序结合。例如，上海以控制性详细规划附加图则的形式确立了城市设计的法律地位，并在重点地区绑定设计方案作为出让土地的附加条件，核心要素包括功能定位、建筑方案、基础设施、地下空间，为上海的城市规划精细化管理奠定了基础。二是依托政府编制地方性规章，促进城市设计成果转化为管理通则，如武汉市的城市设计管控工作结合实际，通过构建管控要素体系将管控要素、要素表达及分级操作体系等内容形成武汉市城市设计管控要素查询手册，并将管控要素纳入到控制性详细规划中进行落实。在法定机制层面，出台一系列城市设计技术标准和法规。2009年出台《武汉市城市设计导则成果编制规定（试行）》，从技术上指导和规范城市设计成果的编制。2015年，进一步开展城市设计核心管控要素体系研究，基本实现城市设计从编制要素向管理要点的无缝交接，《武汉市城市设计导则成果编制规定（试行）》体现城市设计的法定地位。同时，开展专项城市设计工作，制定《武汉主城重点地区建筑高度导则》和《武汉市主城区建筑色彩和材质管理规定》等管理文件，为局部地段的城市设计和控制性详细规划管理提供科学依据，能够有效地调控城市天际线、建设强度及城市特色空间的营造，实现了专项城市设计成果的及时转化。

此外，深圳市具有独立的城市设计管理业务部门，拥有相对完整的城市设计法规体系和技术标准体系（图4-32），并且通过法定图则实现城市设计的管控作用；广州市推行控制性详细规划编制之前组织编制城市设计（图4-33），作为相关指标和效果的前期研究，或与控制性详细规划同步编制，将城市设计完全融入法定规划之中。[4]

动态城市设计强化法定规划体系衔接，重在规范空间开发秩序和资源利用效益的整个过程，逐步实现从空间无序建设向有序高效开发的转变，空间秩序的建立过程中存在多元文化价值以及公私利益的博弈与碰撞，法制化的空间管制规范和约束了不同利益主体对于空间资源的合理诉求，并引导其符合社会认可的空间价值准则和行为逻辑秩序，从而推动城市空间要素格局的有机平衡，实现城市空间资源一体化最佳利用。

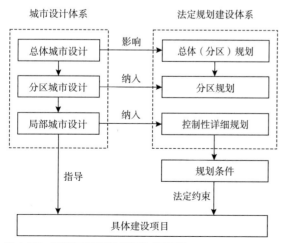

图4-32 深圳市城市设计运作模式示意图

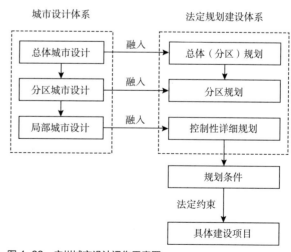

图4-33 广州城市设计运作示意图

　　动态城市设计强调一个开放性框架和一个渐进性的实施操作过程。城市设计师学习和利用城市设计工作平台对城市空间资源的利用和空间形态的生长实施管控，弥补从城市设计方案到管理实施转译过程中信息损失问题；将静态的三维空间设计要素转译为三维的动态蓝图管控，将随机分散的决策过程整合形成连续评价的动态关联决策机制，同时尽量在平衡城市空间绩效的基础上减少城市设计项目给环境带来的不良影响。不能忽视的是，对一个地区或区段的城市设计管控成功与否，最终还在于设计方案本身的质量和对空间风貌管控的能力。

　　当然，我们一直在探索强有力的管理模式，继续创新城市设计项目的管理实践，特别是当前的城市管理理念已经由"分而治之"向"多规融合"的综合管理转变，从"规划统筹"到"统筹规划"，国土空间规划体系下的一张图，已经不是简单的数据整合、检索层面的数据库问题，而是如何建立规划底图，搭建符合现代化规划治理平台的问题。通过总体规划、详细规划两层的一张图信息化平台建设，建立基于规划事权的信息管理体系，使各级管理主体在同一工作框架下，根据自身权限，对规划管理进行实时审批、监测、评估和预警。将城市设计对城市风貌管理的指导要求及时准确地落实到空间管控的各个层面，特别是对城市设计整体实施，重点区域和特殊价值地区的项目落实，有着重要的价值和深远的影响。

　　2. 以城市设计导则为媒介

　　动态城市设计依然是以城市设计导则为媒介来开展城市设计的管控工作。多年来，我国规划管理人员已惯用于以"定性、定量、定边"为特征的控制性详细规划成果内容的形式。城市设计导则是对城市设计的构想和意图，即形体环境元素和元素组合方式的一种抽象化描述，作为城市设计成果，通常是以文字说明与图示结合的形式，引导和鼓励某种设计意图，以城市空间发展为基本视角，将城市设计的目标和要求置于管理框架内，将图示语言进行技术化转译成公共政策和城市设计导则（图 4-34）等规范化文件形式。转译的原则有两方面：一是控制，即以刚性的控制性指标或者图式语言对设计对象进行规定；二是引导，即以弹性的建议性指标或者图式语言对设计对象进行指引。伴随着城市土地的开发利用和城市设计项目的管理实施，城市设计导则对于城市空间风貌的塑造和管控是持续的，渐进的。

　　动态城市设计尤为重视管控的动态持续性和弹性操作性，从管控的层次上看主要包括整体形态的结构性控制、整个区域的原则性控制和重点地段的特殊性控制等，三个层次对应城市空间开发的动态推进过程，从整体到细部层层递进，从设计到实施全过程渗透。作为控制性详细规划阶段城市设计的核心成果，发挥城市设计管控的媒介作用，将设计语

核心公共空间

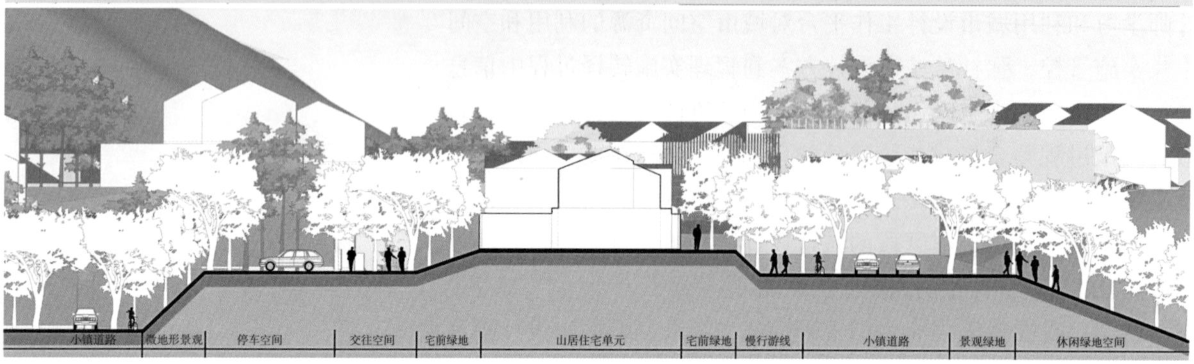
小镇道路
微地形景观
停车空间
交往空间
宅前绿地
山居住宅单元
宅前绿地
慢行游线
小镇道路
景观绿地
休闲绿地空间

空间定位与高度规定

传统山地城镇的平面分为带型、有机型和鱼骨形，这三种形态都由一些基本的平面形态构成要素组成。

包括①路径空间：直线形、转折、交叉、回转；②节点空间：开合、开敞；③边界空间：凹凸三大类共7种类型基本的平面构成要素，每一种要素同时包含多种属性。

①在直线形平面的基础上产生路径空间平面。

②由于地形的起伏变化，转折型空间分为水平转折和垂直转折。

③建筑界面的退让、出挑和底界面的起伏错动，使边界空间产生丰富的变化。

④回转式的路径方式解决了地形错叠造成的较大高差。

⑤山地建筑尺度较小，顺应地形而布局灵活，并局部退让使街道产生节点空间。

⑥开敞节点通常结合高差产生，这样的节点空间具有开阔的景观视线。

典型公共空间平面类型

类别	类型	图示	空间属性			范围
			路径属性	场所属性	领域属性	
路径空间	直线	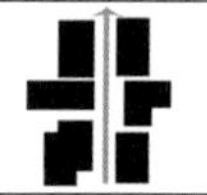	突出 路径属性代表了指向性和连续性；直线道路具有明确的方向和目的，并且是在连续中体现出前进感的	显现 场所特征是外向性和内外沟通性；路径空间中的场所属性处于显现状态，也就是内外沟通性和外向性是与具体情境相联系的、偶发的	隐含 路径属性的突出和场所属性的显现，使路径空间不可能具有封闭内向的特征，因此边界实体不能形成	小型建筑组群
	转折	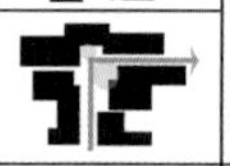				
	交叉	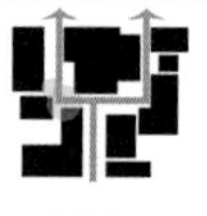	显现 尽管以节点空间为主要形式，但路径仍是本质	突出 交叉处集中发生外向的交往活动，停滞与流动的内外沟通强	隐含 路径属性和内外沟通性强，相对领域属性被弱化	
	回转	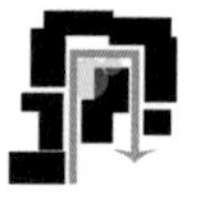	显现 目的是解决地形或高差造成的交通问题，具有连续性和指向性	隐含 受地形限制，而难以形成外向的并内外沟通的空间	突出 以解决交通为主要目的，自然地势或建筑围合封闭的边界	
节点空间	开合	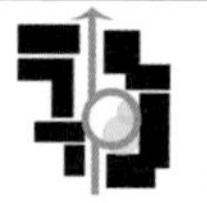	显现 伴随道路产生，因此空间的本质还是交通	突出 在节点空间内部的停滞活动能够吸引更多外来活动产生，具有强烈的外向性和内外沟通性	隐含 路径属性和内外沟通性强，相对领域属性被弱化	小型组群
	开敞	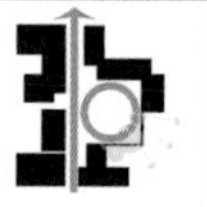	隐含 作为小型广场或标志景观，目的是引起停滞，路径作用弱化		显现 由建筑或地形围合并产生活动，因此需要具有实体边界	建筑组群
边界空间	凹凸		显现 边界空间具有连续性，才能体现丰富的空间变化	隐含 实体边界的形成阻断了外向性和内外联系，也就失去了内外沟通性	突出 边界空间目的就是围合实体边界，产生明确的内外分隔	建筑边界

类型		空间特点		典型程度
直线型公共空间	水平街道	平行于等高线的街道，修建于平地或局部的平地上，两边由建筑封闭	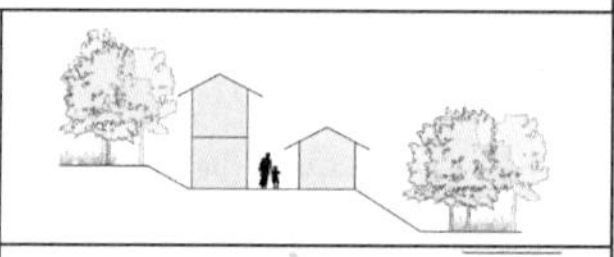 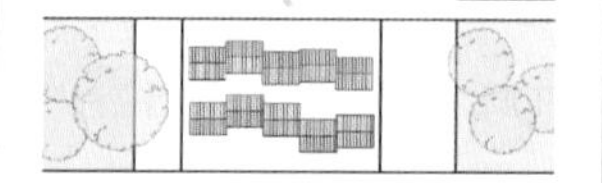	弱
	爬山梯道	垂直于等高线的街道，建筑沿梯道的上升也逐级抬高，形成错落有致的空间形式	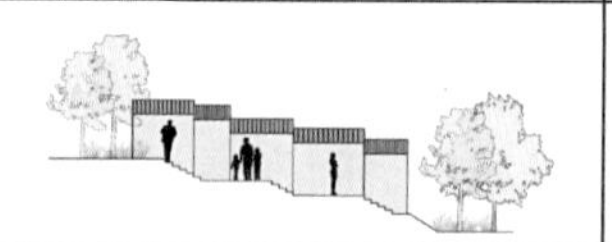 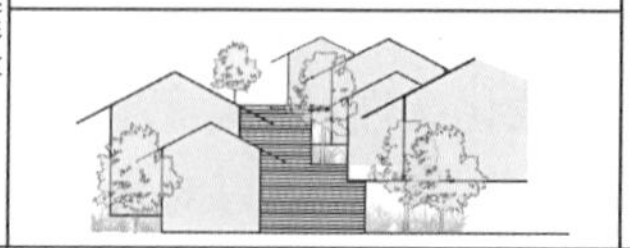	强
转折型公共空间	水平转折	街巷空间中发生的转折，高差基本没有变化，在转折处多形成活动的节点空间	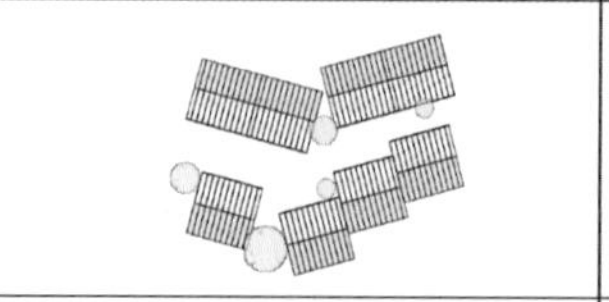	弱
	垂直转折	在长梯道或坡道上发生的转折，由于高差较大，梯道一边通常是石壁堡坎而另一边开敞	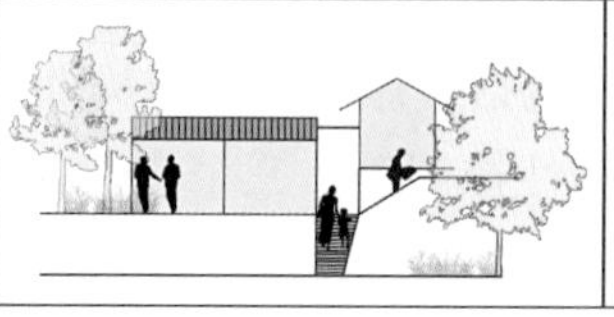	强

图4-34 嘉和小镇城市设计导则中的三维空间定位和高度规定

言转译为管理语言，坚持刚性规则与弹性操作相结合，并且把具体的控制指标和引导原则以定性和定量相结合的方式融合于各个层次城市规划和各个尺度的城市设计项目实施中，使城市设计导则成为最有价值、最可持续的代表性成果之一。

目前，大多数国家的做法是以城市设计导则内容作为建筑项目设计与开发的法定标准。我国城市设计的实施与现行法定的城市规划编制体系进行有效衔接，也是通过城市设计导则的介入和相关成果的整合来实现动态城市设计内容向实施落实和规划管理方面的转化，加强城市设计编制与城市规划管理在内容上的统一性和技术上的协同性。

3. 以城市风貌管控为内容

城市风貌为人们所感知和体验，是建成环境中被公认的公共价值领域之一。城市文化脉络和空间美学是城市风貌的要旨，为人们所理解和认同。《城市设计管理办法》中明确，城市设计是落实城市规划、指导建筑设计、塑造城市特色风貌的有效手段，贯穿于城市规划建设管理全过程。随着城市建设向高质量发展和高品质生活转型提升，满足人们对美好生活的向往、建设美丽中国成为城市建设的重要目标愿景。城市景观建筑风貌作为城市品质彰显的重要维度，城市建筑尤其是大型公共建筑具有极强的公共性和整体性，是多种类型的风貌要素在一定结构逻辑下的关联性组合。

动态城市设计的管控应当围绕城市风貌的形成与发展、塑造与建造为主要对象，以公共价值为判断导向，以公众审美和感知体验为依据，创建景观建筑风貌秩序。对创建过程中出现的可能破坏公共价值领域的行为进行公共干预，对影响公共性和整体性的城市风貌要素进行识别，通过城市设计师将公共利益的共识进行技术性转译，把公共利益转化为具体化的公共政策，并且通过地方性法规或者法定规划的形式对景观风貌实施底线约束。

动态城市设计应当重点处理好五大关系：一是自然环境与人工建设之间的共生关系；二是社会经济效益与环境效益影响之间的平衡关系；三是历史文脉传承与当代创新发展之间的协调关系；四是风貌塑造的整体性与空间活力的多样性之间的关联关系；五是增量止损与存量增益之间的共轭关系。在具体的城市设计项目操作中，需要充分结合各地方的实践经验，提出因地制宜和刚弹相济的管控机制，既要有刚性的管控，也要有弹性的管控，在管控底线方面需要刚性的管控，同时留有弹性的余地和自由裁量的空间，底线与刚性不完全对等，以是否能上升为公共利益作为界定底线的标准；注重建立法规与规划并重的管控制度体系、精细化管理的协同参与机制及风貌管控的动态调整机制。

4. 以要素分级管控为路径

要素管控是城市风貌管控的核心组成，为控制性详细规划阶段城市设计编制和实施提供了一种有效解决思路。一个科学的要素体系，不仅适用于城市设计编制和管理，也适用于城市设计实施和评价，通过管控指标的条理化和精细化，促进城市设计评价工作的进一步科学化。

要素分级管控是实现城市风貌管控的主要手段，通过对总体城市设计、重点地区城市设计和地块城市设计这三个空间层级的不同管控要素的梳理，建立要素分级管控体系，第一层次，通过总体城市设计可以把控宏观层面的城市意象、人文特色和总体形态，明确市级地标，划定城市重点地域，提出地区风貌的管控要求，建立全面而有差别的总体管控框架；第二层次，重点地区城市设计关注建筑高度、城市地标、建筑公共界面、建筑风格色彩和历史风貌地段的协调性等管控要素，并将管控内容纳入法定规划；第三层次，地块城市设计应结合项目实施，在落实上位城市设计要素管控的基础上，应特别关注大型公共建筑的建筑方案审查，借助总规划师或总建筑师制度，在综合专家审查意见的同时开展公众参与，广泛听取市民意见，避免因个体价值偏好对城市公共利益的损害。动态城市设计以动态管控为核心机制，建立不断深化逐级递进的要素管控结构，与相应层次的城市规划与设计相匹配，又针对各个层次各有侧重的选择要素管控指标，在塑造城市与建筑风貌的过程中架构从整体协调到分级管控的完整系统，从宏观把握到微观导引动态管控城市空间风貌要素体系。

多年来，发达国家以城市设计为核心制定空间发展策略，在形态管控方面取得众多成果。美国波特兰市利用城市设计指引制定了个性化空间标准，保证了空间发展的适宜性；英国通过城市设计导则和开发概要对空间体量、街廓模式等进行特征描述与量化控制，把握空间发展方向；法国地方城市规划借助城市设计量化指标体系优化管控条文，保护风貌特色；新加坡以开发控制手册与城市设计导则为载体，进行刚弹结合的形态控制，并根据区域差异化要求提出补充性指标，满足特色需求。在我国，香港城市设计指引从宏观、中观、微观三个层次对空间要素进行引导，并依据环境特点及建设需求，提出类型分区设计指引；上海则依托大量城市设计成果，构建附加图则系统，以满足各区段个性化发展要求；武汉通过构建空间要素库将城市设计内容分解到每一要素，通过量化指标控制及标准化图解引导，实现形态精细化管控（表4-7）。

动态城市设计的要素管控体系是一种对全区域、全尺度、全要素精细化管控的框架构想，面对新的转型发展需求，城市设计的编制实施应当以空间资源精细化管控为核心，强调多元价值观的科学融合和持续指引，进一步明确和完善各层次城市设计的工作内容和重点，优化面向实

表 4-7　国内外城市空间形态管控方式

国家	城市	管控载体	管控方法
美国	波特兰	城市设计导则	设计导则明确了城市中心区设计目标，重点考虑建筑空间和人的关系，以刚性管控与弹性引导结合的方式对城市建设内容进行加强和协调多样化指导
英国	伦敦	城市规划城市设计导则	政策层将纲领性控制内容在城市规划中进行表述，并以多类型导则对控制内容作以补充；设计层面以大型规划中的城市设计原则和图文形式体现具体的控制
法国	奥奈森林	地方城市规划	将区域进行类型划分，各区域制定差异化的管控手段与措施，管控规定对总平面图中每一类用地提出条文式管控要求，是法律层面城市设计管控的核心内容，通过法定条文管控城市设计要素
新加坡	新加坡	城市设计导则	总体层将城市设计处于整体城市规划的框架内；具体设计中，以开发控制手册与细则、重点片区城市设计导则作为空间形态精细化控制文件
中国	香港	城市设计指引	城市设计指引规定了设计基本要素，对宏观、中观、微观各层面要素做出精细管控
中国	上海	城市设计附加图则	以城市设计方案为基础编制附加图则，对空间要素实施系统性、规范性管控
中国	武汉	城市设计导则	编制城市设计核心管控要素库，实现城市空间精细化管理

施的管控体系，通过分区、分级、分项的管控方式将宏观价值体系最终落实到微观空间的整个管理实施中。

以上海市城市设计法定成果的编制与实施为例。自 2008 年以来，上海在新一轮控制性详细规划的编制上形成了相对完善的城市设计管控制度。2010 年，《上海市城市规划条例》规定，如有对建筑、公共空间的形态、布局和景观控制要求需要作出特别规定的，应组织编制城市设计并纳入控制性详细规划。2011 年，上海开始推行附加图则的设计管控制度。

一般地区编制控制性详细规划时，提出普适性的规划控制要求，形成普适图则，按照《上海市控规技术准则》"空间管制"章节的通则要求，在控制性详细规划普适图则中对建筑高度、建筑界面两方面提出控制要求。重点地区编制控制性详细规划时，依据类型和级别确定编制区域的城市设计要素，类型反映不同区域的空间特征差异，级别反映不同区域的管控深度，按照"五类三级"控制原则对控制要素进行筛选，（表 4-8），即把城市空间划分为五种功能类型，将城市重要区域划分为三个等级，50 个要素；根据分类和分级的不同，所选的管控要素数量不一，管控方式及深度不同形成层次丰富的附加图则，明确管控的具体内容，为城市设计成果编制奠定了基础（表 4-9、表 4-10）。

城市设计方案是附加图则的基础，附加图则是城市设计成果的提炼。随着城市设计方案的逐步优化，附加图则的内容也得到逐步深化和调整，并最终作为法定化的成果，成为控制性详细规划普适图则的补充。[5] 在编制方式上采用以下三种：一是区分强制性要素与引导性要素；二是区分

表4-8 上海市城市设计重点地区分类分级表

重点地区	一级城市设计区域	二级城市设计区域	三级城市设计区域
公共活动中心区	市级中心、副中心、世博会规划区、虹桥商务区主功能区等	世级专业中心、地区中心、新城中心等	社区中心、新市镇中心
历史风貌地区	上海市历史文化风貌区、全国重点文物保护单位建设控制地带	风貌区外市级文物保护单位建设控制地带、优秀历史建筑建设控制范围等	风貌区外历史建筑集中的历史街区
重要滨水区与风景区	黄浦江两岸地区、苏州河滨河地区、佘山国家旅游度假区、淀山湖风景区等	重要景观河道两侧、大型公园周边地区等	
交通枢纽地区	对外交通枢纽地区	轨道交通三线及以上换乘枢纽周边地区	轨道交通二线及以下站点周边地区
其他重点地区	大型文化、游乐、体育、会展等设施及其周边地区		

表4-9 上海城市设计建筑形态管控要素

类别	图例	名称	释义	补充说明
建筑形态	▪▪▪▪	建筑控制线（可变） 建筑控制线（不可变）	控制建筑轮廓外包线位置的控制线	沿道路红线、绿化用地（G）边界、广场用地（S2）、公共通道及其他公共空间的边界设置
				红色虚线表示线位不可变，蓝色虚线表示线位可变，在建设项目规划管理阶段，可根据具体方案确定
				当建筑控制线与公共通道边界或广场等开放空间边界重合时，后者可省略绘制
				当建筑控制线不标注贴线率时，表示建筑可贴线建设，也可不贴线建设
				当可变的建筑控制线一侧标注贴线率时，则表示无论该建筑控制线的线型如何，均应满足贴线率要求
	3H, 60%	建筑控制线后退距离及贴线率	贴线率指建筑物紧贴建筑控制线的界面长度与建筑控制线长度的比值	沿建筑控制线可根据城市设计对公共空间的要求标注贴线率
				贴线率一般为下限值，特殊情况下可为上限值，但应在通则中注明
				贴线率计算以《上海市控制性详细规划技术准则》中的内容为准
		建设控制线范围	指建筑控制线以内的建设控制范围	与建筑控制线结合使用，指由建筑控制线围合的、可建设多层及高层建筑的建设范围
		建筑塔楼控制范围	指建筑控制线以内，高度大于24m，且空间形态上相对于建筑裙房高度较为突出的建筑塔楼的控制范围	塔楼的外轮廓投影线不得超出范围，塔楼的控制高度有特殊要求的，可在通则中根据城市设计予以明确
				塔楼位置应标注其长度及宽度尺寸
	✳	标志性建筑位置	指在特定区域可以建设的建筑高度，不同于地块建筑控高的标志性建筑，其在高度、形态等方面居景观风貌核心地位	标志性建筑位置依据城市设计确定，数量应予以控制，一般一个地区以一到两处为宜；可为高层，也可为低层、多层建筑
				塔楼位置应标注其长度及宽度尺寸

续表

类别	图例	名称	释义	补充说明
建筑形态	～～～	骑楼	指沿街建筑的二层以上部分出挑，其下部用立柱支撑，形成半室内人行空间的建筑形态；可跨红线、公共通道，也可位于地块内部	沿建筑控制线内侧标注该图例，表示沿该建筑控制线规划设计为骑楼的形制
				骑楼宽度、高度根据功能需求而定，图上可不表达；若表达，则应在通则及文本中明确宽度、高度的上／下限值
	⌐	建筑重点处理位置	指在公共空间或景观视线占据重要位置的建筑界面，需在建筑方案中重点把控	根据城市设计结论，在景观时间或公共活动重点位置或沿线标示该图例
				为引导性指标，如有特殊的设计要求规定应在图纸通则和文本中明确
	▨	保留建筑	指除历史风貌区规定的保护建筑外，其他需被保留的一般建筑	应在图纸地块控制指标一览表的备注栏中注明保留建筑的名称

表 4-10　上海市城市设计五类重点地区控制要素

地区类型	空间系统	控制要素
公共活动中心	功能业态布局的系统性	地上／地下各层商业设施空间范围，地上／地下各层其他设施空间范围，地上／地下建筑主导功能
	公共界面的连续性	建筑控制线、建筑控制线后退距离及贴线率
	步行空间的连续性	公共通道、连接通道
	广场绿地的系统性	广场形式、范围、面积，绿地范围、面积
	街道尺度的宜人性	建筑高度和道路宽度的比例
	空间标志性的特色	标志性建筑高度、建筑材质、建筑色彩、屋顶形式
重要滨水区与风景区	滨水公共空间的开敞性	滨水公共空间的尺度，广场形式、范围、面积，绿地范围、面积
	步行空间系统的连续性	公共通道、连接通道、公共通道端口
	滨水天际线的适宜性	建筑高度
	滨水界面的有序性	建筑面宽占地块总面宽的比例
	滨水岸线的亲水性	滨水标高
交通枢纽地区	地区交通流线畅通性	机动车流线、非机动车流线、人行流线，公共通道、连接通道，广场形式、范围、面积
	地上和地下立体空间联系性	公共垂直交通、地下标高
	空间的可识别性	标志性建筑，广场形式、范围、面积，建筑风貌
历史风貌地区	广场绿地的系统性	广场形式、范围、面积，绿地范围、面积
	步行空间系统的连续性	公共通道、连接通道、公共通道端口
	城市格局、建筑风貌和景观特色	沿街建筑高度控制、街坊内部建筑高度控制、建筑色彩及形式
其他地区	结合其他四类空间控制系统图	结合其他四类空间控制要素

刚性指标与弹性指标；三是规定可纳入规划执行的内容。在编制时序上，附加图则可以与控制性详细规划同时编制，也可以根据实际情况分阶段编制。若对控制性详细规划的法定内容有优化调整时，应在附加图则的编制成果中，同步完成控制性详细规划的调整内容，保持编制成果的动态可持续性。为了提高管控要素适应性，确保在目标导向的基础上，分类分级制定管控深度和管控强度的设计策略，给建筑设计留有弹性，也为应对城市未来发展的机遇和挑战留有余地。

　　动态城市设计的实施是一个从理性设计走向现实操作的过程，不仅要求设计方案科学、严谨、周密、合理和可行，更重要的是能够将成果有效地传递到城市物质空间要素环境直接创构的建设项目个案之中，并且指导城市设计项目的实施。动态城市设计被寄托了完善城市规划方法和补充城市规划体系的期望，[6]城市设计师对设计成果进行"分级、分类、分项"处理以及必要的提炼和转译，通过可落地的位置、数量、角度、比例等管控与引导语汇，将城市设计图纸转换成政策法规、城市设计导则（图 4-35 ~ 图 4-37）等规范化文件形式，以便于规划管理人员和下一步具体项目设计人员的理解和使用。

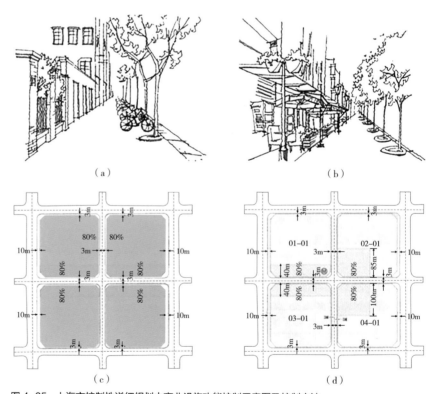

（a）　　　　　　　　　　　　（b）

（c）　　　　　　　　　　　　（d）

图 4-35　上海市控制性详细规划中商业设施功能控制示意图及控制方法
（a）沿街功能改造前；（b）沿街功能改造后；（c）地上分层空间商业设施和其他公共设施控制范围；（d）地下分层空间商业设施和其他公共设施控制范围

图4-36 中国醴陵陶瓷谷城市设计导则

5. 以指标量化管控为依据

技术革命驱动城市设计方法走向全尺度、大容量、高精度、高粒度，为城市规划的管理提供更多精细化和矢量化的可能。在许多具体的城市设计项目中，采用框定总量的底线思维和指标量化的管控方式，栅格化分析城市综合信息容量（图4-38），控制生态红线（表4-11）、用地界线

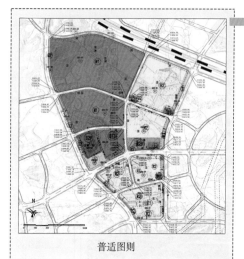

普适图则

城市设计

导控策略

[用地功能控制引导] 本片区的功能构成主要是一类工业用地，二类居住用地和商业商务设施用地。本片区依据其功能布局，合理规划工业与居住生活的关系，营造方便、安静、舒适的居住环境以及适宜的工作环境

[交通组织控制引导] 本片区的交通组织依照相关规范规划设计组织交通流线，实行人车分离，打造安全便捷的交通体系；本片区依据居住人群的行为活动，合理规划公共交通及静态交通站点，设计合理的换乘路线，形成高效的公共交通体系

[空间形态控制引导] 本片区在工业用地与居住用地之间规划有绿带廊道，结合有秩序的空间节点，创造丰富开放的公共空间

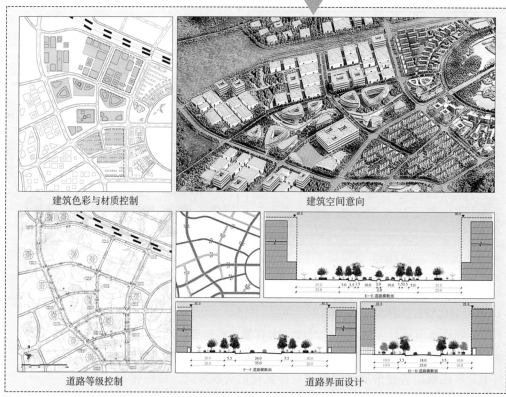

图 4-37　中国醴陵陶瓷谷城市设计图纸与政策的转换过程

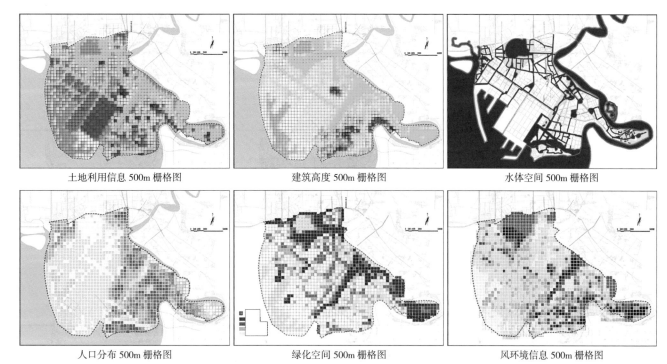

土地利用信息 500m 栅格图　　建筑高度 500m 栅格图　　水体空间 500m 栅格图

人口分布 500m 栅格图　　绿化空间 500m 栅格图　　风环境信息 500m 栅格图

图 4-38　辽东湾新区城市规划信息的分层矢量化管理

（表 4-12）和规划底线（表 4-13），建立与动态开发模式相匹配的动态维护机制和动态指标体系等全过程技术服务链条，在发展中积极应对城镇化建设水平、人居空间活力需要与市场化需求之间的平衡关系，引领城市规划在整体风貌管理过程中的多尺度量化控制（表 4-14～表 4-17），实现从宏观的生态尺度到中观的密度组团再到微观的控制性导则层层矢量递进，构建以低碳生态为目标的总体城市设计指标体系（56 项指标）、控制性详细规划指标体系（22 项控制要素）以及空间控制指标体系，以此作为城市设计方案绩效评价和规划管理的依据。分层次矢量化、全尺度优化管理，并针对多种情况设置预案，通过绩效评价反馈来修正方案。

表 4-11　辽东湾新区人均生态承载力计算结果

土地类型	总面积（km²）	产量因子	调整面积（hm²/人）
耕地	0.039 7	2.11	0.083 8
草地	0.020 5	1.83	0.037 5
林地	0.354 0	1.03	0.036 5
建设用地	0.157 6	2.11	0.332 5
水域	0.040 5	1.83	0.074 1
二氧化碳吸收用地	0.000 0	0.000 0	0.000 0

土地类型	总面积（km²）	产量因子	调整面积（hm²/人）
总供给面积	0.293 7	—	0.564 4
生物多样性保护面积	—	—	0.067 7
总生态承载力	—	—	0.496 7

表 4-12　城市发展规模预测

发展年限	建议人口规模（万人）	预计规划用地规模（km²）	预计城市建设用地规模（km²）	预计碳排放量（t/人）	预计生态承载力（hm²/人）
2010（现状）	4.7	306	40.5	8.21	1.14
2015（近期）	10~15	306	132.5	10.0	0.5
2030（末期）	20~30	306	213.5	11.46	0.62
2030—2050（远景）	30~50	420	237.5	10.2	0.75

表 4-13　规划用地碳汇、碳源计算结果

土地类型	PS	碳吸收（10³t）		碳排放（10³t）	
		C_r	C_d	E_c	E_a
耕地	59.85	—	60.70	—	0.85
草地	1.93	1.93	—	—	—
林地	13.49	13.49	—	—	—
水域	74.07	74.07	—	—	—
城市建设用地	-786.6	—	—	786.6	—
总计	-637.26	89.49	60.70	786.6	0.85

表 4-14　总体城市设计指标体系

分类	库编号	指标项	单位	阈值
产业经济	I20	第二产业用地比例	%	[60, 65]
	I21	第三产业用地比例	%	[40, 45]
	I23	单位工业用地碳排放量	万 t/km²	[15, 20]
	I24	关联产业用地分离度	—	[0.4, 0.5]
	I25	静脉产业用地比例	%	[5, 8]

续表

分类	库编号	指标项	单位	阈值
资源能源	R05	能源自给率	%	[90，100]
	R12	清洁能源利用比例	%	[20，30]
	R20	淡化海水供水比例	%	[10，15]
	R22	再生水供水比例	%	[30，35]
	R29	热电联产供电比例	%	[90，100]
	R31	电动车辆充换电站密度	个 /km^2	[0.05，0.08]
	R32	天然气加气站密度	个 /km^2	[0.2，0.3]
	R33	集中供暖面积率	%	[90，100]
	R34	城市气化率	%	[90，100]
用地空间	L07	公共服务中心平均出行距离	km^2	[2.5，3.0]
	L08	人均建设用地面积	m^2/ 人	[80，85]
	L12	人均公共管理与服务用地面积	m^2/ 人	[5.5，6.0]
	L19	紧凑度 BCI 指数	—	[0.65，0.70]
	L22	土地混合使用比例	%	[10，15]
	L23	城市地下空间利用率	%	[15，20]
	L26	围填海岸线冗亏指数	—	[3.0，4.0]
	L28	保障性住宅用地比例	%	[15，20]
	L30	围填海强度指数	hm^2/km	[200，300]
交通运输	T06	非机动车道路网密度	km/km^2	[6.0，6.5]
	T08	步行系统连通度	—	[1.5，2.0]
	T12	道路用地平均绿化率	%	[15，20]
	T22	公共交通站点覆盖率	%	[90，95]
	T23	公共交通网络连通度	—	[4.5，5.0]
	T24	公交专用道路网密度	km/km^2	[1.2，1.5]
	T25	轨道交通路网密度	km/km^2	[0.3，0.4]
	T26	物流交通便捷度	—	[1.1，1.5]
	T27	城市道路网密度	km/km^2	[8.5，10.0]

续表

分类	库编号	指标项	单位	阈值
环境生态	E01	建成区绿地率	%	[30，35]
	E11	建成区湿地面积比例	%	[10，15]
	E13	本地植物指数	—	[0.7，0.8]
	E16	生态用地破碎度	km²	[1.0，1.2]
	E22	生态网络连通度	—	[2.0，2.5]
	E24	城市绿地郁闭度	—	[0.20，0.25]
	E27	驳岸生态化率	%	[70，80]
	E28	城市地面透水率	%	[45，50]
	E30	公园绿地覆盖率	%	[80，90]
市政安全	S03	光纤网络覆盖率	%	[90，100]
	S09	生活污水处理率	%	[95，100]
	S13	工业用水重复利用率	%	[90，95]
	S18	生活垃圾资源化利用率	%	[50，80]
	S19	生活垃圾无害化处理率	%	100
	S23	工业固体废物综合利用率	%	[90，95]
	S32	市政综合管网覆盖率	%	[95，100]
	S33	人均固定避难场所面积	m²	[3.0，3.2]
	S34	城市雨水蓄积能力指标	L/m²	[20，50]
建筑景观	B01	城市绿色建筑比例	%	[80，90]
	B08	公共建筑立体绿化率	%	[30，50]
	B17	全装饰住宅比例	%	[60，70]
	B18	居住建筑体形系数	—	[0.25，0.28]
	B19	城市照明自给率	%	[50，100]
	B20	景观多样性指标	%	[90，95]

表 4-15 控制性详细规划指标体系

目标	编号	分类	控制要素编号	传统控制要素	新型控制要素	阈值	单位	备注
金帛岛控制性详细规划低碳生态控制要素体系	1	空间形态	1	容积率		BCI 指数 [0.65, 0.70]	—	BCI 指数可转化为具体地块的容积率指标
			2	建筑密度		[0, 40]	%	不同功能区块的建筑密度相应的控制指数
			3	居住人口密度		[≥ 420]	人 /hm^2	
			4	绿地率		[30, 45]	%	
			5	建筑限高		[0.200]	m	具体区块的限高有相应的控制
			6	建筑后退	沿街建筑高宽比 [0, 2]		—	金帛岛的建筑后退控制确定要素不同指数的控制
					界面密度 [0.7, 1]		—	
					贴线率 [40, 50]		—	
	2	低碳交通	7	交通方式				轻轨、常规公交、自行车与步行相结合
			8	停车泊位		共享停车位指数 [25, 180]		停车位的具体数量可通过共享停车指数来转化
			9		人行道路网密度	[8.5, 10.0]	%	
			10		公共交通站点覆盖率	[90, 95]	%	
			11		公共交通网络连通度	[2.0, 2.5]	%	
			12		步行系统连通度	[1.5, 2.0]	%	
			13		非机动车道路网密度	[8.0, 9.5]	%	
			14		公交专用道路网密度	[1.2, 1.5]	%	
			15		轨道交通路网密度	[0.3, 0.4]	%	
			16		社区空间耦合度	[10, 15]	%	
	3	绿地景观	17		景观分维数	[1.05, 1.2]	—	
			18		景观多样性指数	[90, 95]	%	
			19		城市绿地郁闭度	[0.20, 0.25]	%	
			20		生态网络连通度	[2.0, 2.5]	m^2/ 人	
			21		本地植物指数	[0.7, 0.8]	m^2/ 人	
			22		滨海沿岸生态化率	[30, 60]	%	

表 4-16　不同区块的建筑后退相关控制指数（D/H 控制数）

D/H 比值	D/H ≤ 0.67	0.67 < D/H ≤ 2	2 < D/H < 3	3 < D/H
空间感受	围合感强	亲切、舒适	开敞、疏远	宏伟、空旷
适用街道	历史风貌街巷	生活性街道	其他步行空间	交通性街道

表 4-17　界面连续度和贴线率控制指数

界面类型	连续度（%）	贴线率（%）	适用类型	适用地块
A 型	50~70（较高）	50~70（较高）	形状较确定的公共空间（如圆形、方形等）	商业、办公
B 型	30~50（一般）	50~70（较高）	对围合要求不高的公共空间，如塔式的住宅与办公楼	办公、居住
C 型	50~70（较高）	30~50（一般）	避免狭长形公共空间（如街道）的刻板单调	居住（山墙面沿街）、公共服务
D 型	30~50（一般）	30~50（一般）	范围较大的公共空间	公共服务、可兼容性的绿地
此外，从金帛岛滨海区总体海岸线考虑建筑连续度的控制，一般来说，建筑临水面不应大于水体长度的 70%				

为了满足动态城市设计与动态绩效评估全程规划、实时监控、及时调整的要求，需要确定可量化的城市设计指标。从规划层次上看，同一类指标可能适用于不同层面的规划，但其相互之间有着互为因数或系数的紧密联系，具有指导、控制或反馈作用；从单项规划的编制过程看，某些

指标将会贯穿编制过程始终，即贯穿于从基础条件分析到规划目标确定，再到规划方案设计，直至规划绩效评估这一过程；从规划时序上看，通过数据整理与分析，可总结出城市各环节的发展规律，为相关预测提供依据。在辽东湾新区城市设计实践中，引入了相互关联、可定量的规划指标，这些指标记录了各项规划内容，并具有明确的计算方法，从而形成了不同层次相互联系的指标体系。

城市设计实施管理的主要技术工具是弹性容积率，城市设计对容积率的控制分总控、管控和导控三个层次。在总控层次，在城市规划对容积率控制的前提下，对各个区块容积承载度进行科学测算，让容积率在总体上得到有效控制，以保证城市健康、协调；在管控层次，对地块容积率做精细的经济测算，理清基础容积率和最大容积率，明确奖励容积率的空间范围，对基础容积率做严格管控；在导控层次，针对城市设计目标，制定容积率奖励条例、奖励条件和奖励标准，让奖励容积率成为导控城市空间塑造的推手。

同时，通过将形态化的规划方案进行图形数据量化处理，运用计算机软件从开发强度、微气候环境和交通条件等方面对设计方案进行综合计算与分析，得出空间数据可视化结果（图 4-39），作为评判设计目标是否实现的依据，实现图形信息与数据信息的对接。辽东湾新区城市设计，将各阶段城市设计方案与实时状态汇总并录入 GIS 平台，建立城市综合信息数据库，可以对比分析不同情境下城市生长过程的动态模拟结果，据此选择最适宜的城市发展路径。

6. 以城市设计平台为载体

广义的城市设计工作平台是一种思维模式，从城市宏观管理的角度切入建立起来的多学科交叉的综合技术平台，城市设计的所有工作程序内容以及成果纳入到这一统一管理的平台之上，进行协商式作业的工作形式，从而不断增强城市设计的综合性和可实施性。

作为综合性较强的专业，城市设计平台是融合建筑、景观、规划、市政等多专业的协作平台。尤其对于重大建设项目，牵涉多个专业和工程种类，与实践环节密切相关，起到综合实施和协调作用。通过城市设计平台的搭建，将众多设计师的工作统一在共同的框架之中，全周期管控和引导城市空间生长进程，设计平台贯穿于从设计策划到运营实施的整个过程中。同时，在城市设计的不同阶段，工作平台承担着不同角色、不同工作内容以及参与决策的技术信息转换，形成"浓缩集体智慧"的设计作品。

作为过程式参与决策的实践，城市设计平台是集成多元主体、多元价值、多阶段、多要素的媒介平台。由于各个阶段的作用不同、参与者不同、价值取向不同、专业不同，加上时间因素，使整个城市设计过程

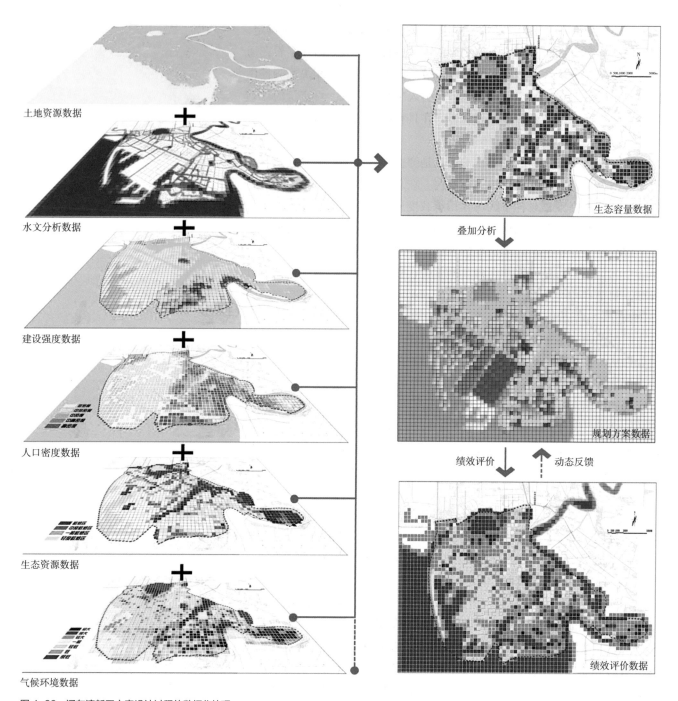

土地资源数据

水文分析数据

建设强度数据

人口密度数据

生态资源数据

气候环境数据

生态容量数据

叠加分析

规划方案数据

绩效评价　　动态反馈

绩效评价数据

图4-39　辽东湾新区方案设计过程的数据化处理

充满了变化（图 4-40、图 4-41）。多主体参与的、多阶段联合优化的城市设计工作平台，为集群化的城市设计团队和集成化的城市设计管控建立了有效的沟通渠道，明确了各阶段、各主体的行为活动目标和路径，是城市设计众多参与者沟通和对话的媒介，增强了城市设计成果与实施的连贯性和可控性。

　　狭义的城市设计平台，更加关注到微观而具体的操作环节，主要是承载城市设计的参与决策。作为城市设计的技术优势，在"一张蓝图干到底"的背景下，城市设计管控既要体现多元价值融合，又要提升城市综合品质；既需要建立贯通设计、实施、管理全过程的方法体系，还需要创新能够即时反馈迭代的智能工具。

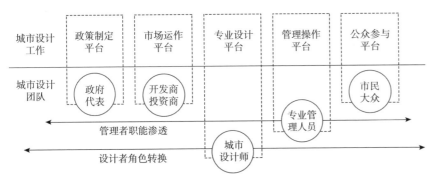

图 4-40　城市设计不同平台及决策者关系示意图

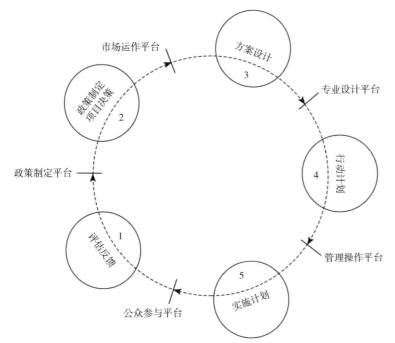

图 4-41　城市设计工作平台与实践

7. 以信息数字技术为支持

动态城市设计平台以城市大数据平台和地理信息系统为数据基础，以数字化平台谱系为技术支持，以三维动态模型模拟和智能大数据可视化为技术优势，以数据化集成、信息化管控和可视化表达为三大核心功能模块，建立城市设计综合信息管理系统，将城市规划与设计的整个运作加载在一个框架之内统筹管控，兼容和整合不同管理单元和各个公共部门的协作，共同承担起多参与主体、多维度技术、多媒体软件、多元化信息的多阶段动态设计任务，具体包括规划编制、数据集成、成果入库、规划审批、决策支持、实施管理、公众参与和评估等八个环节全流程基础架构，建构形成数字化动态管控平台。

动态城市设计编制成果通过与城市运行现状数据的结合，动态监测和反馈城镇规划水平与发展进程，动态校核调整，循环往复运行，建立闭合循环的管控体系，将城市设计的动态管控工作完整深入地衔接于城市设计的工作中。

动态城市设计的数字化管控平台完全按照真实的城市设计边界，在微观空间内实现动态城市设计统筹，建立"全周期信息的动态蓝图"和动态监测机制。传统二维管控增容至三维可视化分析，乃至四维时空共现，从方案设计的谱系化到平台管控的规则化和智能化，集成所有管控要素，把对规划蓝图管控引导的设计语言有效转换成智能化的管控规则，分区、分级、分项落实管控要求，形成多元集成、多维交互的精细化管控模式，动态、直观地进行空间判读和精细化治理。

综上，动态城市设计的数字化管控平台具有全信息建模、全要素模拟、全周期运营、全样本推演和全领域共享的动态技术优势特征（表4-18）。

未来，基于大数据的平台，与智慧化的全三维、全信息化平台工具——CIM（City Information Model）城市全息系统相互衔接，运用数字化的技术手段将为城市设计的动态管控提供更有力的工具支撑和数据支持。数字化城市设计发展会趋向一个真正能结合法定规划付诸实施的城市设计，利用集生态环境、历史文化、社会经济和管控治理等技术维度的综合研判、数据融合、深度学习、决策支持、动态反馈和整体联动的一体化城市设计平台，为数据采集、规划编制、成果实施、监测评估、预警预报等各个阶段的工作提供智能化支撑，多方位提升城市设计的科学性、规划实施的高效性、监测评估预警的及时性及社会公众的参与度，引导城市设计从单一方法的被动表现转向综合技术的主动分析，从辅助设计走向生成设计，并可与法定城市规划工作做到实质性的有效衔接。

综上所述，动态城市设计突破了传统城市设计在既定目标基础上静态的、刚性的、终端式的操作模式，建立长效管控、跟踪反馈的动态服

表 4-18　城市设计数字化管控平台的技术特征

业务特征	
城市设计数字化转译	数字化转译通过城市设计数字化谱系建设，将城市设计实体转化为计算机可识别的数字化要素，打通现实世界与计算机数字模型的藩篱，为通过数字交流的新模式来进行城市设计与管控提供理论与实践基础
城市设计全尺度大模型	通过建立全尺度下的城市设计大模型，实现宏观、中观、微观层面的城市设计要素分级显示，以及不同尺度下模型的层级联动
城市设计智能规则化	通过规则引擎，将城市设计文本化的要求转变为计算机可计算的规则，在深度自学习和强化学习基础上，形成规则优先序列、自反馈、自预警等技术，协调整体与局部，强调实时反馈与动态调整，从而实现城市设计智能化辅助审查
城市设计管理一体化	通过为不同角色提供前后衔接的城市设计数字化管理平台，打通城市设计管理全链路、保障城市设计的实施落地
技术特征	
基于二、三维一体化的分析计算	二、三维一体化可以加载和现实二维或三维数据，实现二、三维地图的关联同步，并可实现二、三维场景的可视化分析与计算，弥补传统三维平台重展示效果轻空间分析的不足
基于分布式架构的过程式参与	通过统一消息与分布式服务架构，实现城市设计全过程、全环节的多角色协作
基于并行计算的大数据可视化集成	利用分布式存储与并行计算技术，实现互联网、物联网数据的处理、存储、分析、展示，并与时空数据进行融合，实现城市设计多源数据支撑
基于深度自学习的空间职能评估	采用深度学习技术，处理海量城市设计案例，为城市设计的职能评估提供基础

务机制，给城市设计带来了一种多元、包容、交互、共享的工作理念。数字信息技术增强了城市设计平台的技术优势和动态体验，贯穿"规划—建设—评估"全过程的长效管控体系，有效地服务于城市设计的全链条工作。随着网络信息技术的发展，多数城市已经具备数字化平台管理的条件，通过技术管理平台实现项目许可、规划审批已具备可操作性。

　　与此同时，数字技术正在深刻变革着城市设计的理论方法和实际操作，城市设计的工作思路和技术手段需要不断适应技术工具的革新。通过将城市空间环境要素转译为数字化语言，建构城市设计数字化管理系统，将有助于实现对城市设计成果的关联组织和动态监管。需要注意，技术不能替代和影响人对城市的感知和理解，应该不断深入探索技术与实际交流体验的全面结合，使技术真正成为城市设计的重要辅助手段，充分展现其动态性、时效性和全面性。可以预见的是，在国土空间规划体系构建的背景下，城市设计在其编制、管理以及管控等阶段均会实现提升，借助技术手段实现理论和技术上的跨越式迭代发展。

参考文献

[1] 张浪，诺森，戴军，等. 创造展示和谐城市：上海世博公园实施方案解析 [J]. 城市规划，2007，31（1）：79–82.

[2] 魏钢，朱子瑜，陈振羽. 中国城市设计的制度建设初探——《城市设计管理办法》与《城市设计技术管理基本规定》编制认识 [J]. 城市建筑，2017（5）：6–9.

[3] 任小蔚，吕明. 广东省域城市设计管控体系建构 [J]. 规划师，2016，32（12）：31–36.

[4] 刘海燕，卢道典. 我国 4 种典型城市设计体制比较及优化对策 [J]. 规划师，2018（5）：102–107+127.

[5] 陶亮. 以城市设计成果法定化为重点，探索上海控制性详细规划附加图则管理的思路和方法 [J]. 上海城市规划，2011（6）：75–79.

[6] 喻祥. 对我国总体城市设计的思考 [J]. 规划师，2011，27（S1）：222–228.

第 5 章
动态城市设计的
成果与表达

动态城市设计的成果仍然以城市设计导则为核心成果，是城市设计法定化的重要载体和实现形式，以数据库、设计项目库和行动计划作为创新的成果表达形式，充实到动态城市设计的成果组成中，突破传统城市设计的固有模式，强调动态思想的传递和可视化表达，将城市设计的最终成果转化为动态蓝图，蕴含于有序开发的城市设计项目和时空响应的行动计划中，注重设计过程的整体把控和设计成果的动态维护。

5.1　成果组成

迄今为止，国内外均没有法定成熟的城市设计编制法规与管理条例。城市设计工作虽在全国各地广泛开展，但尚未建立起城市设计制度，城市设计的合理性与有效性在具体的项目实施中仍然难以保证。由于无据可依，我国城市设计成果文件的编制都是依据城市规划编制办法的规定，由各地方政府的规划管理部门根据各自对城市设计的理解，针对本地城市设计项目的地域性和特殊性，提出适合本地城市设计编制的规定和要求。

《城市设计管理办法》给出了城市设计实施的两种途径：第一，城市设计内容纳入控制性详细规划，利用控制性详细规划的法定地位来实施；第二，城市设计作为工程设计方案的审批依据。针对第一种实施途径。所谓城市设计的实施问题就转化为地段城市设计与控制性详细规划的融合编制问题，也就是城市设计的内容如何纳入控制性详细规划问题，以及控制性详细规划的成果内容及呈现形式问题。第二种实施途径则涉及城市设计的成果形式问题，也就是城市设计成果如何使用的问题。动态城市设计在这两种途径之上提出动态管理城市设计的全过程，包括从设计之初的方案生成到管理运营及实施，城市设计的成果以一套动态蓝图形式的持续优化演进，而非局限于最后的终极蓝图。

动态城市设计的成果一般与传统城市设计无异，主要包括三个部分：说明、图纸、导则（或图则）。

1）设计说明

对前期研究、目标定位、概念构想、具体方案、政策建议等方面的内容进行详细说明和具体阐释；

2）设计图纸

表达对城市设计各项元素和各个专项系统的设计内容，特别是对于城市风貌特色营造的图示表达。不同城市设计层次，设计图纸的内容有所不同。例如，总体城市设计表达分析和设计意图的图纸，包括现状分析图、空间结构规划图、城镇空间骨架系统（城镇空间系统、城镇文化系统、城镇生态系统）规划图、交通规划图、文化保护规划图、表达设计意

图的三维图纸以及其他表达分析及设计意图的图纸；地段城市设计表达
分析及设计意图的图纸，包括现状分析图、空间结构规划图、道路交通
系统、绿化景观系统、公共空间系统等表达分析与设计意图的图纸，以
及修建性详细规划深度的三维空间意象图。设计图纸须清晰明确地表达
城市设计意象和城市整体形象；

　　3）设计导则（或图则）

　　总体城市设计层面的设计导则以图文并茂的形式，阐述城市设计的
具体要求；地段城市设计的图则分为地块图则和分项图则两部分，包括
各个特色风貌区的地段城市设计图则（图 5-1）。

　　《城市设计管理办法》还指出，城市设计需贯穿于城市规划建设管理
全过程，这是动态城市设计的核心。因此，在提交的城市设计成果文件
里，应该增加具有动态过程指导作用的成果形式，主要包括以下三种：

　　1）城市设计数据库平台

　　整个城市设计创作过程中的城市设计综合数据信息，包括整个城市

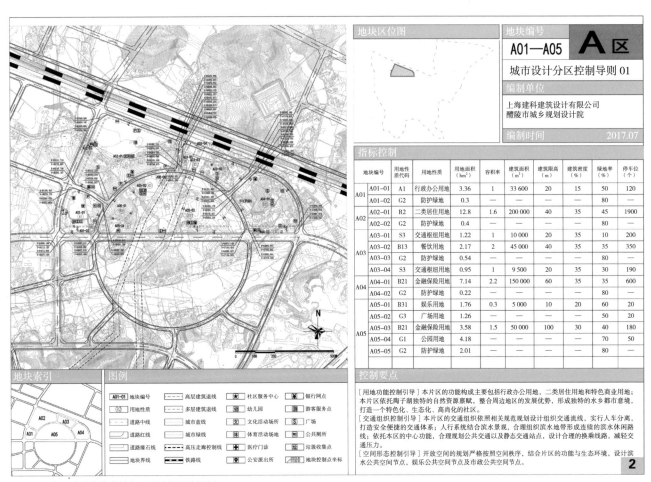

图 5-1　中国醴陵陶瓷谷城市设计地块设计导则

设计周期中空间数据库、城市设计项目库等；

2）城市设计方案的三维模型

除了修建性详细规划深度的直观形象模型外，根据设计项目的层次构建全周期的动态生长蓝图和三维动态模型，反映城市设计项目的方案生长情况和建设实施情况；

3）行动计划

根据城市设计方案的创作和实施情况制定城市设计的行动计划，用来指导和推动城市设计蓝图战略的发展规划，引导城市空间开发时序。

5.2 设计导则

城市设计导则可以追溯到 19 世纪奥斯曼的巴黎改建中，对城市主要街道建筑立面的条例规定，以及 20 世纪初美国纽约的土地使用分区管制规则。城市设计导则是现代城市设计的最主要成果表达形式之一，也是在现代城市设计运行管理的实践过程中形成独有的法令型成果，具体即以导则内容作为建筑设计的创作依据，通过相关设计核查程序，将城市设计决策内化于设计个案，最终呈现为城市建成环境的物质形式，是动态城市设计成果得以有效落实的重要工具之一。

欧美国家将城市设计管理的依据划分为政策和导则。一般而言，设计政策更倾向设计目的和原则的表述，而设计导则是对如何实现目标或原则的深入说明。约翰·庞特和马修·卡莫纳将设计政策与设计导则的关系总结出六个部分（表 5-1）：前三部分为控制系统，以设计构建为主；后三部分为运作过程，以建设管理为主。正如促进积极生活的城市设计导则以积极健康的生活方式为关注点，设计导则的内容以及层次分类与通识性导则相似，同时也有其特殊性，部分设计导则通篇以原则架构，在每一项原则下阐述操作实践与实施方法（表 5-2）。

表 5-1　城市设计导则类型 1

内容架构	具体内容
设计目标	对城市设计预期达到的理想状态的整体描述
设计原则	设计目标与将来形态的联系
设计导则	实现设计目标的特殊要求和详细规定
宣传引导	如何实现目标和达到标准
操作方法	案例、图示、评价
实施方法	达到设计目标的实施方法

表 5-2 城市设计导则类型 2

内容架构	具体内容
设计目标	预期到达的状态
宣传引导	如何实现达到标准
设计原则 1	导则、操作、实施
设计原则 2	导则、操作、实施
设计原则 3	导则、操作、实施

美国是世界现代城市设计实践领域的重要力量。20世纪60年代以来，在长期实践过程中，成功地将城市设计运作对导则的客观要求转变为一套有限理性、弹性控制的方法，以整体的视角和系统控制的方法，将研究对象看成是处于一定联系中的整体，找出影响设计的关键部分加以针对性限制。在确立管制内容施加约束的具体程度，美国设计导则主要通过规定管制（Prescriptive）和绩效引导（Performance）两种方式。规定性导则往往规定出环境要素和体系的基本特征和要求，限定设计采用的具体手段，成为下一阶段设计工作必须严格遵循的依据，且容易掌握和评价。绩效引导主要是通过描述期望达到的形体环境的要素特征和合理化要求，解释说明对设计的要求和意向建议，鼓励可能实现的理想化路径和方法（表5-3），提供更加宽松的、启发创作思维的环境。

在动态城市设计成果中，规定管制和绩效引导结合共同发挥作用。绩效性导则也常常需要借助规定性导则加以强化与制约，体现规则和法度的功效，在确保设计整体效果与操作可行的前提下，尽可能多地使用指导性设计导则作为控制和引导手段，使动态城市设计成果具有更大的弹性。同时，城市设计导则的编制过程中要积极渗透公众参与和法制环节，综合体现城市设计导则的权威性和适应性。

表 5-3 绩效性导则与规定性导则比较

规定性导则		绩效性导则
序号	内容	内容
1	停车场地必须位于建设场地后部的 1/2 区域	停车场地应通过绿化墙体或其他构筑物遮蔽的形式减少对过往行人的视觉影响
2	混合使用的建筑底层玻璃率必须在 40%~60% 之间 注：玻璃率（Glass-wall Ratio）指定范围内玻璃与外墙面的面积比值	混合性建筑应根据功能的变化在立面处理上采用不同的玻璃率，如较小的玻璃率适用于居住功能单元，较大的玻璃率则适用于商业功能单元

新加坡城市设计导则与新加坡城市总体规划（在规划层面上相当于我国的控制性详细规划）相结合作为辅助和加强的手段，承担控制引导城市形态、审核相关设计方案、管理开发申报等作用，作为一个法定的设计、交流和监督平台，引导城市设计。[1] 在总体规划开发控制的基础上进行有效的法定调整，分区域各有侧重地强弱控制，对需要重点建设形态控制的地区设置专项导则引导（图 5-2），在重点区域放宽限制，促进灵活性引导，将开发控制与设计控制合为一体（图 5-3）。同时，在城市设计导则控制区内，历史保护区和历史保护建筑严格执行保护性导则，寻求历史保护和城市开发之间的平衡。

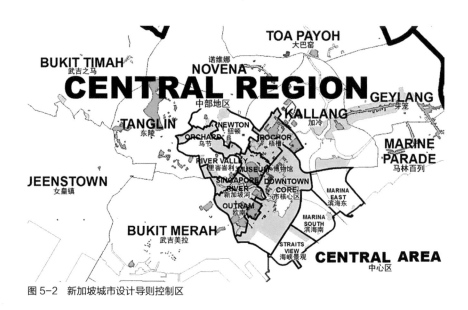

图 5-2　新加坡城市设计导则控制区

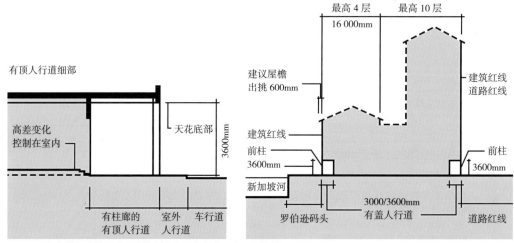

图 5-3　新加坡河建筑围合层次控制和有顶步行道围合层次控制

在动态城市设计中，城市设计导则的内容包括两个方面，一是通过
缜密的设计指导建议与原则性规定，为建筑创作和场所营造提供实质性
的作业支持。在对城市空间资源分配与控制的量化手段上，主要采用在
控制容积率的基础上控制建筑高度、建筑密度、建筑体块、建筑贴线率、
绿地率、交通管制、退线以及海绵城市相应的控制指标等，对城市空间
形态进一步控制；二是考虑时间进程中各种外部环境因素的干扰和自身
的适应性，通过合理的说明性表达和弹性的阈值控制，应对城市设计可
持续演进和片断性实施的特征，这是动态城市设计运作管理对设计导则
提出的根本要求。动态城市设计导则更注重灵活的控制机制，刚性和弹
性并置互适，即其控制作用的设计导则和起引导作用的鼓励机制，带来
比较大的整体性和灵活性，为城市空间的可持续发展动态预留充分的操
作空间（表 5-4 ~ 表 5-6）。

表 5-4　设计导则的基本控制框架

构成元素	基本内容
设计总目标	城市设计预期达到的理想状态的整体描述
设计子目标	对实现上述理想状态的设计手段的描述
设计原则	设计子目标与将来形态的联系
设计导则 / 控制要点	实现设计目标的特殊要求与详细规定
规定性导则	可度量、形态
指导性原则	不可度量、特征
解释说明	解释实现设计目标的标准
设计过程	调查、咨询、图示、评价
实施机制	控制、奖励、保障

注：灰色部分为控制框架的基本构成

表 5-5　整体设计导则控制的内容

序号	控制项目	控制数	控制内容
1	结构形态	6	地形地貌特征、城市肌理、特殊区、廊道系统、公共空间、地下空间
2	交通组织	4	机动车交通、步行系统、立体交通组织、停车场地
3	形象构成及景观	6	建筑风格、特色区域、标志景观、视觉通廊、天际线、夜景观
4	重要节点	4	位置、类型、设计区和影响区范围、标志特征
5	环境设施	4	植物配置、公共艺术、广告招牌、城市家具
6	活动设施	3	活动项目、活动群体、动静关系

表 5-6　具体地块设计导则控制的内容

序号	控制项目	控制数	控制内容
1	用地布局	4	用地性质、建筑密度、绿地率、建筑后退
2	建筑形态	4	建筑高度、建筑体量、建筑界面、高层建筑体块
3	交通组织	4	建筑入口、步行通道、空中步道、停车场
4	开放空间	3	空间布局、主要轴线、视线廊道

　　城市设计导则是由形态设计方案转译而来，通过严谨的语言表述和具体的图表和图则表达。因此，城市设计导则一般由文字指引和设计图则两部分组成，是从三维的角度对未来城市物质空间构成元素和元素组合方式的文字描述（图 5-4）和图示表达（图 5-5），是为城市设计实施所建立起来的一种技术性控制框架，为下一层次的建筑设计、景观设计和环境设计提供法定依据和技术支持，也为城市设计后续落实提供动态监督的控制标准。

　　动态城市设计导则编制内容包括整体设计导则和具体地段设计导则两个层次，分别对应的是设计地段内整体控制要求和每个地块的控制要求，整体设计导则是对城市风貌形态提出总体上的文字描述辅以整体范围上的图示化说明；具体地段设计导则是从三维空间形态上提出具体的控制要求，以重要节点的细节效果图为主，文字性说明为辅。动态城市设计导则的先进性思想表现在城市设计方案可以通过三维空间模型建立和可视化表达，对照相应阶段和承载相应功能的设计平台充分实现共享管理，根据动态的三维数据平台对空间要素指标的矢量化模拟和可视化表达，提出符合地段设计风格意象的三维空间控制要求，更加及时准确地完成城市设计导则对城市空间形态管控的转译工作。对于城市设计分析和研究中所确定的重点区域和地块，特别是老城区和城市历史保护区，则需在设计导则的基础上，制定相应的设计指标，针对具体项目提出更严格和具体的规定性要求。

　　就动态城市设计过程而言，设计导则是全过程介入城市设计的操作过程。一方面，表现在对于城市建设的管理层面，为管理者在决策时提供依据；另一方面，表现在多规融合衔接与交流层面，为下一阶段城市设计活动提供协作基础和创作机会。作为联系城市设计与规划实施管理的有效途径，城市设计导则是一个非常有价值的沟通工具，合理化的组织程序可以更好地处理开发和实施语境中的各类问题及其对建成环境造成的一定影响，使城市设计的成果发挥最大效用。城市设计导则在城市设计多种成果形式之间完成转译，并延伸到城市规划与设计的实施建设中需要更好地落实管理工作，注重设计导则在实施全过程中的时效性，保

图 5-4　中国醴陵陶瓷谷城市设计导则

障城市设计导则在建成空间环境与待建项目的一致性作用，以及与法定规
划编制体系的充分结合。

城市设计导则与法定规划层次的对位与结合，被认为是最有效的参
与方式，以城市设计与控制性详细规划同期编制的形式，来保障城市设
计的有效实施。城市设计导则按照控制性详细规划划定的地块进行索引，

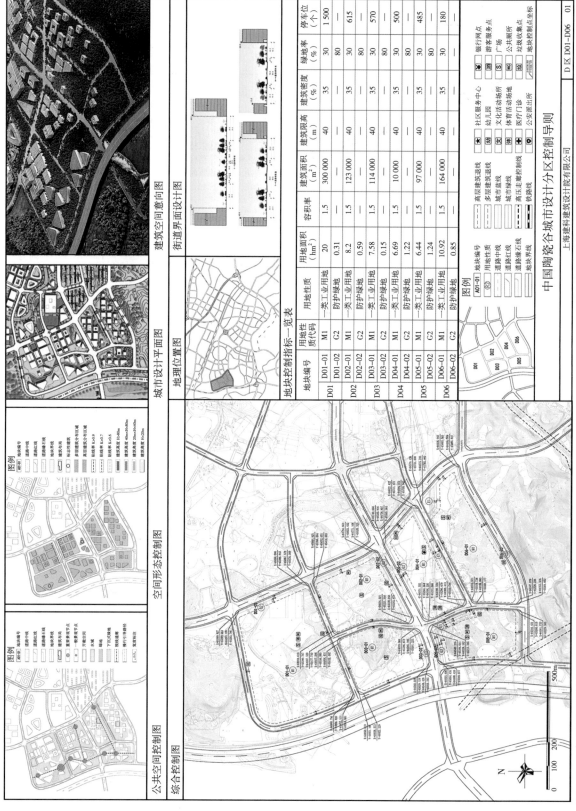

地块编号	用地性质代码	用地性质	用地面积（hm²）	容积率	建筑面积（m²）	建筑限高（m）	建筑密度（%）	绿地率（%）	停车位（个）
D01	D01-01	M1	一类工业用地	20	1.5	300 000	40	35	30	1 500
	D01-02	G2	防护绿地	0.31	—	—	—	—	80	—
D02	D02-01	M1	一类工业用地	8.2	1.5	123 000	40	35	30	615
	D02-02	G2	防护绿地	0.59	—	—	—	—	80	—
D03	D03-01	M1	一类工业用地	7.58	1.5	114 000	40	35	30	570
	D03-02	G2	防护绿地	0.15	—	—	—	—	80	—
D04	D04-01	M1	一类工业用地	6.69	1.5	10 000	40	35	30	500
	D04-02	G2	防护绿地	1.22	—	—	—	—	80	—
D05	D05-01	M1	一类工业用地	6.44	1.5	97 000	40	35	30	485
	D05-02	G2	防护绿地	1.24	—	—	—	—	80	—
D06	D06-01	M1	一类工业用地	10.92	1.5	164 000	40	35	30	180
	D06-02	G2	防护绿地	0.85	—	—	—	—	80	—

地块控制指标一览表

建筑空间意向图

街道界面设计图

城市设计平面图

地理位置图

空间形态控制图

公共空间控制图

综合控制图

中国陶瓷谷城市设计分区控制导则

上海建科建筑设计院有限公司

D 区 D01-D06 01

图 5-5 中国醴陵陶瓷谷城市设计设计图则

选择适合该地块的设计控制条文，对相应地块进行简明的设计图示，明确最为重要的设计结构与要素，形成地块的城市设计控制分图图则。通过这种形式，城市设计导则的要求被植入具有法定效力、直接指导开发的控制性详细规划中，一定程度上达到了城市设计实施的目的。实际上，城市设计导则所涉及的内容与控制性详细规划的部分内容也存在交叉和重叠，在城市设计导则与控制性详细规划成果文件进行衔接时，城市设计导则独有的内容应该和控制性详细规划平行推进，既具有法律效力又融入城市设计思想，共同形成规划设计要点。通过对设计成果向管理文件的转译和转换，以指导下一层次的设计活动，同时为管理者提供对建设项目审批的依据。

在动态城市设计的操作理念下，城市设计导则的制定和运用，更加注重在实施过程引导和控制城市空间风貌的塑造，以及在管理上发挥不可替代的作用。城市设计导则对未来城市形体环境元素及其组合方式的文字描述，是为城市设计实施建立的一种技术性控制框架，其目的在于引导土地的合理利用，保障生活环境的优良品质，促进城市空间的有序发展，同时为政府和规划管理部门提供一种长效的技术管理支持。

5.3　数据库的组成

动态城市设计的数据库由设计成果数据库和建设项目库两部分组成。

5.3.1　成果数据库

城市设计成果数据库是共享性的城市空间设计数据集取、分析、管理和参与决策的平台形式。在具体的城市设计中，可以有效地克服对三维形态因人而异的主观判断，而无法应对大尺度城市空间形态的问题。

城市设计成果数据库的主要工作内容，是在对城市设计成果进行整理和整合基础上，建立三维空间模型数据库和提炼地块要素形成三维设计条件（图 5-6）。其中，三维模型数据库的组织架构分为城市设计成果图件层、三维模型数据层和三维化的城市设计管控要素层三个图层。其中，城市设计成果图件层是指将城市设计成果中如城市设计总平面图、各功能结构分区图、各功能网络分布图等主要图纸入库，以便于管理、查阅与调用；三维模型数据层是指依据城市设计的空间意向方案制作的数字三维模型；三维化的城市设计管控要素层是指提炼城市设计的空间管控要素，并将其整理入库，借助三维化的形式进行表达；地块要素提炼，是将建筑空间组合形式、建筑退线、高度控制和出入口方位等要求细化落实到具体地块单元上，形成三维设计条件，以便与地块城市设计

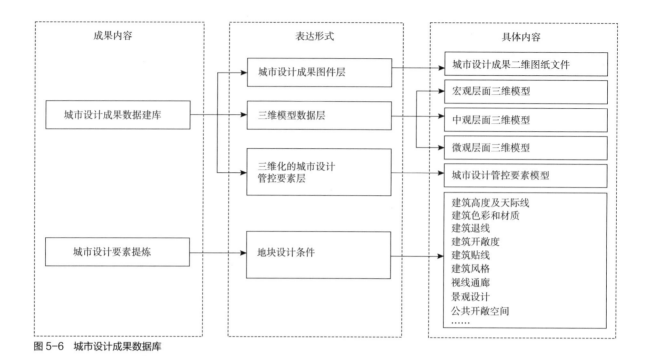

图 5-6 城市设计成果数据库

条件进行指标计算和对比分析，对视线廊道、开敞空间、主要道路界面、天际线及其他街坊地块控制要求是否满足地块城市设计管理要求进行评判。同时，规范设计成果格式、制图标准和成果深度要求，定期发布项目成果更新信息，并将这些信息作为规划建筑管理和城市设计三维平台建设的依据。

数字化技术和数据化处理，改变了人们对城市形态和空间组织规律性的认识，在一定程度上重构了人们心目中对城市形态的认知图式。以三维空间模型数据库为主要研究对象，借助三维城市设计平台，依据城市空间的动态模型和动态数据，发挥其可以对城市空间形态进行真实模拟的优势，动态模拟城市空间的动态生长情况。同时，将数据库平台运营与成果的动态推演融贯于城市设计管理的全过程之中，建立整体联动、动态更新的维护机制，从报建项目的更新维护和城市设计成果的优化更新两方面不断完善城市设计成果，在城市设计编制全过程中进行辅助支撑，根据实际建设情况的变化，由规划部门定期组织设计机构对一定区域内城市设计成果进行修编；按建设周期对报建项目的数据更新进行检查，结合城市设计成果的优化，对已有的城市设计三维数字模型中需要调整的内容进行实时滚动更新，确保城市设计三维平台数据的及时性和准确性。城市设计成果数据库是动态城市设计成果中不可或缺的组成部分。

在城市设计成果数据库的基础上，应建立和完善与城市规划管理和审批部门现有的基础数据库系统、业务办公系统、规划门户网站、建设项目审批系统之间的数据共享平台，以保证规划设计周期内各种不同格式数据的同步一致性和动态化监测，这是城市设计方法发展到第四代数字化城市设计范型的标志性成果。

5.3.2　设计项目库

城市空间的每个层次都是互相联系、不可分割的，每个空间层次的城市设计问题都是相互关联，互相影响的。一个城市设计项目，就是一次在土地和空间资源约束条件下，为实现空间利用综合效益最大化而有待完成的建设任务，每一个城市设计项目都包括多个城市设计子项目或下一层次的建设项目。每个城市设计项目都具有整体统筹性、过程周期性和冲突复杂性，而每个子项目都具有相对独立性和地域独特性。因此，作为城市设计成果的一部分，设计项目库的有序管理和有组织开展对于城镇建设的可持续发展至关重要。

城市设计项目库的建立是为城市设计管理和实施服务的。对一系列项目的目标进行自上而下的分解和自下而上的整合提炼，确立目标体系、制定行动计划到完成目标任务构建一个循环过程，使城市设计提出的空间发展目标转化为可进行管理操作的建设任务。根据城市设计实施的进度安排，对不同类型的项目进行汇总、整理、筛选和储备，按照主次关系、轻重缓急、规模大小和时序要求制定城市设计项目计划及其管理评价标准，形成层级明确、目标清晰、结构完整的实施计划，同时结合土地出让方式要求供应土地使项目进入实际的建设程序，并且在项目建设的各个阶段以规划行政管理手段进行调节、干预和监控，确保项目建设的目标任务得以有效落实。

概括来讲，设计项目库既是动态城市设计成果的重要组成部分，又是一种对于城市设计项目的综合管理手段，是城市设计项目计划的有序集合，是有待完成的多项任务的有机组合，是实现城市空间发展的目标系统和战略构想。

从管理的主体上讲，政府规划主管部门是城市设计项目管理的主体，通过设计项目的开发组织与相关设计团队合作，把各种有限的资源应用于城市设计项目，以实现城市设计项目的整体构想；从城市设计项目的组织上讲，作为一个整体系统来实施操作的技术方法和成果形式，城市设计项目管理是有计划地整体管控和有秩序的动态协调，实现特定目标序列下空间发展的持续引导和综合管制。

在城市设计项目管理过程中，项目本身会经历持续动态的发展过程，在项目编制、审批与实施阶段都会受到各种因素的影响和干扰而产生调整或变化，必须结合项目特点和各阶段管理需要采取动态应变的管理办法，对项目发展的各种影响因素进行有效管理和控制，将其影响程度控制在有限范围内，避免项目实施所带来的各种利益冲突和矛盾纠纷。城市设计项目库管理是基于整个项目的统筹考虑和具体项目的个体特征而形成的集中式管理，既要注重项目的个性差异，也要关注项目的内在共性和关联，更要重视项目的整体效益、相互关联和影响。在项目计划、组织、协调、控制等方面运用差异化管理办法进行系统性管理，根据项目实施条件成熟与否，区分设计项目和建设项目并实行分类管理；按照项目实施的不同阶段和不同环节，通过项目实施计划、土地供应、规划许可、设计控制和规划验收等管理手段对建设项目进行有效干预和调控。

因此，城市设计项目库管理必须采取整体控制、重点把握和时序调节的方法对项目范围、实施进度和建设成本，以及项目成果数据进行全面协调与优化控制，规范化和标准化管理，以保证项目的实施计划顺利完成。

城市设计项目库是一个动态变化的完整系统，是要素多样性与整体复杂性的统一体。城市设计项目的建立以 GIS 平台为基础，建立数字城市基础信息平台（图 5-7）。在项目库的层级与结构方面，确立相互联系的目标与计划两个层级，在结构框架方面强调近期建设目标与行动计划之间分解与延伸的内在关系。根据城市设计项目的不同特点做下一层次的项目分类及编排，实现"一张图"的动态管理模式，有利于信息的共享、互动和维护，以便于参与规划的各个部门和利益主体共同参与研究。同时，还应强调对项目整体质量的把控，尤其是项目编制阶段必须实行全面的评估审查和验收管理，使项目库中具体项目的质量水平符合预期目标的要求。

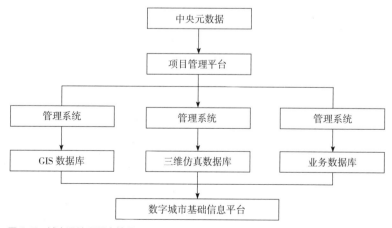

图 5-7　城市设计项目库管理

城市设计项目库涉及各个层次、各个专项的城市规划编制项目，包括总体城市规划与总体城市设计、控制性详细规划及城市设计、修建性详细设计、景观规划设计以及市政基础设施规划设计等综合项目库。在总体城市设计项目库建立时，通过对城市物质空间的形象元素和生命要素的识别和分类，提炼出不同层次的城市功能体、廊道、标志性地段和重点建设地段，进而依此对城市设计项目进行分类，形成总体城市设计项目下的若干个城市设计子项目；之后，需要建立总体城市设计与下一层次城市设计项目之间的联系，进而将涵盖设计区域整体的城市设计项目和建设项目建立起具有层级性、关联性和立体化的逻辑关系，保证城市设计工作的连贯性和持续性，这是政府信息化、智能化管理城市设计项目的基础性框架。城市设计项目库的建立和管理为各个层次和各个专项的城市规划编制提供了共享的信息技术平台和项目管理平台，为与各规划的有效连接提供了可能性和动态经验。

在动态城市设计过程中，城市设计项目库作为一种正在发展的技术手段，其核心思想是强化对各类城市设计项目的关联操作、集中管理、动态运营以及动态维护，既是对城市设计研究内容、成果的深化和落实，也是城市设计实施和管理的创新探索。

5.4　行动计划

与传统城市设计侧重终极蓝图的空间合理性相比，动态城市设计更注重对设计过程的整体把控和动态运营。城市设计活动未来不确定性的客观存在提醒我们，与其说是追求一种预定的终极蓝图，不如努力建立一个具有动态适应能力的行动框架，来应对客观条件的变化而作出某种程度的逻辑变换，而不是在瞬息万变的现实面前企图保持着以不变应万变的应对方式。

行动计划作为一种新的形式出现在城市设计的成果当中。在城市设计实践中，行动规划方法由于强调规划设计工作的动态性和操作性特征，因而在解决总体城市设计内容复杂，难以突出重点等问题方面，能够提供有效的工作路径。

动态城市设计是一种结合了时空意识的行动意愿，包含了"目标谋划——空间规划——运营策划——行动计划"等多个阶段，从最初的空间意识，发展成为政府管理层面用来进行项目策划、方案选择、组织协调和实施管理的一种组织模式。城市设计项目的运作从单一的设计工具转向综合性管理的集成工具，不仅涉及行动安排，也涉及监测评估和动态维护等后续环节，从而在规划建设管理全链条过程中发挥作用，使城市在经济发展、环境质量和社区建设三者之间建立起可持续的、有机的行政协调机制，最终的解决方案被看作是若干设想的综合和实际行动的基点。因此，把行动计划纳入动态城市设计的成果组成部分，具有重要的现实意义。

动态城市设计行动计划的核心思想是全周期的参与方式，从项目出发，以现实需求为导向，着眼于近期建设，以可实施项目为依据，循序演进，对实施计划进行灵活有序的安排，逐步实现城市设计的愿景蓝图。因而，行动计划要根据城市设计项目的推进建立目标体系，是集时序规划、空间规划和行动规划于一体的动态时空方案。这个方案在城市设计过程一开始就应该介入，持续融入其中。理性的行动计划将社会经济协调、风貌环境塑造和社区健康发展等方面综合考虑，从单纯的空间维度扩展到多维度统筹，建立可持续、可管控、可调整的机制，作为动态城市设计的一个成果内容来引导城市设计的实施（图 5-8）。

总体来说，动态城市设计行动计划将面向物质空间的专业操作过程和面向实施保障的参与决策过程有机融合在一起，在规定的时间周期里从空间意识和行动意愿两个层面把设计实践与城市整体发展紧密地联结在一起，统筹考虑城市空间资源条件和具体项目建设进程，既准确地把握空间发展的关键结构要素，又有效地组织空间发展过程中相关利益主体参与行为和活动，形成城市设计项目开展的指导性框架（图 5-9）。在行动安排方面，良好的行动计划对于城市设计的成功实施至关重要。围

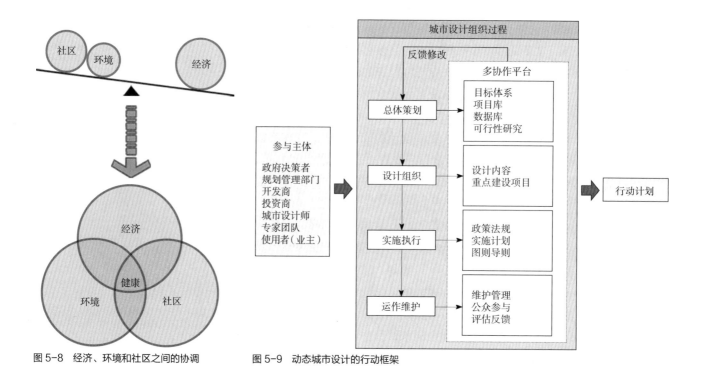

图 5-8　经济、环境和社区之间的协调

图 5-9　动态城市设计的行动框架

绕城市设计及相关项目的目标任务，进一步聚焦重点，明确现有的城市设计项目实施顺序过程具体细节，以及对未来需要的城市设计项目的预测和计划；特别是根据触媒点性质及作用范围确定开发时序，形成滚动向前发展的良性循环，保证城市设计在复杂的城市建设过程中的科学决策与持续效用，从而形成系统导向机制服务的行动计划与动态反馈过程的参与机制。

　　动态城市设计的行动框架，作为设计政策时可以参照的相关案例。墨尔本市的水敏城市设计的立法与政策的构架主要从澳大利亚联邦政府、维多利亚州政府和墨尔本市政府三方面展开，自上而下，从宏观到微观的指导关系，其运作体系可以概括为：政府主导的管控体系、全面细致的设计指南和严格规范的审查环节。墨尔本市政府主要从墨尔本未来计划、零碳排放量规划、公园水管理计划、总体城市流域规划及 WSUD（水敏感性城市设计）指南等方面来构建 WSUD 的政策框架和行动纲要（图 5-10）。通过行动纲要落实立法和政策，以及项目启动前的综合评估（图 5-11），明确城市水系统，通过明确各方职责建立联盟，构建了一套逐层细化的指标体系（表 5-7）。行动纲要对各个环节进行相应的调整，以适应场地现状和体现 WSUD 的总体目标。[2]

　　加拿大渥太华成立了权威性的城市决策机构"国家首都委员会（NCC）"，对一系列建设项目及其可行性制定一整套设计政策，既设计实施和投资程序的规章条例，也包括为设计过程服务配套的弹性行动框架，增强了对变化的控制和适应的能力，为城市设计的顺利实施发挥了重要作用。从渥太华市成为加拿大首都至今，渥太华市已进行了多次首都规划及各专项的总体规划，绿色空间作为一项强大的规划要素，引导和影

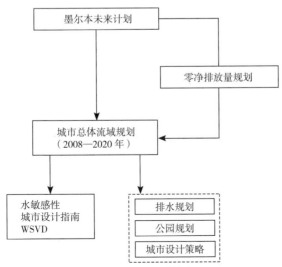

图 5-10　墨尔本市 WSUD 立法和政策框架图

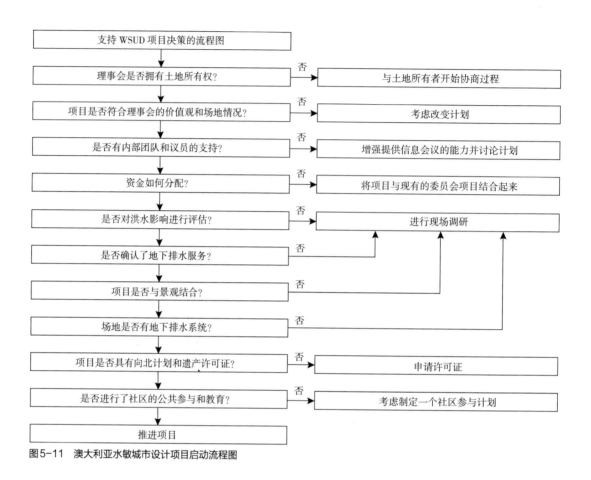

图5-11　澳大利亚水敏城市设计项目启动流程图

表5-7　澳大利亚水敏城市设计各级政府立法与政策框架图

各级政府	立法与政策		
澳大利亚联邦政府	国家水倡议（NWI）		
维多利亚州联邦政府	1970 年环境保护法案		
	1987 年规划与环境保护法		
	1989 年地方政府行动		
	1993 年建筑法		
	住宅开发和住宅区规划相关条例		
	国家规划政策相关框架		
	市战略声明（MSS）		
	墨尔本 2030——可持续增长计划		
墨尔本政府	墨尔本未来计划		
	零碳排量计划		
	总体城市流域规划	水敏城市设计指南	
		排水规划	
		公园规划	
		城市设计策略	

响了城市的空间结构和形象。渥太华的绿色空间体系形成发展的过程可以归纳为三个重要阶段：第一阶段，20 世纪早期为提升首都形象而制定的公园网络规划，初步建立了公园网络及城市中的大型自然保护区——加蒂诺公园；第二阶段，1950 年雅克·格雷伯的国家首都规划，进一步完善了城市的公园网络，并提出建设绿带以控制城市的无序蔓延。随着时代的发展，绿色空间体系的功能和形式逐渐发生变化；第三阶段，20世纪 90 年代以来的首都规划及各专项规划，将可持续发展原则作为关键，集自然保护、休闲娱乐以及农业等多重价值于一体（表 5-8）。

动态城市设计的行为计划作为行动指南具有现实意义。日本广岛在进行"水城"主题的城市特色风貌塑造工作时，也采用了目标与过程联动的行动规划编制方式，提出"三大计划"和"20 条方针"，通过具体的工作安排和实施策略来推进"水城"建设项目的落实。例如，在活用滨水空间的计划中，第 6 条方针提出培育滨水地区景观的具体办法，包括策划与"水城"主题相关的事件、创造新景点及对所需环境进行整备等，清晰地表明了"水城"建设的总体意图、项目安排、空间布局及具体做法之间的

表 5-8　加拿大首都区与绿色空间体系相关的规划

时间	规划名称	与绿色空间相关的主要内容
1903	《渥太华改善委员会报告》	由小型城市公园、郊区公园、大型自然公园或保护区以及公园道构成的相互联系的公园网络
1915	《联邦规划委员会报告 / 霍尔特报告》（"Holt Report"）	进一步创建公园和公园道体系，提出建设加蒂诺公园
1950	《国家首都规划》（"Plan for Canada's Capital"）	建立绿带遏制城市增长；创建景色优美的公园道网络；扩大加蒂诺公园
1988	《国家首都规划》（"Plan for Canada's Capital"）	加强首都的绿色形象，建立自然保护及公园网络，增强滨河地带的可达性，提升首都入口景观的质量
1996	《渥太华绿带总体规划》（1995—2015）（"Ottawa's Greenbelt Master Plan 1985—2015"）	重新定义绿带的职能，将其主要目的从遏制城市增长转变为自然保护
1999	《国家首都规划》（"Plan for Canada's Capital"）	将可持续发展原则作为规划的关键，包括三项主要愿景：首都环境（Capital Settings）、首都目的地（Capital Destinations）以及首都连接（Capital Links）
2005	《加蒂诺公园总体规划》（"Gatineau Park Master Plan"）	规定了加蒂诺公园的主要目标、功能、落实工具、分区管理建议
2006	《绿色空间规划——渥太华城区绿色空间战略》（"Greenspace Master Plan-Strategies for Ottawa's Urban Green Spaces"）	阐述了渥太华市绿色空间目标、组成部分，构建绿色空间网络的方法以及落实政策
2013	《加拿大首都绿带总体规划》（"Canada's Capital Greenbelt Master Plan"）	阐述了绿带的主要角色、目标、土地用途、政策、分区规划
2017	《国家首都规划》（2017—2067）（"The Plan for Canada'3 Capital 2017—2067"）	提出了 2067 年首都的三大愿景及未来 50 年的政策方向

关系，形成具体片区进一步开展建设的工作框架。

城市的发展是一个不断建设、不断开发、不断改造的新陈代谢过程。城市开发具有自我生长和自我整合的机制，始终伴随着城市环境形成与变化的过程。一般情况下，具有一定规模的城市开发从建设之初到大体建成通常需要数年甚至数十年，精细的分期开发计划为城市空间环境的塑造和城市设计概念的充分表达提供了可能，带动并促进后续的开发活动，保证城市空间环境和经济效益的弹性增长，也有利于适应城镇化市场经济环境变化和发展。在新型城镇化背景下，行动计划还要综合考虑时间成本、空间成本、财力以及组织综合协调性，融合经济、社会、生态、人文等多重因素。一个科学的行动计划有利于城市设计项目实施落地，特别是有利于对空间规划相关的工作内容的动态安排，包括开发时序、重点建设项目、近期建设和远景蓝图等，具有时效性、直接性、综合性和可操作性的特点。

1）开发时序

其侧重于城市设计的时间维度，是指针对城市设计的方案和行动计划对于空间开发的指引，在空间轴上进行城市要素科学安排，同时在时间轴上也进行相应要素的安排和设计。在漫长的城市设计周期里，第一，要确立城市设计的总体目标，根据不同的城市设计项目系统地安排具体行动计划。通过城市设计过程的动态绩效来评估城市生长进化的阶段和城市设计的水平，确定城市生长基点、生长路径、空间边界等城市蓝图。设计者需要对城市开发的先后顺序和分期建设进行积极的引导和持续的关注，保持城市空间环境形成的累积性和连续性；第二，根据重点片区和地段，分层次、分类型、分年度编制城市设计，统筹安排功能发展策划、土地利用规划、空间形态设计、综合交通设计和环境景观设计等方面内容，通过既定年限时间区段，来实现城市设计成果在建设地区的全面覆盖和设计理念在城乡规划建设中的持续广泛应用（图 5-12）。开发时序决定了城市空间环境塑造的过程，在很大程度上影响城市开发活动和城市设计计划实施的质量。

2）重点建设项目

其侧重于城市设计的空间维度，在城市有计划的生长和开发的过程中起到关键触媒作用的生长点或者支撑区域发展的重要功能节点的建设项目，在城市设计的行动计划中要重点地关注其全生命周期的建设和发展情况，并对其进行全面的管理和评估，包括项目选址、空间性质、功能定位、形态控制和风貌特色等方面提出的城市设计要求，有利于区域整体形态的关联设计和多元协调。

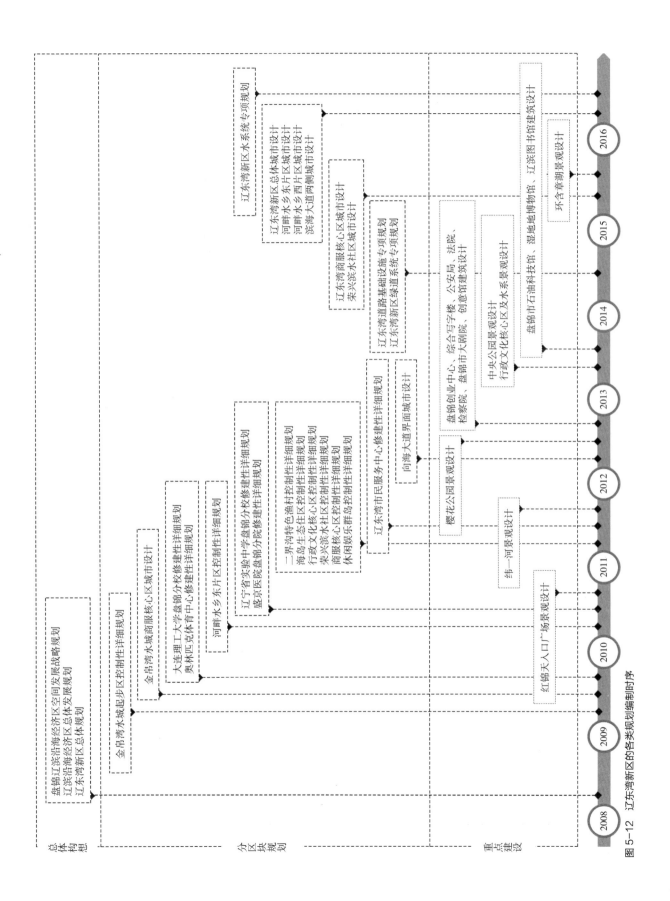

图 5-12　辽东湾新区的各类规划编制时序

3）近期建设计划

其实在城市总体设计的目标序列和行动计划中，对短期内建设目标、发展布局和主要建设项目的实施所作的安排，作为整体设计方案的先导区域，近期建设计划制定和有序开展是实现全局方案设计与实施的关键步骤。

4）远景蓝图

其是指通过城市设计近期建设计划方案和实施的影响评估和预测，制定城市设计项目的远景空间发展的战略设想和开发计划，最终实现城市设计的终极目标。

行动计划最重要的优势在于，它是基于动态思想引导而形成的城市设计项目的实施指南，最终形成相应的具有时间——空间双维度的动态蓝图成果，动态蓝图就是当一些条件发生变化了，可以非常清晰地知道究竟是什么变了，会产生什么样的后果，需要调整的是什么，下一步要做什么。[3] 所以，通过行动计划来关注形成城市要素的不断生长和发展，不仅是从未来看现在或规约现在，而且是从现在逐步向前推进。

辽东湾新区的城市设计根据城区发展不同阶段，形成多个规划方案，明确各阶段城市建设的内容和重点；在时间节点划分上，在近期、中期及远景规划时序的基础上进一步细化，以自然年和经济社会发展阶段为时间节点，形成与之相对应的城市设计方案（图3-43）。同时，基于低碳、集约、可持续发展原则，对各节点城市设计方案进行细化，明确各子项目的内容与实施顺序，最大化降低发展资源的闲置与浪费（图5-13）。

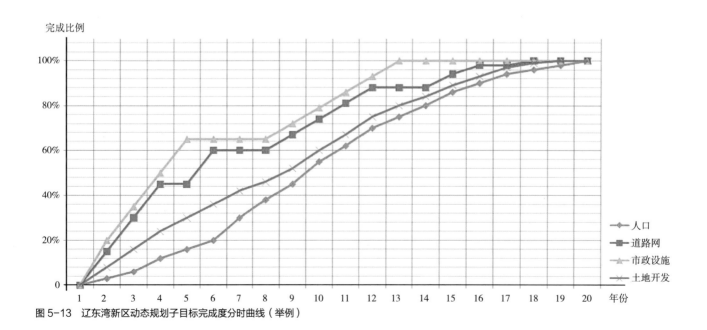

图5-13   辽东湾新区动态规划子目标完成度分时曲线（举例）

　　行动计划的倡导和实施是符合精细化管理和精明增长要求的探索与
创新，强调对关键要素的有效导控，并尝试以实施计划和项目库作为实
施路径与机制传导的关键，将设计理念和策略方案转变成可操作、可推
进的行动计划；将规划编制和实施合二为一，通过动态的实施反馈和跟
踪，不断协调跟进，在城市设计的实施层面取得相应的进展和效果。未
来的城市设计项目会更多地通过多元主体的联合协作，达成共识框架下
的实施行动，实现多重路径的综合策略，这是城市设计从实施困境中突
围的关键。

　　传统城市设计以基地整体为研究对象，而动态城市设计的行动计划将
研究对象项目化。基于每个项目市场化潜力和可行性分析，提出每个具体
项目的发展策略，内容包括项目选址、功能定位、用地规模、建设规模、
品质等级、设计引导等物质空间设计内容及开发时机、开发条件、开发时
序等项目开发建设安排。精细化的具体项目策划，有利于对招商、引资、
建设、实施的全过程的把握，实现对城市发展更有效的引导控制。行动计
划的方案项目化很大程度上增加了设计方案的可行性和可实施性，提高了
项目开发弹性，同时避免由于一些项目过热开发而导致的开发过度。行动
计划全链式的整体协调机制，也大大增强了公众参与和开发效率。

　　目前，我国城市设计行动计划大多为有时间区间的年限式行动计划。
在我们主持完成的河南云智小镇城市设计项目中，根据土地价值、发展
战略、开发实力、市场预期、业态选择及形象定位，科学合理地制定行
动计划（图 5-14），进而完成云智小镇整体开发。整个设计周期通过城市

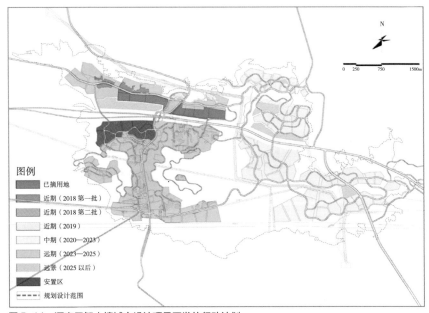

图 5-14　河南云智小镇城市设计项目开发的行动计划

设计项目的建立和重点项目的管理，引导城市空间的动态开发和项目的动态演进。

伴随着城市设计行动计划的制定和开展，城市设计的动态蓝图也随之不断生长。一方面，动态蓝图的生长必须遵循城市空间发展规律，依托城市空间规划体系所制定的战略发展路径，以及所要实现的目标集合，它包括城市设计在不同阶段所对应的城市空间结构和形态生成的差异性路径和演变过程；另一方面，动态蓝图体现在城市设计的全过程中，通过分阶段管理和评估城市设计的方案和实施过程，根据城市空间的形态绩效、社会经济绩效和环境影响绩效的评估和量化指标，反馈和判断城市设计方案的可行性和可持续性（图5-15），合理安排和调整城市空间资源的配置计划和重点项目的开展计划，更有针对性地指导城市设计的行动计划。

动态城市设计基于其全过程、全周期的特点，按照城市设计的开发时序，针对不同发展阶段提出动态的设计蓝图方案，实时反映和反馈城市设计的实施进程和未来的发展战略。与此同时，在国家推进空间规划体系改革和"多规融合"的背景下，丰富"一张蓝图干到底"的内涵，将动态实现的路径和设想融入行动计划和动态蓝图之中，将大数据评估体系与"多规融合"信息平台建设相结合，整合、监管和共享各部门的规

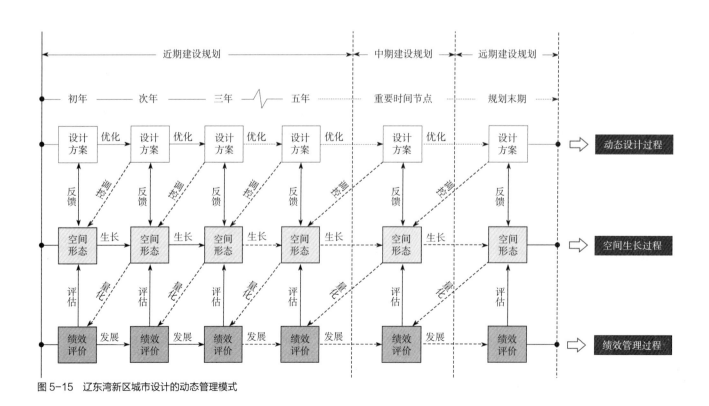

图5-15　辽东湾新区城市设计的动态管理模式

划、数据和资源，构建"数据整合——多元协同——全程管理——实时评估——反馈调控——联合优化"的动态管理模式，实现对"多规融合"和"一张蓝图"的科学运筹和决策支持。

动态城市设计所倡导的行动计划，从实践维度实现了从"目标导向"向"过程运筹"的思维转变，从静态规划向动态规划操作转变，从纯粹的"蓝图管理"范畴向关注时空动态延展的空间管理的转变，包含了从规划行业的体制到对规划需求的创新性理解，从规划的宏观作用到城市设计的具体行动和实施决策，将规划编制与规划管理实施、城市建设行动与"让规划行动起来"的理念相结合，为城市设计的决策者、管理者和设计者提供一套可供沟通和协调的城市空间开发方案，并通过弹性的设置和灵活的机制寻求适宜城市发展的最优解。

动态城市设计的蓝图构想以城市物质空间形态为基础，遵循城市动态生长的发展进程，勾勒可持续的城市生态网络骨架和适宜密度分布的生长组团，积极探寻生态、空间、文化和场所体验的协调发展，建立长效引导城市空间发展的系统性行动框架、行动指南和合理的传导机制，将设计内容转变为动态开发的项目库和切实可行的行动方案，为区域未来发展提供了精准的时序安排，并且提供可以依事权落实到空间的具体项目，必然成为项目实施组织的重要抓手和设计实施传导的关键内容。通过多种方式的协作推进，因循"框定总量、坚持底线、动态增长、绩效循优"的设计思路，以设计平衡博弈，以协商达成共识的工作办法，通过行动计划推进实施，主动探索公共场所设施多样化建设的可能性；注重实施的时效和成效，通过全周期的持续监护和管理、全过程的动态跟进和评估、全尺度的动态生长和设计、全维度的技术操作和衔接，全方位介入城市开发周期，实现增量规划与存量设计的整合协作、止损规划与增益设计的有机融合。

参考文献

[1] 陈可石，傅一程. 新加坡城市设计导则对我国设计控制的启示 [J]. 现代城市研究，2013（12）：42–48+67.

[2] Melbourne Water. City of Melbourne WSUD Guidelines: Appling the Moder WSUD Guidelines [EB/R], Melbourne: Melbourne water, 2010. https://www.melbourne.vic.gov.au/SiteCollection Documents/wuusud–guidelines–part1.pdf.

[3] 孙施文，张兵，王富海，等. 新常态：传承与变革 [J]. 城市规划，2016，40（1）：85–92.

图表来源

第1章

图 1-1　K. Lynch. A Theory of Good City Form[M]. Cambridge: The MIT Press, 1981.

图 1-2　洪亮平. 城市设计历程 [M]. 北京：中国建筑工业出版社，2002.

图 1-3、图 1-4　沈玉麟. 外国城市建设史 [M]. 北京：中国建筑工业出版社，1989：5，11.

图 1-5（a）[美] 埃德蒙·N. 培根. 城市设计 [M]. 黄富厢，朱琪，译. 北京：中国建筑工业出版社，1989：68.

图 1-5（b）[意] L. 贝纳沃罗. 世界城市史 [M]. 薛钟灵，等，译. 北京：科学出版社，2000：106.

图 1-5（c）罗西. 城市建筑 [M]. 施植明，译. 台北：田园城市文化事业有限公司，2000：206.

图 1-5（d）沈玉麟. 外国城市建设史 [M]. 北京：中国建筑工业出版社，1989：28.

图 1-5（e）陈志华. 外国建筑史 [M]. 3 版. 北京：中国建筑工业出版社，2004：47.

图 1-6　邹德慈. 城市设计概论 [M]. 北京：中国建筑工业出版社，2003：20.

图 1-7　王瑞珠. 国外历史环境的保护和规划 [M]. 台北：淑馨出版社，1993：298.

图 1-8　A. E. J. Morris. History of Urban Form: Before the Industial Revolutions[M]. 3rd Edition. Harlow: Addison Wesley Longman Limited, 1994：169.

图 1-9、图 1-10、图 1-11（a）南欧の广场 [J]. Process, 1980（16）：44，85，46.

图 1-11（b）任羽楠，王丽方. 城市广场规模研究 [J]. 城市住宅，2018，25（9）：6-11.

图 1-12（a）王瑞珠. 国外历史环境的保护和规划 [M]. 台北：淑馨出版社，1993：311.

图 1-12（b）汝信编. 全彩西方建筑艺术史 [M]. 银川：宁夏人民出版社，2002：112.

图 1-13　[意] L. 贝纳沃罗. 世界城市史 [M]. 薛钟灵，等，译. 北京：科学出版社，2000：834.

图 1-14　K. S. Halpern. Downtown USA: Urban Design in Nine American Cities[M]. New York: Whitney Library of Design, 1978: 144.

图 1-15　黄亚平. 城市空间理论与空间分析 [M]. 南京：东南大学出版社，2002.

图 1-16、图 1-17　邹德慈. 城市设计概论 [M] 北京：中国建筑工业出版社，2003：23，33.

图 1-18　W. Hegemann, E. Peets, A. J. PLATTUS. The American Vitruvius: An Architect's Handbook of Civic Art[M]. New York: Princeton Architectral Press, 1988.

图 1-19　邹德慈. 城市设计概论 [M]. 北京：中国建筑工业出版社，2003：29.

图 1-20　F. L. Wright. The Living City[M]. New York: Horizon Press, 1963.

图 1-21　P. Panerai, J. Castex, J. Depaule J, et al. Urban Forms: The Death and Life of the Urban Block[M]. Oxford, Britain: Architectural Press, 2004: 115.

图 1-22　王建国. 城市设计 [M]. 北京：中国建筑工业出版社，1999.

图 1-23　[美] 埃德蒙·N. 培根. 城市设计 [M]. 黄富厢，朱琪，译. 北京：中国建筑工业出版社，1989：200.

图 1-24　陈纪凯. 适应性城市设计——一种实效的城市设计理论及运用 [M]. 北京：中国建筑工业出版社，2004：5.

图 1-25　K. Lynch. A Theory of Good City Form[M]. Cambridge: The MIT Press, 1981.

图 1-26　沈玉麟. 外国城市建设史 [M]. 北京：中国建筑工业出版社，1989：191.

图 1-27　Y. Friedman. L'Architecture Mobile[M]. Tournai: Casterman, 1970.

图 1-28　[美] H. F. 马尔格雷夫. 现代建筑理论的历史，1673—1968[M]. 陈平，译. 北京：北京大学出版社，2017：11.

图 1-29　S. Serlio, Scena Tragica. The Second Book of Architecture[M].1545.

图 1-30　L. Krier. The Reconstuction of the City,Rational Architecture[M].1978.

图 1-31　Diller, Scofidio + Renfro, Piet Oudolf, Iwan Baan. 高架铁路公园项目美国纽约市 [J]. 世界建筑导报，2016，31（5）：58-65.

图 1-32　天作建筑.

图 1-33　海晓东，刘云舒，赵鹏军，张辉. 基于手机信令数据的特大城市人口时空分布及其社会经济属性估测——以北京市为例 [J]. 北京大学学报（自然科学版），2020，56（3）：518-530.

图 1-34　作者自绘.

图 1-35　王建国. 从理性规划的视角看城市设计发展的四代范型 [J]. 城市规划，2018（1）：9-19.

图 1-36　金广君，邱志勇. 论城市设计师的知识结构 [J]. 城市规划，2003（2）：55-60.

图 1-37　作者自绘.

表 1-1　　作者自绘.

第 2 章

图 2-1　Urban Planning and Design Criteria[M]. 2nd Edition. New York: Van Nostrand Reinhold, 1975.

图 2-2　泰勒. 1945 年后西方城市规划理论的流变 [M]. 李白玉，陈贞，译. 北京：中国建筑工业出版社，2006.

图 2-3、图 2-4　顾永清. 试论城市的动态规划 [J]. 城市规划汇刊，1994（1）：38-41.

图 2-5　林中杰. 丹下健三与新陈代谢运动——日本现代城市乌托邦 [M]. 韩晓晔，丁力扬，张瑾，译. 北京：中国建筑工业出版社，2011.

图 2-6　C. Alexander. A New Theory of Urban Design[M]. Oxford: Oxford University Press, 1987.

图 2-7　[美] 埃德蒙·N. 培根. 城市设计 [M]. 黄富厢，朱琪，译. 北京：中国建筑工业出版社，1989：269.

图 2-8、图 2-9　作者自绘.

图 2-10　[美] 乔恩·朗. 城市设计：美国的经验 [M]. 王翠萍，胡立军，译. 北京：中国建筑工业出版社，2008：273.

图 2-11　扈万泰. 城市设计运行机制 [M]. 南京：东南大学出版社，2002：90.

图 2-12　邹德慈. 城市设计概论 [M]. 北京：中国建筑工业出版社，2003：53.

图 2-13、图 2-14　作者自绘.

图 2-15　扈万泰. 城市设计运行机制 [M]. 南京：东南大学出版社，2002：108.

图 2-16　P. COOK. Plug-in City, Archigram[M]. 1964.

表 2-1、表 2-2　作者自绘.

第 3 章

图 3-1　谷凯. 城市形态的理论与方法——探索全面与理性的研究框架 [J]. 城市规划，2001（12）：36-42.

图 3-2　[意] L. 本奈沃洛. 西方现代建筑史 [M]. 邹德侬，巴竹师，高军，译. 天津：天津科学技术出版社，1996.

图 3-3　[意] 阿尔多·罗西. 城市建筑 [M]. 施植明，译. 台北：田园城市文化事业有限公司，2000：封面.

图 3-4、图 3-5　L. Krier. Urban Components[J]. Architectural Design, 1984，54（7/8）：43-49.

图 3-6 ~ 图 3-8　天作建筑.

图 3-9　[奥] 卡米洛·西特. 城市建设艺术：遵循艺术原则进行城市建设 [M]. 仲德崑，译. 南京：东南大学出版社，1990.

图 3-10、图 3-11　[英] 戈登·卡伦. 简明城镇设计 [M]. 王珏，译. 北京：中国建筑工业出版社，2009.

图 3-12　[美] 埃德蒙·N. 培根. 城市设计 [M]. 黄富厢，朱琪，译. 北京：中国建筑工业出版社，1989.

图 3-13　戴晓玲. 理性的城市设计新策略 [J]. 城市建筑，2005（4）：8-12.

图 3-14　薛思寒. 基于气候适应性的岭南庭院空间要素布局模式研究 [D]. 广州：华南理工大学，2016.

图 3-15、图 3-16　林青青，何依. 分形理论视角下的克拉科夫历史空间解析和修补研究 [J]. 国际城市规划，2020，35（1）：71-78.

图 3-17　作者自绘.

图 3-18　张显峰，崔伟宏. 基于 GIS 和 CA 模型的时空建模方法研究 [J]. 中国图象图形学报，2000（12）.

图 3-19　作者自绘.

图 3-20　[英] Matthew Carmona, Tim Heath, Taner Oc, Steven Tiesdell. 城市设计的维度：公共场所—城市空间 [M]. 冯江，等，译. 段进，译审. 江苏：江苏科学技术出版社，2005.

图 3-21（a）　陈艺然. 空中街道与史密森夫妇建筑实践 [J]. 建筑师，2011（4）：62-67.

图 3-21（b ~ e）　A. Smithson, P. Smithson. The Charged Void Urbanism [M]. New York: Monacelli Press, 2004: 28.

图 3-21（f）　Lichtenstein, Claude. As Found [M]. Zurich: Lars Müller Publishers, 2001: 143.

图 3-22　D. Watson, A. Plattus, R. Shibley. Time-Saver Standards for Urban Design[M]. New York: McGraw-Hill Professional, 2001: 3-5.

图 3-23、图 3-24　[英] 伊恩·伦诺克斯·麦克哈格. 设计结合自然 [M]. 黄经纬，译. 天津：天津大学出版社，2006.

图 3-25　Greater London Authority. Managing Climate Risks and Increasing Resilience[R]. London: Greater London Authority, 2011.

图 3-26　M. R. Bloomberg. A Stronger More Resilient New York[R]. New York : PlaNYC Report, City of New York, 2013.

图 3-27　A. Molenaar, J. Jacobs, W. De Jager, et al. Roterrdam Climate Proof[R]. Roterrdam: Roterrdam City, 2009.

图 3-28　林姚宇. 论生态城市设计及其环境影响评价工具 [J]. 华中建筑，2007（7）：78-81.

图 3-29　林姚宇，陈国生. FRP 论结合生态的城市设计：概念、价值、方法和成果 [J]. 东南大学学报（自然科学版），2005（S1）：205-213.

图 3-30 ~ 图 3-33　天作建筑.

图 3-34　吴志强. "以流定形的理性城市规划方法"（主题报告）[R]. 广州：2015（第十届）城市发展与规划大会，2015：22-23.

图 3-35 ~ 图 3-77　天作建筑.

图 3-78 ~ 图 3-81　作者自绘.

图 3-82　赵广英，李晨. 国土空间规划体系下的详细规划技术改革思路 [J]. 城市规划学刊，2019（4）：37-46.

图 3-83　天作建筑.

图 3-84、图 3-85　甄峰. 基于大数据的城市研究与规划方法创新 [M]. 北京：中国建筑工业出版社，2015.

图 3-86 ~ 图 3-95　天作建筑.

图 3-96、图 3-100　杨俊宴. 全数字化城市设计的理论范式探索 [J]. 国际城市规划，2018（1）：7-21.

图 3-97 ~ 图 3-99　天作建筑.

图 3-101　龙瀛，毛其智. 城市规划大数据理论与方法 [M]. 北京：中国建筑工业出版社，2019.

图 3-102　龙瀛，张恩嘉. 数据增强设计框架下的智慧规划研究展望 [J]. 城市规划，2019（8）：34-40.

图 3-103、图 3-104　曹哲静，龙瀛. 数据自适应城市设计的方法与实践——以上海衡复历史街区慢行系统设计为例 [J]. 城市规划学刊，2017（4）：47-55.

表 3-1、表 3-2　作者自绘.

表 3-3　林青青，何依. 分形理论视角下的克拉科夫历史空间解析和修补研究 [J]. 国际城市规划，2020，35（1）：71-78.

表 3-4 ~ 表 3-11　作者自绘.

表 3-12　龙瀛，沈尧. 数据增强设计——新数据环境下的规划设计回应与改变 [J]. 上海城市规划，2015（2）：81-87.

第 4 章

图 4-1　王建国. 城市设计 [M]. 3 版. 南京：东南大学出版社，2011：273.

图 4-2　作者自绘.

图 4-3　西斯尔，1980.

图 4-4、图 4-5　作者自绘.

图 4-6　[美] 埃德蒙·N. 培根. 城市设计 [M]. 黄富厢，朱琪，译. 北京：中国建筑工业出版社，2003：254.

图 4-7 ~ 图 4-10　作者自绘.

图 4-11、图 4-12　林钦荣. 都市设计在台湾 [M]. 台北：创新出版社，1995：151，180.

图 4-13 ~ 图 4-15　作者自绘.

图 4-16　陈旸，金广君. 论城市设计的影响评估：概念、内涵与作用 [J]. 哈尔滨工业大学学报（社会科学版），2009（6）：
　　　　31-38.

图 4-17 ~ 图 4-23　作者自绘.

图 4-24　邹德慈. 城市设计概论 [M]. 北京：中国建筑工业出版社，2003：26.

图 4-25　金广君. 论城市设计的基本架构 [J]. 华中建筑，1998（3）：55-57.

图 4-26 ~ 图 4-30　作者自绘.

图 4-31　魏钢，朱子瑜，陈振羽. 中国城市设计的制度建设初探——《城市设计管理办法》与《城市设计技术管理基本规定》
　　　　编制认识 [J]. 城市建筑，2017（5）：6-9.

图 4-32、图 4-33　作者自绘.

图 4-34　天作建筑.

图 4-35　上海市规划和国土资源管理局，上海市规划编审中心，上海市城市规划设计研究院. 城市设计的管控方法——上海
　　　　市控制性详细规划附加图则的实践 [M]. 上海：同济大学出版社，2018：75.

图 4-36 ~ 图 4-39　天作建筑.

图 4-40　金广君. 当代城市设计创作指南 [M]. 北京：中国建筑工业出版社，2015：17.

图 4-41　作者自绘.

表 4-1　作者自绘.

表 4-2　（加）克尔·A·冯·豪森. 动态城市设计——可持续社区的设计指南 [M]. 李洪斌，韦梦鹍，译. 北京：中国建筑
　　　　工业出版社，2017.

表 4-3　陈旸，金广君. 论城市设计的影响评估：概念、内涵与作用 [J]. 哈尔滨工业大学学报（社会科学版），2009，11（6）：
　　　　31-38.

表 4-4　改绘自：陈旸，金广君. 论城市设计的影响评估：概念、内涵与作用 [J]. 哈尔滨工业大学学报（社会科学版），
　　　　2009，11（6）：31-38.

表 4-5　作者自绘.

表 4-6　任小蔚，吕明. 广东省域城市设计管控体系建构 [J]. 规划师，2016，32（12）：31-36.

表 4-7　作者自绘.

表 4-8 ~ 表 4-10　上海市规划和国土资源管理局，上海市规划编审中心，上海市规划设计研究院. 城市设计的管控方法——
　　　　上海市控制性详细规划附加图则的时间 [M]. 上海：同济大学出版社，2018：5.

表 4-11 ~ 表 4-17　作者自绘.

表 4-18　杨俊宴，程洋，邵典. 从静态蓝图到动态智能规则：城市设计数字化管理平台理论初探 [J]. 城市规划学刊，2018
　　　　（2）：65-74.

第 5 章

图 5-1　天作建筑.

图 5-2、图 5-3　改会自：陈可石，傅一程. 新加坡城市设计导则对我国设计控制的启示 [J]. 现代城市研究，2013（12）：42-48+67.

图 5-4、图 5-5　天作建筑.

图 5-6　作者自绘.

图 5-7、图 5-8　金广君. 当代城市设计创作指南 [M]. 北京：中国建筑工业出版社，2015：116，18.

图 5-9　作者自绘.

图 5-10、图 5-11　Melbourne Water. City of Melbourne WSUD Guidelines: Appling the Moder WSUD Guidelines[R]. Melbourne: Melbourne Water, 2010.

图 5-12～图 5-15　天作建筑.

表 5-1～表 5-4　作者自绘.

表 5-5、表 5-6　金广君. 当代城市设计创作指南 [M]. 北京：中国建筑工业出版社，2015：121-122.

表 5-7　Melbourne Water. City of Melbourne WSUD Guidelines: Appling the Moder WSUD Guidelines[R]. Melbourne: Melbourne Water, 2010：16.

表 5-8　张阁，张晋石. 渥太华绿色空间体系形成与发展研究 [J]. 风景园林，2018，25（7）：84-89.

结语

在当下生态化、网络化、信息化、数字化和数据化并行的时代语境中，社会经济运行越来越快速高效，城市空间的内涵与形态正在发生日新月异的变化，传统城市设计受到了前所未有的冲击，城市设计的方法与手段势必会发生革新迭代。城市更新、社会演进、建筑更迭都是城市设计所关注的内容。城市设计的工作领域从传统的单一的空间层面逐渐拓展为一个万物互联的空间体系，从单纯的静态物质空间逐渐拓展为时空多维流转的复杂系统。

许多学者都认识到了未来城市设计发展可能会有这样几个趋势：全尺度、高精度和高粒度以及人本量化与经验量化的结合，新兴大数据在这些方面都表现出了前所未有的优势和时效，这种积极的变化激发了城市设计从量变到质变发展的巨大潜能，促进了城市设计从"静态文本"向"动态蓝图"转化的无限可能。

城市设计的本质是动态的。作为有机生命体，城市的动态生长过程也必将是城市设计的重要内容。城市设计以生态本底为基本骨架，整合社会演进和历史文化等发展维度共同作用于城市空间风貌的协同塑造，形成了城市动态永续的发展模式。

动态的城市设计需要动态的设计方法。如何使用数字化工具推动城市设计的创新，形成一套基于数据支撑与算法驱动的城市设计方法论和工作流程，是动态城市设计方法的时代特征。其核心思路是在大数据环境下结合机器学习和数理统计方法，基于多源大数据整合应用和多种算法驱动，构建城市动态演进模型，理性描述城市空间特性，仿真模拟"人—地—社会"的动态互动关系；运用参数化技术，实时、无缝地将城市设计方案信息、城市数据库与城市动态模型协同联动起来；通过多情景模拟分析，比较城市设计方案不同的实施路径所带来的空间体验及其环境和社会影响，为城市设计方案的验证和决策提供支撑。同时，动态高效的城市设计评估与反馈，也实现了城市管理业务的数据辅助和增强。因此，动态城市设计是绿色城市设计发展到人机交互的数字化城市设计阶段的一种新常态；深化多维动态思想，整合多元技术工具，回归人本需求初心，优化城市设计过程，有利于驱动城乡的永续发展。

城市设计归根结底是为了满足人民对美好生活的向往而存在于城市管理领域的重要技术手段，依托的理论方法和技术手段一直在与时俱进，信息控制技术必将继续深刻变革城市设计的方法体系，形成更高效、更稳定、更智能的技术集群。

我们需要的动态城市设计是整体的，从多维要素到系统全局结构性创建城市设计框架；我们需要的动态城市设计是生长的，从建筑单体到城市整体全周期引领地域风貌塑造；我们需要的动态城市设计是过程的，从设计创作到实施运营全过程提供持续的"伴随式"服务；我们需要的动态城市设计是应变的，灵活适应外部条件、服务对象以及社会、经济和环境影响的变化而不断出现的新情况。

本书的内容仅是动态城市设计探索的开端，未来动态城市设计的思想和内涵必将在更加广阔的专业技术领域中得到完善和发展。由于时间和技术经验的局限，本书存在诸多不足之处，希望更多有志于此的专业人士参与到动态城市设计的理论与实践探索中来，推动城市设计的转型发展。